Robert Graefe **Kellersanierung**

Kellersanierung

Ratgeber für die Praxis – Schäden erkennen, bewerten, sanieren

3., aktualisierte und erweiterte Auflage

mit 182 Abbildungen und 41 Tabellen

Robert Graefe, M. Sc.

RM Rudolf Müller

Bibliografische Information der Deutschen Nationalbibliothek
Die Deutsche Nationalbibliothek verzeichnet diese Publikation in der Deutschen Nationalbibliografie; detaillierte bibliografische Daten sind im Internet über https://dnb.de abrufbar.

3., aktualisierte und erweiterte Auflage 2022

Maßgebend für das Anwenden von Normen ist deren Fassung mit dem neuesten Ausgabedatum, die bei der Beuth Verlag GmbH, Burggrafenstraße 6, 10787 Berlin, erhältlich ist. Maßgebend für das Anwenden von Regelwerken, Richtlinien, Merkblättern, Hinweisen, Verordnungen usw. ist deren Fassung mit dem neuesten Ausgabedatum, die bei der jeweiligen herausgebenden Institution erhältlich ist. Zitate aus Normen, Merkblättern usw. wurden, unabhängig von ihrem Ausgabedatum, in neuer deutscher Rechtschreibung abgedruckt.

Aus Gründen der besseren Lesbarkeit wird bei Personenbezeichnungen und personenbezogenen Hauptwörtern die männliche Form verwendet. Entsprechende Begriffe gelten im Sinne der Gleichbehandlung grundsätzlich für alle Geschlechter. Die verkürzte Sprachform hat nur redaktionelle Gründe und beinhaltet keine Wertung.

Das vorliegende Werk wurde mit größter Sorgfalt erstellt. Verlag und Autor können dennoch für die inhaltliche und technische Fehlerfreiheit, Aktualität und Vollständigkeit des Werkes und seiner elektronischen Bestandteile (Internetseiten) keine Haftung übernehmen.

Wir freuen uns, Ihre Meinung über dieses Fachbuch zu erfahren. Bitte teilen Sie uns Ihre Anregungen, Hinweise oder Fragen per E-Mail: fachmedien.bau@rudolf-mueller.de oder Telefax: 0221 5497-6141 mit.

Lektorat: Petra Lindner, Kescheid
Umschlaggestaltung: Künkelmedia, Brühl; Fotos: SOTANO Mörtel + Putze GmbH (links), Ralf Spranger (rechts unten)
Satz: WMTP Wendt-Media Text-Processing GmbH, Birkenau
Druck und Bindearbeiten: Westermann Druck Zwickau GmbH, Zwickau
Printed in Germany

ISBN 978-3-481-04371-1 (Buch-Ausgabe)
ISBN 978-3-481-04372-8 (E-Book-Ausgabe als PDF)
ISBN 978-3-481-04373-5 (Buch + E-Book)

MIX
Papier aus verantwortungsvollen Quellen
FSC® C110508

Vorwort

Der Keller ist der wohl am stärksten belastete Teil eines Gebäudes. Das Mauerwerk ist nicht nur dem Gebäudedruck und dem Erddruck ausgesetzt, sondern auch einer ständigen Belastung durch Feuchte. Durchfeuchtung des Kellermauerwerks gehört zu den häufigsten und kostenaufwendigsten Sanierungsfällen an Gebäuden im Bestand. Der Wohngebäudebestand Deutschlands besteht nur zu ca. 3 % aus Gebäuden, die jünger als 10 Jahre sind, der überwiegende Teil ist sogar 30 Jahre und älter. In diesem Bestand sind feuchte Kellerräume mit entsprechenden Schadensbildern ein nahezu allgegenwärtiges Problem.

Schon 1995 ist der dritte – und bisher letzte – Bauschadensbericht der Bundesregierung zu dem Ergebnis gekommen, dass die erdberührten Bauteile von mehr als 50 Jahre alten Gebäuden überdurchschnittlich starke Schäden und eine hohe Belastung durch Feuchte und Salze aufweisen (vgl. Dritter Bericht über Schäden an Gebäuden, 1995).

Aus den gesetzlichen Anforderungen an die Wärmedämmung des Gebäudebestands ergeben sich ebenso wie durch eine vermehrte Nutzung von Kellerräumen als Wohnraum weitere Notwendigkeiten für eine fachgerechte Sanierung. Die Kellersanierung ist daher eine ständige Herausforderung im Wohnungsbestand.

Feuchte in Kellern ist ein komplexes Problem, das eine Vielzahl von Ursachen haben kann, die sich in der Regel nur durch eine genaue Untersuchung bestimmen lassen. Bei die Wahl der geeigneten Maßnahmen für eine erfolgreiche und wirtschaftliche Sanierung müssen dabei Faktoren wie statische Gegebenheiten, Aufbau und Zustand des Mauerwerks, verwendete Mörtel, Feuchtegehalt und Salzbelastung des Mauerwerks, Bodenverhältnisse, Bemessungswasserstand, gebäudenahe Bebauung und künftige Nutzung berücksichtigt werden.

Die Instandsetzung von feuchten und salzgeschädigten Gebäuden ist allerdings kein eigenständiger Teil der Bauausbildung und des Architekturstudiums. Daher kommt es bei der Bewertung von Schadensbildern und der Wahl von Sanierungslösungen vielfach zu Fehleinschätzungen und Fehlentscheidungen. Oft wird auf eine eingehende Mauerwerksdiagnostik sogar verzichtet und lediglich nach Augenschein entschieden. Die komplizierten Feuchtemechanismen im Mauerwerk werden so nicht berücksichtigt.

Bei der Kellersanierung kommt es nicht nur auf eine nachträgliche Abdichtung an, sondern auf ein sinnvolles Sanierungskonzept, das aber erst auf der Grundlage einer richtigen Schadensdiagnose erstellt werden kann. Nur wenn Bestimmung der Schadensursachen, Wahl der geeigneten Maßnahmen und korrekte Ausführung ineinandergreifen, ist eine erfolgreiche Sanierung ohne spätere Baumängel möglich.

Ziel dieses Buches ist es, ein systematisches, umfassendes und praxisbezogenes Vorgehen bei der Sanierung von Kellerräumen zu ermöglichen. Es wendet sich an den Baupraktiker, aber auch an interessierte Bauherren und Planer, um Hilfen für eine sichere Schadensdiagnose, die Wahl des geeigneten Sanierungsverfahrens sowie für Kalkulation und Durchführung der Sanierung zu geben.

Münster, im August 2014
Robert Graefe

Vorwort zur 3. Auflage

Das anhaltende Interesse am vorliegenden Buch „Kellersanierung – Ratgeber für die Praxis" freut mich als Autor und belegt die Wichtigkeit dieser Thematik für die Baubranche. Nach der 2. Auflage dieses Buches aus dem Jahr 2017 war eine Neuauflage notwendig geworden. Dies ist einerseits Änderungen in Normen, Richtlinien und Merkblättern geschuldet, andererseits den steigenden Preisen, die dazu führten, dass die Kostentabellen, ein wichtiger Bestandteil des Buches, nicht mehr die aktuelle Situation abbildeten.

Diese notwendigen Aktualisierungen sind in der vorliegenden Ausgabe auch dazu genutzt worden, das Buch an vielen Stellen zu ergänzen, neue Tabellen und Grafiken einzufügen und Textpassagen verständlicher zu formulieren. Der bewährte Aufbau des Buches ist dabei erhalten geblieben.

„Kellersanierung – Ratgeber für die Praxis" bleibt damit weiterhin ein an der Baupraxis orientierter Helfer für das ausführende und planende Baugewerbe, das in dieser neuen 3. Auflage diese Funktion noch besser erfüllt als seine Vorgänger.

Münster, im Mai 2022
Robert Graefe

Inhalt

Inserenten

Einleitung

Der Keller als Bauteil: ein Kurzüberblick zur historischen Entwicklung

In seinem Ursprung stammt das Wort „Keller“ wahrscheinlich vom lateinischem „cella“, was „Zelle“ oder kleiner Raum bedeutet. Möglicherweise leitet sich das deutsche Wort allerdings auch aus dem französischen „cellier“ ab, was einen Lagerraum im Erdgeschoss bezeichnet.

In der Bauterminologie bezeichnet der Begriff „Keller“ im eigentlichen Sinne nur Nutz- und Lagerräume, keinen Wohnraum. Deshalb wird auch die Bezeichnung „Untergeschoss“ im Bauwesen verwendet, wenn dort Räume zu Wohnzwecken genutzt werden. Dieser Buchtitel folgt jedoch dem allgemeinen Sprachgebrauch und bezieht in die Bezeichnung „Keller“ sowohl das bewohnte wie das unbewohnte Untergeschoss mit ein.

Die Erstellung eines ganz- oder teilweise unterirdischen Bauteils ist auch heutzutage noch deutlich aufwendiger und teurer als eine oberirdische Bauweise. In früheren Zeiten, als alle Ausschachtungen ohne Maschinen erfolgen mussten, war der Aufwand jedoch beträchtlich höher. Warum wurden also Keller angelegt?

Je tiefer in der Erde ein Bauteil liegt, umso konstanter ist die Temperatur. Das bedeutet, dass der Kellerraum im Sommer kühl und im Winter relativ frostfrei bleibt, was den Raum ideal für die Lagerhaltung von verderblichen Lebensmitteln macht.

Die Entwicklung des Kellers als Bauteil begann vermutlich mit gegrabenen Erdlöchern, deren Wände und Decken zunächst mit Hölzern abgestützt wurden. Später wurden diese mit Gewölben aus Bruchsteinen versehen, um einen Einsturz zu verhindern.

Die Integration der Keller in die Wohngebäude führte dazu, dass diese auch heute noch im Wesentlichen von **3 Bestandteilen** gekennzeichnet sind:

- tragende Sohlplatte (heutige Keller) oder Sperrestrich bzw. festgestampfter Lehm als Boden auf einem Gründungsfundament
- tragende Umfassungswände des Kellers
- tragende Decke zum Erdgeschoss

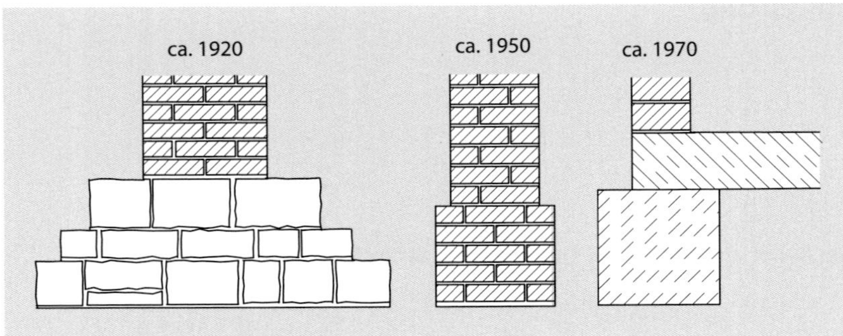

Abb. 0.1: Beispielhafte Gründungs- und Umfassungsmauerkonstruktionen für Keller

Gründung und Umfassungswände

Bei einer Kellersanierung alter Gebäude kann man in Einzelfällen auf eine **Pfahl- oder Flächengründung** aus Holz stoßen. Doch bereits um 1860 konnte die Gründung auch aus **bewehrten Betonpfählen** („Eisenbeton") oder unbewehrten/bewehrten **Streifenfundamenten** bestehen. Bei Wohngebäuden bis etwa 1910 waren meist Fundamente aus Bruchsteinen vorhanden, die später von gemauerten Ziegeln- bzw. Hartklinkern in Zementmörtel abgelöst wurden.

Bei Bauten ab den 1950er-Jahren finden sich vermehrt Streifenfundamente aus unbewehrtem Beton, auf die eine biegesteife **Betonsohle** aufgebracht wurde.

Die Wandstärke des Umfassungsmauerwerks nimmt tendenziell mit der zeitlichen Entwicklung zur Neuzeit hin ab. So wurden Bruchsteine von Ziegelmauerwerk abgelöst, dies wiederum wurde seit den 1930er-Jahren von Kalksandsteinen verdrängt. Dabei wurde die Verwendung von nur bedingt witterungsbeständigen künstlichen Kalksteinen durch die seit etwa den 1930er-Jahren übliche generelle Abdichtung der Umfassungswände gegen vertikale Feuchte ermöglicht. Die Stärke der Kellerwände ist jetzt, je nach Erddruck und notwendiger Aufstandsfläche für den Verblender, ein 24er oder 36,5er Mauerwerk. Seit etwa 1960 wird dieses aus Steinen in den Formaten 2DF und 3DF erstellt.

Seit den 1980er-Jahren ersetzt der **gegossene Betonkeller** („weiße Wanne") mehr und mehr den gemauerten Keller. Vereinzelt sind gemauerte Kellerwände, meist erstellt mit großformatigen Klebesteinen, auch heute noch im Neubau anzutreffen. Einige beispielhafte Wand- und Gründungsaufbauten zeigt die nachfolgende Abb. 0.1. Die Darstellung der Betonwanne findet sich als Konstruktionsvergleich im später folgenden Kapitel 1.2.3.1.

Die tragende Kellerdecke

Die tragende Kellerdecke wurde in ihrer ursprünglichen Bauform als ein Gewölbe ausgeführt. Diese Bauweise hatte den Nachteil, dass ein Gewölbeschub auf die Umfassungswände ausgeübt wurde. Weiterhin ist diese Bauform aufwendig, da sie eine gewölbte Schalung bei der Erstellung benötigt.

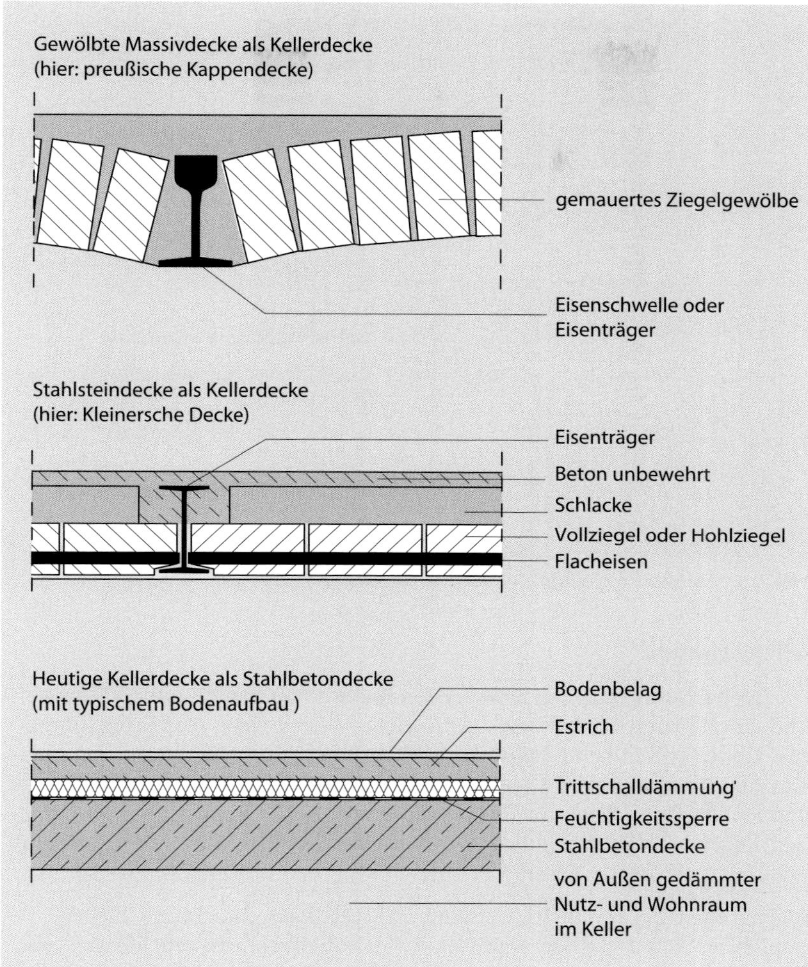

Abb. 0.2: Beispiele für historische und moderne Kellerdecken

Die erste ebene Massivdecke, eine sogenannte Stahlsteindecke wurde unter der Bezeichnung Klein'esche Decke 1892 patentiert. Sie fand schnell Verbreitung, da sie schneller zu erstellen und gewölbeschubfrei war. Es folgte eine Vielzahl von Ausführungsformen solcher Massivdecken, mit immer ausgeklügelteren Steinformen als Füllung.

Bei Kellersanierungen können, je nach Baujahr des Gebäudes, auch andere besondere Kellerdeckenkonstruktionen, so etwa Balkendecken aus gegossenen Hohlbalken oder Platten (besonders in der ehemaligen DDR) oder bewehrte Decken aus Ziegelbruch mit Beton (in der direkten Nachkriegszeit), vorgefunden werden. Der Grund für die Entwicklung dieser Sonderkonstruktionen lag meist im Mangel an verfügbaren Baustoffen.

Ab den 1950er-Jahren ist die **bewehrte Betondecke** die bevorzugte Bauform der Kellerdecke (vgl. Abb. 0.2).

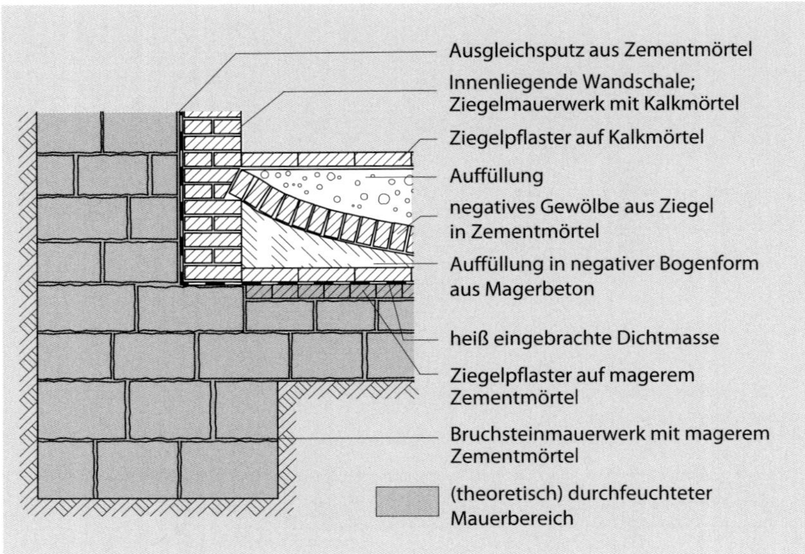

Abb. 0.3: Abdichtung gegen drückendes Grundwasser, ca. 1870

Kellerabdichtung

Die Beobachtung, dass bei den meisten Kellern von Bauten um 1900 keine Abdichtung vorgefunden wird, kann leicht zu der irrigen Annahme führen, dass zu dieser Zeit keine Baustoffe und Verfahren zur Abdichtung von Kellern gegen horizontal und vertikal eindringende Feuchtigkeit zur Verfügung standen. Tatsächlich war die Problematik von „seitlich eindringender“ und „aufsteigender“ Feuchte auch schon Mitte des 19 Jahrhunderts bekannt und es gab entsprechende Verfahren.

Sogenannte Goudronanstriche dienten als vertikale Abdichtung. Dabei handelte es sich um wasserabweisende, meist heiß verarbeitete Massen aus diversen Zusammensetzungen von bitumenhaltigen Stoffen, Naturasphalt, Asphaltgesteinen oder Steinkohleteerpech, oft mit Zusätzen wie ungelöschtem Kalk. Teilweise wurden zwischen den Anstrichen „Isolier-“ bzw. Teerpappen eingelegt. Daneben gab es auch ausgeklügelte Kellerwandaufbauten wie Wände mit intergrierten Luftschichten oder vorgesetzten Isoliergräben, die ein Durchschlagen der Feuchtigkeit in den Innenraum oder auch den Kontakt der Kellerwand zum feuchten Erdreich unterbinden sollten.

Als Horizontalsperre verwendete man diverse Jute-, Asphalt- oder Glasgewebe, die man in Abdichtmassen getränkt und eingelegt hatte, ebenso dünne Metallfolien und Blei- oder Asphaltplatten.

Um den Biegedruck drückenden Wassers auszugleichen und das Kellerinnere trocken zu halten, wurden schon 1870 Bodenkonstruktionen mit negativen Gewölben sowie Boden- und Wandaufbauten mit integrierten Dichtschichten verwendet wie Abb. 0.3 beispielhaft verdeutlichen soll.

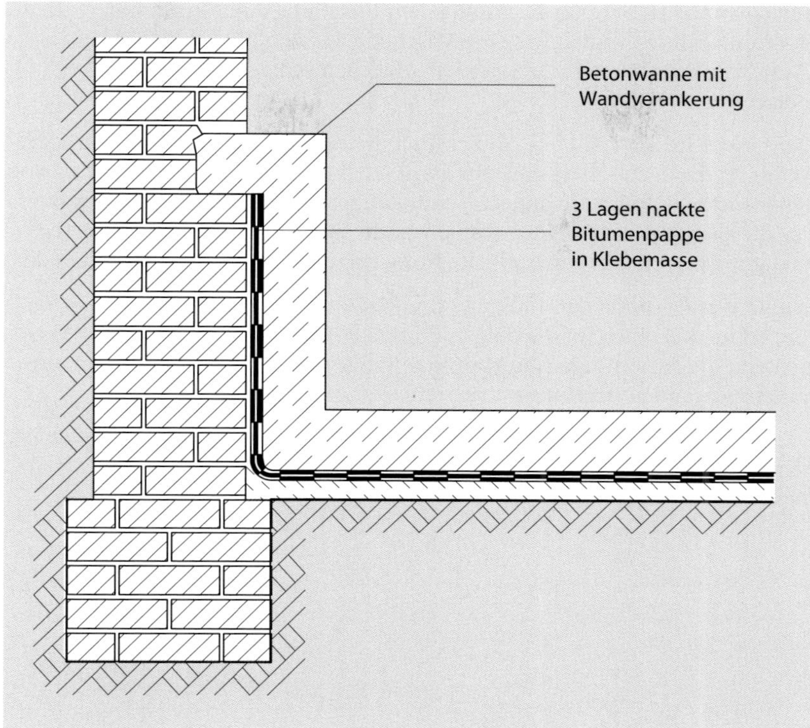

Abb. 04: Nachträglicher Betontrog gegen drückendes Grundwasser, ca. 1950

Historische Maßnahmen zur nachträglichen Abdichtung

Die lange nicht einheitlich geregelte und überprüfbare Zusammensetzung von Baustoffen wie Goudron, die Alterung von Abdichtungen, das Faulen von Gewebeeinlagen in Sperrpappen und das Fehlen einheitlicher Verarbeitungsrichtlinien führte zu häufigen Feuchteschäden durch einen versagenden oder funktionsuntüchtigen Feuchteschutz. Hinzu kamen noch Probleme durch einen gestiegenen Grundwasserspiegel oder zu gering angenommene Belastung. Eine solche nachträgliche Abdichtung gegen drückendes Wasser durch einen Innentrog auf einer vorherigen Bahnenabdichtung der Kellerwände zeigt die folgende Abb. 0.4.

Dieses Verfahren als Beispiel einer nachträglichen Abdichtung wurde gewählt, weil das grundsätzliche Verfahren einer Stahlbetonwanne zur Entlastung riss- und bruchgefährdeter Wände und Sohlen von zu hohem Wasserdruck nach wie vor eingesetzt werden kann (wenn auch erst nach Berechnung durch einen Statiker).

Heutzutage würde man – entsprechend dem Stand der Technik – anstelle von Abdichtungsbahnen WU-Beton einsetzen oder ohne Betontrog auf mineralische Schlämme zurückgreifen.

Einige der nachträglichen Verfahren, wie beispielsweise das stückweise Herausnehmen von Mauersteinen und das Wiedereinfügen mit einer zusätzlichen Bleieinlage zur nachträglichen Erstellung einer funktionierenden Horizontalsperre, muten wie eine Mischung aus den noch heute üblichen „Maueraustauschverfahren" und dem „Blecheinschlagsverfahren" an (vgl. hierzu Kapitel 5.3.1).

Der Grund für die fehlende Abdichtung der meisten Keller der Jahrhundertwende ist darin zu sehen, dass ein leicht feuchter Keller für die Lagerung von Lebensmitteln durch die höhere Verdunstungskühle nicht ungünstig war. Für die ebenfalls oft gelagerte Kohle war die Luftfeuchte sogar von Vorteil, da dadurch der leicht entzündliche Kohlenstaub schneller gebunden wurde.

Da die Wände durch den Kalkputz und Kalkanstrich schimmelresistent waren, schien bei einer auf die obigen Punkte beschränkten Nutzung der Verzicht auf die aufwendige Abdichtung mit den damals schon bekannten, oft unbefriedigenden Ergebnissen vertretbar und vernünftig.

Dass der feuchte Keller aus heutiger Sicht ein notwendiger Sanierungsfall ist, hängt nicht nur mit den gestiegenen Anforderungen an Kellerräume zusammen. Dies wird im Kapitel 1.1 näher erläutert.

1 Notwendigkeit einer Kellersanierung

1.1 Feuchteschäden in Kellern

In Kellermauerwerk und -sohle eindringende Feuchte (Abb. 1.1) ist das dominierende Problem bei Kellern im Bestand. Ein feuchter Keller ist dabei nicht nur ein optisches Problem, sondern hat erhebliche Auswirkungen auf die Bausubstanz des gesamten Gebäudes.

Feuchte verursacht in Kellern vor allem folgende Probleme:

- Beeinträchtigungen des Erscheinungsbildes
- Wärmeverluste
- Wasserflecken, Ausblühungen und Schimmelpilzbildung in bewohnten Kellern und im Erdgeschoss
- Schäden im Sockelbereich des Erdgeschosses (z. B. am Bodenbelag oder an Sockelleisten)
- Einschränkung der Kellernutzbarkeit aufgrund von Schimmelpilzbildung an im Keller gelagerten Gegenständen

Wärmeverlust des Baukörpers

Feuchte im Mauerwerk setzt dessen wärmedämmende Eigenschaften herab.

Die wärmedämmenden Eigenschaften von Baustoffen beruhen vor allem auf ihrer Porosität. Die in den Poren bzw. Kapillaren eingeschlossene stehende Luft senkt die Dichte und damit die Wärmeleitfähigkeit λ eines Baustoffs, angegeben in $W/(m \cdot K)$. Sind diese Poren mit Wasser gefüllt, geht diese Ei-

Abb. 1.1: Durch Feuchte geschädigtes Kellermauerwerk

genschaft fast vollständig verloren. Bereits eine Feuchteaufnahme von 4 % kann die Wärmeleitfähigkeit von Mauerwerk um 50 % erhöhen. Ursache ist die gegenüber der Luft um einen Faktor von ca. 1.000 höhere Dichte des Wassers, durch die die Dichte und damit die Wärmeleitfähigkeit des Mauerwerks stark ansteigt.

Tauwasserbildung, Raumklimaverschlechterung und Schimmelpilzbefall

Feuchtes Mauerwerk kann weniger Feuchte aus der Raumluft aufnehmen und gibt selbst Feuchte in den Innenraum ab. Dies wirkt sich negativ auf das Raumklima aus. In direktem Zusammenhang mit durchfeuchtetem Mauerwerk und dem Verlust seiner wärmedämmenden Eigenschaften steht auch der Befall durch Schimmelpilze und andere Mikroorganismen: Auf kalten Wandoberflächen kondensiert Feuchte aus der Raumluft und bildet Tauwasser, das insbesondere die Schimmelpilzbildung begünstigt. Die Konzentration der Schimmelpilzsporen kann dabei gesundheitsgefährdende Werte erreichen.

Substanzzerstörung

Feuchtes Mauerwerk ist erheblichen thermischen Belastungen ausgesetzt. Daraus resultieren bei Frost starke Hydrationsdrücke durch gefrierendes Wasser im oberflächennahen Bereich. Dies kann zur allmählichen Gefügezerstörung des Mauerwerks, zu Rissen und zu Steinschäden führen.

Feuchte dient zudem als Transportmittel und Aktivator für aggressive Substanzen. Als besonders gefährlich sind gelöste Salze anzusehen. Sie erhöhen aufgrund ihrer hygroskopischen (Wasser anziehenden) Eigenschaften die Feuchteaufnahme des Mauerwerks um ein Vielfaches und verstärken so die Feuchteproblematik weiter.

Die schädigende Wirkung von Salzen auf Mauerwerk ist hauptsächlich auf 2 Eigenschaften zurückzuführen:

- Bei Trocknung kristallisieren gelöste Salze aus und lagern Kristallwasser ein. Dies führt zu einer Volumenvergrößerung mit entsprechendem Druck auf das Mauerwerksgefüge. Durch wiederholte Kristallisations- und Lösungsprozesse der Salze wird der Baustoff allmählich zermürbt. Äußerlich erkennbar ist dieser Prozess an Ausblühungen und Abplatzungen.
- Salze können mit Kalk wasserlösliche Verbindungen bilden, das Bindemittel des Mörtels herauslösen und somit eine Entkalkung bewirken (Frössel, 2006, S. 45). Besonders gefährdet sind die Keller älterer, bis ca. 1950 errichteter Gebäude, die mit Kalkmörtel und noch nicht mit Zementmörtel gemauert sind.

Je älter ein Bestandsgebäude ist, desto länger ist es der Belastung durch Feuchte und gelöste Salze ausgesetzt und desto höher ist die Gefährdung der Tragfähigkeit des Mauerwerks.

Auf lange Sicht, kann durch diese physikalischen und chemischen Prozesse die Tragfähigkeit des Kellermauerwerks nicht mehr gegeben sein.

Abb. 1.2: Im Auflagerbereich im feuchten Kellermauerwerk korrodierter Eisenträger

Schäden an tragenden Konstruktionen

Aus dem Kellermauerwerk aufsteigende Feuchte kann Fäulnis an eingebundenen Balkenköpfen von Holzbalkendecken im Erdgeschoss hervorrufen und dadurch die Tragfähigkeit der Decke gefährden. Ebenso begünstigt Feuchte die Korrosion eingemauerter Eisenträger (Abb. 1.2). Insbesondere bei Gewölbedecken, die zwischen Eisenträger gemauert sind, können diese Träger im Auflagerbereich im feuchten Kellermauerwerk so weit korrodieren, dass die Kellerdecke einsturzgefährdet ist.

1.2 Ursachen der Durchfeuchtung von Kellermauerwerk

Die Durchfeuchtung von Kellermauerwerk kann zahlreiche Ursachen haben. Die unterschiedlichen Schadensbilder lassen sich nach WTA-Merkblatt 4-6 „Nachträgliches Abdichten erdberührter Bauteile“ (2014), S. 5, vereinfacht nach folgenden Ursachen einteilen:

- **nicht drückendes Wasser**
  Hier beruhen Schadensbilder auf frei ablaufendem Wasser, das keinen hydrostatischen Druck aufbaut: Oberflächenwasser, Sickerwasser (auch kurzfristig aufstauend) und Schichtenwasser.
- **drückendes Wasser**
  Aufstauendes Grund-, Oberflächen- oder Schichtenwasser verlangt wegen der höheren Belastung durch Wasserdruck umfangreichere Schutzmaßnahmen als nicht drückendes Wasser. Auch eine funktionsfähige Dränage ist vorgeschrieben.

- **hygroskopische Feuchteaufnahme**
  Hierbei handelt sich um Sekundärschäden. Durch das Wasser gelangen gelöste Salze in das Kellermauerwerk. Über lange Zeit durchfeuchtetes Mauerwerk nimmt durch das eindringende Wasser gelöste Salze (u. a. Chloride, Nitrate, Sulfate) auf. Sie führen auch in trockengelegtem Mauerwerk zu einer erhöhten Feuchteaufnahme aus der Luft.
- **Tauwasser**
  Temperaturunterschiede im Baukörper – im Fall von Kellermauerwerk vor allem zwischen gedämmten und nicht gedämmten Bereichen – führen zu Tauwasserbildung auf der Wandoberfläche.
- **Havarien**
  Durch Belastungsänderungen können Havarieschäden entstehen. Ursache können Risse, verstopfte Dränagen, mechanische Beschädigungen der Sperrschicht, Wurzeldurchwuchs, Bodensenkungen oder Änderungen des Grundwasserstands oder der Grundwasserzusammensetzung sein.
- **Beton schädigende Substanzen im Boden oder im Wasser**
  Durch schädigende Bestandteile im Boden oder im Wasser können vorhandene Abdichtungen, z. B. die Betonwanne, angegriffen werden.

1.3 Kellersanierung in Bestandsgebäuden

1.3.1 Abdichtungsvarianten

Bei der Sanierung eines Kellers in einem Bestandsgebäude ist eine Abdichtung des Kellermauerwerks von außen einer Abdichtung von innen vorzuziehen. Durch eine Abdichtung von außen sinkt die thermische Belastung und die durch gelöste Salze bewirkte schleichende Substanzzerstörung des Mauerwerks wird unterbunden. Eine Abdichtung von innen ist dagegen keine wirkliche Sanierungsmaßnahme, sondern eine Kaschierung des Schadens. Allerdings kann aus wirtschaftlichen oder baulichen Gründen nur eine Sanierung von innen gewollt oder möglich sein.

Es sollte eine Abdichtung angestrebt werden, die den Anforderungen der **DIN 18533 „Abdichtung von erdberührten Bauteilen“** (2017) entspricht. Die Normen dieser Reihe regeln die Abdichtung von Bauwerken im Neubau nach unterschiedlichen Wasserbelastungen (Wasserbeanspruchungen nach WTA bzw. Wassereinwirkungsklassen nach DIN; vgl. hierzu Kapitel 2.6.5). Sie haben zwar nicht den Status gesetzlicher Vorschriften, gelten aber als Stand der Technik und werden bei Streitfällen und der Erstellung von Gutachten herangezogen.

Bei einem Bestandsgebäude wird eine Abdichtung nach DIN 18533 jedoch nicht immer zu erreichen sein:

- Eine Abdichtung des Kellermauerwerks von außen kann gegebenenfalls die Gründung von zu nahe am Gebäude stehenden Nachbargebäuden untergraben, sodass eine Abdichtung von innen erfolgen muss.
- Der nachträgliche Einbau einer völlig dichten mechanischen Horizontalsperre ist nicht möglich, sodass ein weniger gut absperrendes Injektionsverfahren gewählt werden muss.

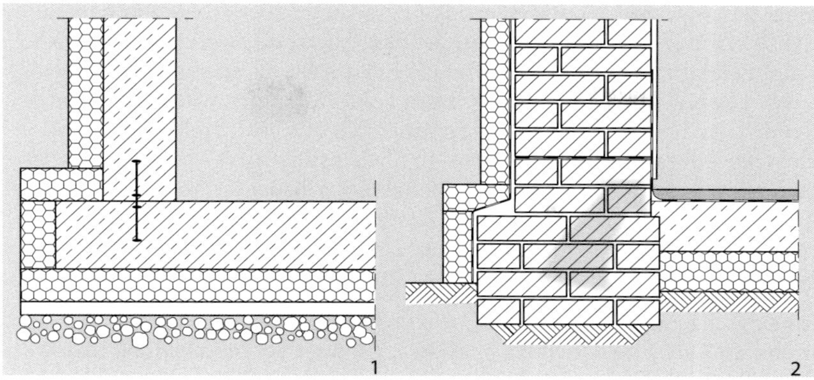

Abb. 1.3: Als Weiße Wanne ausgebildeter Keller mit vertikalem Fugenblech zur Abdichtung der horizontalen Fuge (1) und abgedichteter Keller älterer Bauart mit vertikalen und horizontalen Abdichtungen (2) (grauer Pfeil: feuchter und kalter Schwachpunkt)

Die Kellersanierung in Bestandsgebäuden ist immer eine Abwägung verschiedener Faktoren, wobei es darum geht, die für die geplante Nutzung und die zu erwartenden Kosten günstigste Sanierungsmaßnahme zu ergreifen.

Für eine nachträgliche Kellersanierung sind daher die **WTA-Merkblätter** (WTA: Wissenschaftlich-Technische Arbeitsgemeinschaft für Bauwerkserhaltung und Denkmalpflege e. V.) hilfreicher als die Normen der Reihe DIN 18533. Sie enthalten technische Regeln im Bereich der Bauinstandsetzung und der Denkmalpflege, die nach allgemeiner Rechtsauslegung die Vermutung nahelegen, allgemein anerkannte Regeln der Technik zu sein.

Für die Kellersanierung sind vor allem die folgenden WTA-Merkblätter von Bedeutung:

- 1-2-21/D „Der Echte Hausschwamm – Erkennung, Lebensbedingungen, vorbeugende Maßnahmen, bekämpfende chemische Maßnahmen, Leistungsverzeichnis" (2021)
- 2-9-20/D „Sanierputzsysteme" (2020)
- 4-5-99/D „Beurteilung von Mauerwerk – Mauerwerksdiagnostik" (1999)
- 4-6 „Nachträgliches Abdichten erdberührter Bauteile" (2014)
- 4-7-15/D „Nachträgliche mechanische Horizontalsperre" (2015)
- 4-9-19/D „Nachträgliches Abdichten und Instandsetzen von Gebäude- und Bauteilsockeln" (2019)
- 4-10-15/D „Injektionsverfahren mit zertifizierten Injektionsstoffen gegen kapillaren Feuchtetransport" (2015)
- 4-11-16/D „Messung des Wassergehalts bzw. der Feuchte von mineralischen Baustoffen" (2016)
- 4-12-21/D „Ziele und Kontrolle von Schimmelpilzschadenssanierungen in Innenräumen" (2021)

1.3.2 Sanierungsprobleme bei Kellern älterer Bauart

Heutige Keller sind meist als selbsttragende Weiße Wanne ausgebildet und auf einer biegesteifen Betonsohle gegründet (Abb. 1.3, Bild 1). Bei Kellern, die bis in die 1970er-Jahre errichtet wurden, ist dagegen eine Bauweise mit einer durchgehenden lastabtragenden Betonsohle über Streifenfundamenten zu erwarten. Bei diesen Kellern ist das Kellermauerwerk oft auf gemauerten Fundamenten gegründet und die Kellersohle als Sperrestrich eingefügt (Abb. 1.3, Bild 2). Diese Bauweise kann beim Aufgraben von außen oder tieferem Ausschachten von innen gegebenenfalls statische Probleme verursachen, da eine solche Gründung empfindlicher für einen Grundbruch ist (vgl. zum Grundbruch Kapitel 3.1.2). Bei dieser Bauweise ist zwischen Sperrestrich und Kellermauerwerk kein Dichtband wie bei einer Weißen Wanne zwischen Sohle und Wand vorhanden. Dies ist ein Schwachpunkt älterer Keller, der oft zusätzliche Sanierungsmaßnahmen erfordert.

Eine durchgehende Dämmebene, wie sie heutigem Standard entspricht, ist in Bestandsgebäuden nicht zu erreichen, da unter der bestehenden Gründung keine Dämmung möglich ist. Dies ist problematisch, wenn der Keller als Wohnraum genutzt werden soll (siehe hierzu auch Kapitel 6.3.2).

1.3.3 Wärmedämmung

Soll ein Keller als Wohnraum genutzt werden, wird dies durch eine Dämmung unter der Sohlplatte erreicht, an die die Perimeterdämmung des Kellermauerwerks, die wiederum in ein Wärmedämm-Verbundsystem (WDVS) bzw. die gedämmte Außenschale übergeht, lückenlos anschließt. Alternativ ist eine ausreichend dimensionierte Dämmung unter einem schwimmenden Kellerestrich möglich.

Lücken in der Wärmedämmung erzeugen Wärmebrücken – kalte Bereiche z. B. in den Außenwänden –, die zu Niederschlag von Tauwasser und dadurch zu Feuchteschäden führen.

Soll ein Keller nicht als Wohnraum genutzt werden, wird meist aus Kostengründen auf eine Wärmedämmung der Kelleraußenwände verzichtet und die wärmedämmende Hülle des Gebäudes durch die Dämmung der Kellerdecke geschlossen. Dies hat allerdings mehrere Nachteile:

- Die Dämmung der Kellerdecke ist wegen vorhandener Durchbrüche und Leitungen und vor allem wegen der Innenwände des Kellers immer lückenhaft, auch wenn die Dämmung an den Innenwänden heruntergezogen wird.
- Im oberflächennahen Bereich wandert der Taupunkt bei Frost in den Mauerwerksquerschnitt.
- Der Keller und das Kellermauerwerk bleiben tendenziell kälter und können daher weniger Luftfeuchte aufnehmen.

Soll ein Keller in einem Bestandsgebäude später als Wohnraum genutzt werden, ist eine ausreichende Wärmedämmung allerdings eine entscheidende Voraussetzung. Auch in diesem Fall ist eine Abdichtung und Dämmung von außen vorzuziehen, da so das Kellermauerwerk trocknet und entsprechend eine geringere Wärmeleitfähigkeit hat. Die Feuchtespeicherfähigkeit eines von außen gedämmten trockenen Mauerwerks ist für das Raumklima wichtig. Das Mauerwerk kann außerdem als Feuchtepuffer für Tauwasser fungieren (vgl. zu den erforderlichen Sanierungsaufgaben Kapitel 6).

Wegen der hohen Energiekosten wird eine Dämmung der Kellerdecke zum Erdgeschoss hin allerdings immer eine der Aufgaben einer Sanierung sein, auch wenn keine Kellerräume als Wohnraum genutzt werden sollen.

1.4 Kellerabdichtung nach den Regeln der Technik

1.4.1 Die Funktion vertikaler und horizontaler Abdichtungen

Vertikale Abdichtungen sollen ein waagerechtes Eindringen der Feuchte von der Seite in das Mauerwerk verhindern. **Horizontale Abdichtungen** sollen ein vertikales Aufsteigen des Wassers von unten im Mauerwerk verhindern. Horizontale Abdichtungen verlaufen quer durch das Mauerwerk, während vertikale Abdichtungen außen oder innen auf eine Wand aufgebracht werden.

Aus den Schadensbildern, die durch feuchtes Mauerwerk hervorgerufen werden, ergibt sich als vorrangiges Ziel im Neubau, eine Durchfeuchtung des Kellermauerwerks sowie der Kellersohle und -decke durch konstruktive Maßnahmen schon beim Bau zu verhindern.

Die DIN 18195 „Abdichtung von Bauwerken – Begriffe“ (2017) ist maßgeblich für die Definition der Begriffe und der Prüfverfahren. Die DIN 18533-1 „Abdichtung von erdberührten Bauteilen – Teil 1: Anforderungen, Planungs- und Ausführungsgrundsätze“ (2017) definiert verschiedene Wassereinwirkungsklassen, Rissüberbrückungsklassen und Raumnutzungen (vgl. Kapitel 2.6.5 und 3.3.7).

Die weiteren Teile dieser DIN behandelt die Abdichtungsstoffe.

Für die Kellerabdichtung maßgebliche Normen sind:

- DIN 18195
- DIN 18195 Beiblatt 2 „Abdichtung von Bauwerken – Beiblatt 2: Hinweise zur Kontrolle und Prüfung der Schichtdicken von flüssig verarbeiteten Abdichtungsstoffen“ (2017)
- DIN 18533-1
- DIN 18533-2 „Abdichtung von erdberührten Bauteilen – Teil 2: Abdichtung mit bahnenförmigen Abdichtungsstoffen“ (2017)
- DIN 18533-3 „Abdichtung von erdberührten Bauteilen – Teil 3: Abdichtung mit flüssig zu verarbeitenden Abdichtungsstoffen“ (2017)

Eine Abdichtung lässt sich vereinfacht als eine geschlossene Wanne beschreiben (vgl. Abb. 1.4). Dies bedeutet, dass horizontale (waagerechte) Abdichtungen (die Sohle und horizontale Sperrschichten im Mauerwerk und am Auflagerpunkt von Verblendung oder Wärmedämm-Verbundsystem) und vertikale (seitliche) Abdichtungen der Wände miteinander verbunden bzw. ausreichend überlappt sein müssen, um einen lückenlosen Schutz zu gewährleisten. Vertikale Abdichtungen sollen dabei mindestens 30 cm über das Geländeniveau geführt sein, um das Eindringen von Spritzwasser zu verhindern.

Ein solcher Schutz wird durch wasserundurchlässige (WU) Betonwannen mit Dichtbändern oder durch Beschichtungen der Wände in Kombination mit wasserundurchlässigen Sohlplatten oder abgeklebten Sohlen erreicht.

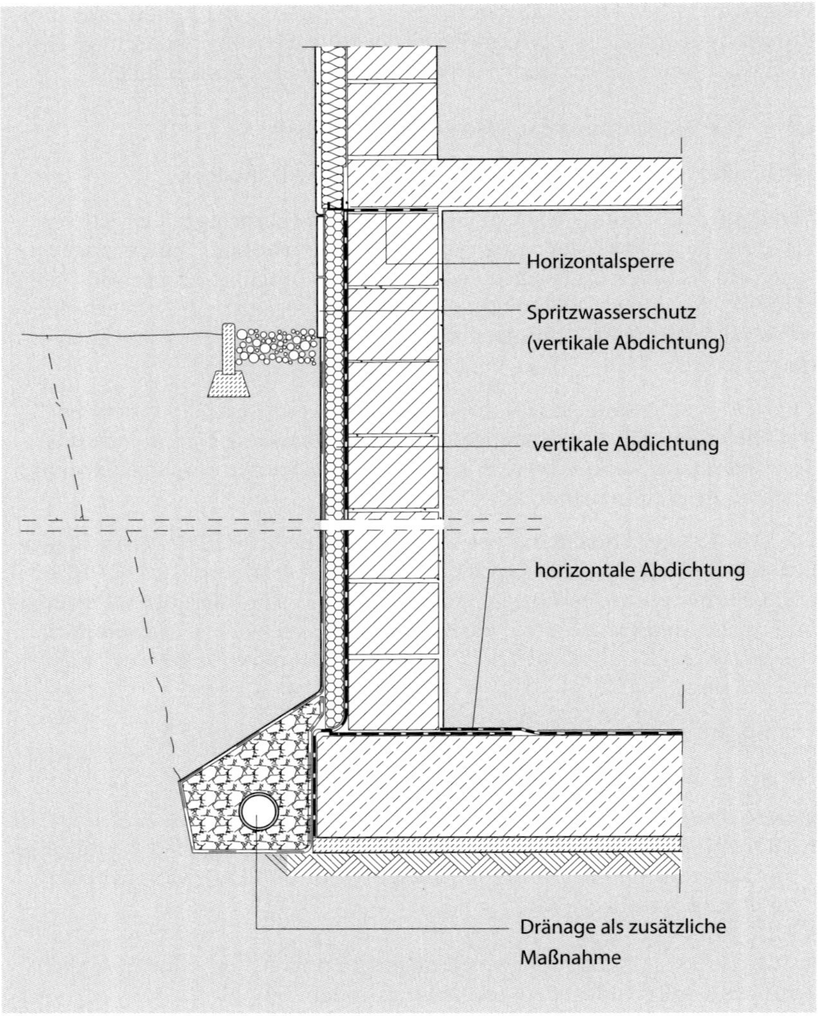

Abb. 1.4: Kombination von vertikaler und horizontaler Abdichtung nach DIN 18195-4 bzw. nach DIN 18533

Für die Sperrschichten im Kellermauerwerk sind bituminöse Beschichtungen oder Abdichtungsbahnen, aber auch Dichtungsschlämmen auf Zementbasis üblich. Je nach Wasserbeanspruchung sind mehrere überlappende Schichten bzw. bestimmte Mindestschichtdicken vorgeschrieben.

Zusätzliche Maßnahmen wie Dränagen, die bei hoher Wasserbelastung erforderlich sind, gehören technisch gesehen zur vertikalen Abdichtung.

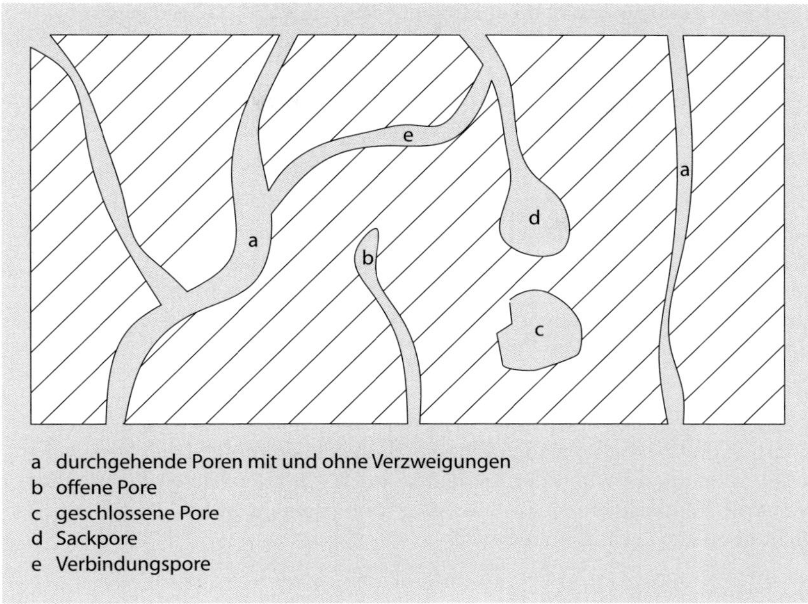

Abb. 1.5: Porenformen in Baustoffen

1.4.2 Bauphysikalische Aspekte

Kapillarität

In Mauerwerk ist die kapillare Feuchteaufnahme der Haupttransportmechanismus für Feuchte, durch den in kurzer Zeit erhebliche Mengen Wasser transportiert werden können.

Ursache für die **Feuchteaufnahme** von Bauteilen ist die innere Struktur der im Hausbau verwendeten Stoffe: Wasser kann nur dort eindringen, wo es einen Zwischenraum im Gefüge findet. Bei Baustoffen sind dies feine mit Luft gefüllte Poren (Abb. 1.5). In diese Poren eingedrungene Feuchte kann bei geeigneter Porenbeschaffenheit je nach Baustoff bis zu 2 m über das Erdreich zu steigen. Ermöglicht wird dies durch in den Poren wirkende **Kapillarkräfte**.

Als Kapillarität oder Kapillareffekt wird das Verhalten von Flüssigkeiten bezeichnet, das diese in engen Röhren, Spalten oder Hohlräumen in Feststoffen zeigen.

Flüssigkeiten wie Wasser steigen in Kapillaren gegen die Schwerkraft nach oben, während andere Flüssigkeiten wie Quecksilber in Kapillaren nach unten absinken. Diese Effekte entstehen aus dem Zusammenspiel der spezifischen Oberflächenspannung einer Flüssigkeit aufgrund ihrer Kohäsionskraft und der Grenzflächenspannung zur festen Oberfläche der Kapillaren aufgrund ihrer Adhäsionskraft. Zu unterscheiden sind die **Kapillaraszension** und die **Kapillardepression**.

Die **Kapillaraszension** tritt bei Flüssigkeiten auf, die das Material des Kapillargefäßes benetzen (z. B. Wasser im Kontakt mit Glas). Solche Flüssigkeiten steigen in einer Kapillare höher als der Pegel in der Umgebung und bilden eine nach unten gewölbte, konkave Oberfläche (Meniskus) aus. Dieses benetzende Verhalten ist auf die hohe Adhäsionskraft, die zwischen den beiden Stoffen wirkt, zurückzuführen.

Die **Kapillardepression** tritt bei Flüssigkeiten auf, die das Material des Kapillargefäßes nicht benetzen (z. B. Quecksilber im Kontakt mit Glas oder Wasser im Kontakt mit fetthaltigen Oberflächen). Solche Flüssigkeiten sinken in einer Kapillare unter den Pegel in der Umgebung ab und bilden eine nach oben gewölbte, konvexe Oberfläche aus. Dieses Verhalten ist auf die geringe Adhäsionskraft bzw. Abstoßung, die zwischen den beiden Stoffen wirkt, zurückzuführen.

Je kleiner der Durchmesser einer Kapillare ist, desto größer sind der Kapillardruck und bei benetzenden Flüssigkeiten die Steighöhe. Die Flüssigkeit steigt dabei an der Wand der Kapillare jedoch nur bis zu deren Ende, selbst wenn die Kapillarität eine größere Steighöhe erlauben würde, und fließt nicht oben aus der Kapillare heraus.

Wasseraufnahmekoeffizient *w*

Der Wasseraufnahmekoeffizient *w* (Wassersaugfähigkeit) beschreibt die **kapillare Sauggeschwindigkeit** eines Baustoffs. Dabei ist die Sauggeschwindigkeit, also die Menge des transportierten Wassers, umso geringer, je kleiner die Kapillarendurchmesser sind. Feinporige Baustoffe nehmen daher wesentlich langsamer Wasser auf als grobporige. Andererseits steigt das Wasser in feinporigen Baustoffen aber höher, da seine maximale Steighöhe umso größer ist, je kleiner der Durchmesser der Kapillaren (Poren) des Baustoffs ist.

Poren verlaufen in Baustoffen in der Regel unregelmäßig und können eine Vielzahl unterschiedlicher Radien besitzen, die mitentscheidend für die Wasseraufnahme und die wirkende Kapillarkraft im jeweiligen Baustoff sind. Poren mit einem Radius von weniger als 10^{-7} m ermöglichen keinen nennenswerten kapillaren Wassertransport, da Wasser in diese Poren nur als Wasserdampf oder über Kondensation eindringen kann. Poren mit einem Radius von mehr als 10^{-4} m, also mit mehr als 0,2 mm Durchmesser, sind für den kapillaren Wassertransport ebenfalls ungeeignet (Frössel, 2006, S. 28 f., 34 ff.).

1.5 Mauerwerksdiagnostik

Um die Ursache eines Schadensbildes in einem Keller zu bestimmen, sind unterschiedlich aufwendige Voruntersuchungen erforderlich: die Mauerwerksdiagnostik (auch als Bauwerksdiagnostik bezeichnet).

Eine Mauerwerksdiagnostik erfolgt nach dem in Abb. 1.6 dargestellten Schema.

Orientierende Bauwerksbesichtigung

Dieser Schritt dient dazu, einen Überblick über sichtbare Schäden und den zu erwartenden weiteren Untersuchungs- und Diagnoseaufwand zu gewinnen. In der Praxis ist dies oft bereits mit einer Bestands- und Schadensaufnahme verbunden.

↓

Bestands- und Schadensaufnahme

In einer Begehung vor Ort wird der Schaden nach Augenschein aufgenommen, Schadensbilder werden mit (digitalen) Fotos festgehalten und – sofern möglich – Pläne für Massenermittlungen und Unterlagen über Bauart, Baugeschichte, Umbau- und Sanierungsmaßnahmen kopiert (Anamnese).

↓

Untersuchungsplanung

Die Ergebnisse aus der Bauwerksbesichtigung und der Schadensaufnahme führen in Verbindung mit Erkenntnissen aus Plänen und Bauwerksvorgeschichte (Anamnese) zur Festlegung weiterer Untersuchungen. Für deren Durchführung und für die Ermittlung der Kosten dieser Untersuchungen sollten eine bemaßte Skizze und ein Aufmaß erstellt werden.

↓

Untersuchungen

Je nach Erfordernis werden vor Ort und/oder im Labor folgende Daten ermittelt:
- Mauerwerksart (ggf. endoskopische Untersuchungen)
- Mauerwerksdicke
- Mauerwerksgefüge (Druckfestigkeit)
- Baustoffkenndaten
- Feuchte- und Salzgehalt des Mauerwerks

↓

Schadensbewertung

Die Ergebnisse der Untersuchungen führen zur Diagnose, d. h. zur Einschätzung der Art und des Ausmaßes einer Feuchte- und Salzbelastung und zur Bestimmung der Schadensart und der Schadensursache.

↓

Instandsetzungsplanung

Ausgehend von der Schadensbewertung werden die Sanierungsmaßnahmen geplant.

Abb. 1.6: Ablauf einer Mauerwerksdiagnostik (nach WTA-Merkblatt 4-5-99/D [1999], S. 2)

2 Voruntersuchungen

2.1 Begutachtung vor Ort

Der erste Schritt einer Kellersanierung ist die Begutachtung vor Ort. Wie in Kapitel 1.5 beschrieben, kann dies je nach Schadensbild bereits mit dem zweiten Schritt einer Bestands- und Schadensaufnahme und dem hierzu erforderlichen Anfertigen von Skizzen, Aufmaßen und Fotos verbunden sein.

In Kapitel 2.2 werden im Folgenden typische Schadensbilder aufgrund von Feuchte und deren mögliche Ursachen behandelt, in Kapitel 2.3 Schadensbilder von biologischem Befall und in Kapitel 2.4 von statischen Beeinträchtigungen. Kapitel 2.6 ist der Ermittlung erforderlicher weiterer Daten gewidmet: des Feuchtegehalts (Kapitel 2.6.1), des Salzgehalts (Kapitel 2.6.2), des Gipsgehalts (Kapitel 2.6.3) und der Tragfähigkeit des Mauerwerks (Kapitel 2.6.4) sowie der vorliegenden Wasserbelastung (Kapitel 2.6.5).

Viele der Schadensbilder können je nach Bauart des untersuchten Kellers auf unterschiedliche Ursachen zurückgehen. Ist die Bauart des Kellers nicht unmittelbar ersichtlich, sind möglichst Pläne und die Dokumentation des Gebäudes heranzuziehen. Diese sollten dann vor der Begehung zur Verfügung gestellt werden. Sollte dies nicht möglich sein, ist für die Begehung ein karierter Block zur Skizzierung und Bemaßung des Kelleraufbaus erforderlich. Zur Ausstattung sollten ferner ein digitaler Entfernungsmesser und eine Digitalkamera gehören sowie ein Taschenmesser oder ein Schraubenzieher, um bei stark geschädigtem älterem Mauerwerk Kratzproben machen zu können, die einen ersten Eindruck von der Tragfähigkeit des Mörtels vermitteln.

2.2 Schadensbilder 1: Feuchte

Im Folgenden werden typische Schadensbilder von Feuchte in Kellern sowie die jeweils möglichen Ursachen beschrieben und Sanierungsmöglichkeiten dargestellt (vgl. hierzu auch Schwachstellen, 1980). Die jeweiligen grafischen Darstellungen der Schadensbilder beziehen sich dabei auf die Gesamtansicht eines Kellers in Abb. 2.1. Feuchte ist in den Darstellungen der Schadensbilder jeweils grau gekennzeichnet, Pfeile geben die Richtung der Feuchteaufnahme bzw. des Feuchtetransports im Mauerwerk an.

Die Schadensbilder gehen oft auf mehrere zusammenwirkende Ursachen zurück. Wesentlich ist, genau zu klären, welchen Einfluss die einzelnen Faktoren haben, und hierfür gegebenenfalls eingehendere Untersuchungen durchzuführen.

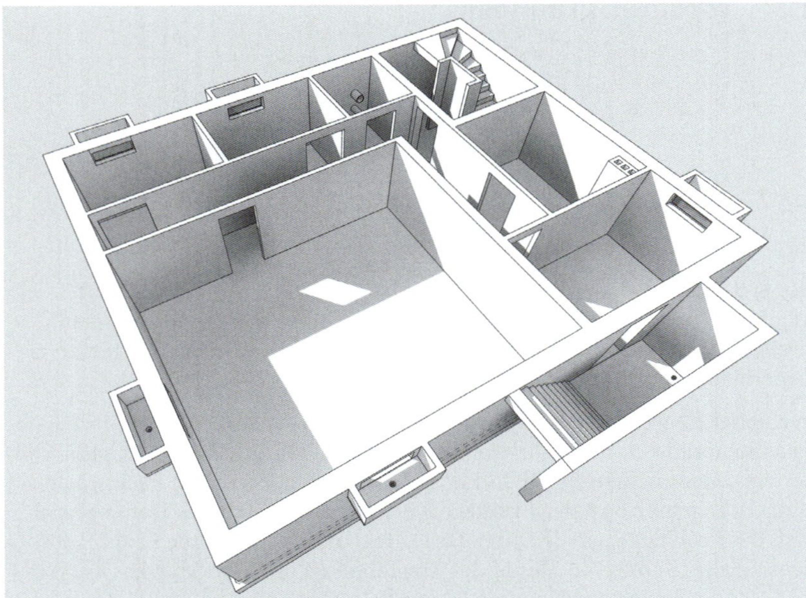

Abb. 2.1: Gesamtansicht eines Kellers mit Innenwänden, Rohrdurchführungen, Innentreppe, Fenstern, Lichtschächten und Außentreppe (Grundlage für die nachfolgenden Schadensgrafiken)

Abb. 2.2: Die fehlende Abdichtung des Kellerhalses zeigt sich als starke Ausblühungen am Mauerwerk. Eine erfolgte Abdichtung im Übergangsbereich zum Kellermauerwerk kann an den in diesem Bereich neu eingesetzten Steinen erkannt werden.

2.2.1 Feuchte im Bereich der Kelleraußentreppe

Kelleraußentreppen können eine Vielzahl von Feuchteschäden in einem Keller verursachen (Abb. 2.3 und 2.4):

- Der Übergangsbereich zwischen Kellermauerwerk und der angesetzten Wand des Kellerhalses kann durch Risse undicht sein.
- An der Wand des Kellerhalses kann die vertikale Abdichtung fehlen (Abb. 2.2).
- Feuchte kann über stehendes Wasser auf dem oberen Wandabschluss der angesetzten Wand des Kellerhalses in das Kellermauerwerk eindringen.

Abb. 2.3: Schadensbilder an der Kelleraußentreppe (1); typische Ursachen (2): Risse im Übergangsbereich zwischen Kellermauerwerk und der angesetzten Wand des Kellerhalses, stehendes Wasser auf dem oberen Wandabschluss der angesetzten Wand des Kellerhalses, im Übergangsbereich von Stufe und Wand in den Keller eindringendes Niederschlagswasser und vor der Kellertür aufstauendes Regenwasser

Abb. 2.4: Eindringende Feuchtigkeit über die Mauerkrone des Kellerhalses der Kelleraussentreppe führte zum sichtbaren Schadensbild am Kellermauerwerk

- Niederschlagswasser kann an der Fassade herablaufen und im Übergangsbereich von Stufe und Wand in den Keller eindringen. Setzrisse in diesem Bereich begünstigen diesen Vorgang.
- Im sichtbareren Bereich des Kellermauerwerks, der im Übergang von Stufe und Wand oft nur verputzt ist, kann bei hoher Belastung von der Fassade herablaufendes Wasser in das Mauerwerk gelangen.
- Ist kein Abfluss vorhanden oder ist dieser zu gering bemessen oder verstopft, kann sich Regenwasser aufstauen.
- Durch einen Rückstau kann Wasser aus einem vorhandenen Ablauf hochdrücken, sodass es über die Treppenschwelle oder durch die Wand in den Keller bzw. in das Kellermauerwerk eindringt.

Empfohlene Sanierungsmaßnahmen

Bei einer Sanierung von außen muss die vertikale Abdichtung das Mauerwerk der Kelleraußentreppe einschließen. Zu beachten ist hierbei auch der Bereich unter den Treppen. Oft ist das Mauerwerk allerdings so angegriffen, dass ein Abbruch und eine Neuerstellung der Treppe, z. B. aus Beton, sinnvoller ist.

Eine Abdichtung der Kellerhalswand und eine Abdichtung und Reparatur der Stufen sind grundsätzlich möglich. Hierfür sind das Abstemmen des alten Putzes und das Aufbringen einer elastischen Dichtungsschlämme mit Hohlkehlen im Stufenbereich, wahrscheinlich auch das Abkratzen der alten Farbe von den Stufen und die Einbeziehung der Stufen in die Abdichtung und eine spätere neue Beschichtung, nötig (sind die Stufen gefliest, so sind die Fliesen meist schon durch das durch die Fugen eingedrungene Wasser und das Hochfrieren bei Frost lose und undicht).

Abb. 2.5: Schutz der Mauerkrone durch eine Zinkabdeckung

Das Eindringen von Feuchtigkeit über die Mauerkrone der gemauerten Wände von Kelleraußentreppen kann durch eine entsprechende Abdeckung aus Zink oder Kupfer verhindert werden (vgl. Abb. 2.5).

Bei gemauerten Rollschichten kann auch eine Imprägnierung der Steine verwendet werden, um Steine und Fugen der Rollschicht wasserabweisend zu machen. Die bessere Lösung ist allerdings meist, den Bereich der Kelleraußentreppe mit einem kleinen Dach zu schützen. Denn auch nach einer Sanierung bleiben Probleme wie der hohe Wasseranfall bei Regen und die Gefahr der Verstopfung von Abflüssen durch Laub und Erde bestehen. Laub und Schmutz machen die Treppe zudem schnell rutschig und gefrierendes Wasser auf den Stufen im Winter bedeutet eine zusätzliche Rutschgefahr. Das stehende Wasser begünstigt in Verbindung mit den organischen Bestandteilen außerdem die Besiedlung z. B. durch Moose.

2.2.2 Flächige Feuchte im unteren Wandbereich

Sichtbare, großflächig auftretende und vom Kellerboden zur Kellerdecke hin abnehmende Feuchte ist das wohl am häufigsten auftretende Schadensbild.

Oft wird in diesem Fall aufsteigende Feuchte aufgrund einer fehlenden Horizontalsperre vermutet und zur Abdichtung ein Injektionsverfahren eingesetzt. Hier kann jedoch auch eine andere Ursache vorliegen (vgl. zur Fehlinterpretation von Feuchtemessungen Kapitel 2.6.1.2).

Wenn eine Ausbildung mit einem abnehmenden Feuchtebild in einer typischen Dreiecksform zu den Innenwänden hin zu beobachten ist (Abb. 2.6, Bild 1), ist als Ursache zwar vertikal eindringende Feuchte, nicht aber eine fehlende Horizontalsperre zu vermuten: Da die Innenwände nicht betroffen sind, hat der Keller offenbar eine durchgehende Betonsohle, die hinreichend kapillarbrechend wirkt, um das Aufsteigen von Feuchte zu verhindern. Bei älteren Kellern hingegen ist lediglich ein Sperrestrich zwischen den gemauerten Fundamenten der Wände eingebracht und keine durchgehende Betonsohle vorhanden. Hier würde aufsteigende Feuchte aus dem Fundamentbereich dann ein Feuchtebild wie in Abb. 2.7, Bild 1, hervorrufen, das tatsächlich auf eine fehlende Horizontalsperre hinweist.

Eine Horizontalsperre kann bei Gebäuden, die ca. 100 Jahre alt sind, auch aus besonders dichtem Naturstein im Fundamentbereich bestehen. Bei Ge-

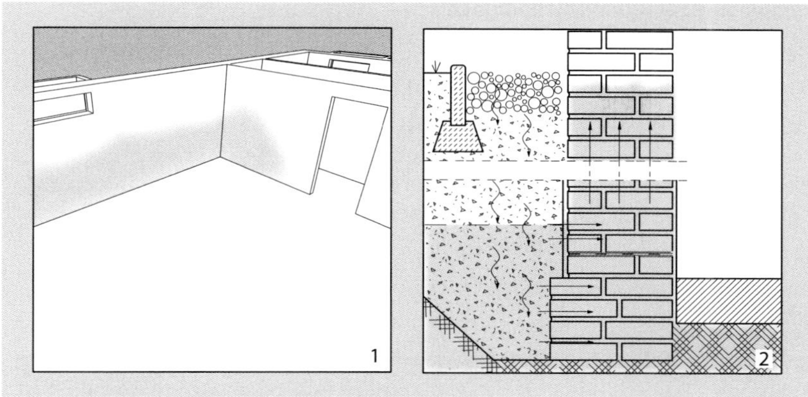

Abb. 2.6: Schadensbild: flächige, zu den Innenwänden hin abnehmende Feuchte im unteren Wandbereich (1); typische Ursachen: fehlende oder mangelhafte vertikale Abdichtung (2)

Abb. 2.7: Schadensbild: flächige, zu den Innenwänden hin nicht abnehmende Feuchte im unteren Wandbereich (1); typische Ursache: fehlende Horizontalsperre (2)

bäuden dieses Alters ist damit zu rechnen, dass keine Sperrpappe vorhanden ist. Sie verfügen oft auch über keine vertikale Abdichtung von außen.

Bei Gebäuden jüngeren Datums ist die vorhandene vertikale Abdichtung – manchmal nur ein Putz und ein Schwarzanstrich – meist für höhere Belastungen, z. B. nach starkem Regen, nicht ausreichend.

Oft ist zudem eine ursprünglich verlegte Dränage verstopft, wodurch sich Wasser aufstauen kann, sodass eine Belastung der vorhandenen Abdichtung erfolgt, für die diese nicht ausgelegt ist. Ob eine Dränage verlegt wurde, lässt sich durch Nachfragen bzw. anhand der Bauunterlagen klären.

Bei unklarem Aufbau der vertikalen Beschichtung sollte ein Aufgraben des Kellers von außen an 1 Stelle als weitere Untersuchung erfolgen.

Ob eine Horizontalsperre vorhanden ist, ist bei unverputzten Kellern an der zweiten und dritten Steinschicht zu erkennen. Um dies bei verputzten Kellerwänden festzustellen, ist ein Abstemmen des Putzes an einer entsprechenden Stelle erforderlich.

Empfohlene Sanierungsmaßnahmen

Gegen vertikal eindringende Feuchte ist eine Abdichtung von außen (Kapitel 3) einem Sperrputz von innen (Kapitel 4) immer vorzuziehen.

Bei geringer Belastung des Mauerwerks durch Feuchte, Salze und Ausblühungen und einer untergeordneten Nutzung der Kellerräume kann auch ein Abschlagen des alten Putzes und das Neuverputzen mit einem Sanierputz und die Endbeschichtung mit einer mineralischen Kalk- oder Silicatfarbe ausreichend sein (vgl. Kapitel 4.3).

Für den nachträglichen Einbau einer horizontalen Abdichtung siehe Kapitel 5.

Je länger ein Keller feucht war und je stärker die Durchfeuchtung war, desto mehr Salze können in das Mauerwerk eingedrungen sein. In diese Fällen ist eine Untersuchung auf den Salzgehalt anzuraten. Bei geplantem Ausbau des Kellers als Wohnraum ist diese Untersuchung unbedingt erforderlich, um spätere Probleme durch hygroskopische Feuchteaufnahme (Kapitel 2.2.12) zu vermeiden.

2.2.3 Flächige Feuchte im oberen Wandbereich

Das Schadensbild flächiger Feuchte im oberen Wandbereich eines Kellers kann verschiedene Ursachen haben: **Tauwasser**, **Spritzwasser bzw. Oberflächenwasser**, eine **fehlende Z-Sperre** im Fassadenmauerwerk oder einen **vorspringenden Sockel**.

Tauwasserbildung (Abb. 2.8, Bild 2) setzt einen Temperaturunterschied im Kellermauerwerk voraus. In einem beheizten, gedämmten Keller, in dem der obere Bereich des Mauerwerks nicht in die Dämmung einbezogen ist, entsteht dort ein kalter Bereich, in dem die Luftfeuchte kondensiert und sich Tauwasser bildet. Ob der Keller gedämmt ist, ist durch Nachfrage oder anhand von Unterlagen zu klären, ob der Kellerraum beheizt wird, kann durch Augenschein festgestellt werden.

Tauwasserbildung führt häufig auch zu Schimmelpilzbefall. Ist eine Pilzbesiedlung sichtbar, sollten hierfür Sanierungsmaßnahmen geplant werden (siehe Kapitel 2.3).

Spritzwasser oder **Oberflächenwasser** (Abb. 2.8, Bild 3) ist als Ursache zu vermuten, wenn z. B. eine Pflasterung mit Gefälle zum Haus gelegt ist oder eine Pflasterung ohne Kiesbett unmittelbar bis an das Mauerwerk geführt ist und ein Sperrputz im Sockelbereich fehlt. In diesen Fällen können Feuchtemessungen der Außen- und der Innenseite des Mauerwerks durchgeführt werden. Die dem Spritz-/Oberflächenwasser ausgesetzte Außenseite der Kellerwand sollte deutlich feuchter sein als die Innenseite. Als mögliche Fehlerquellen sind hier zu beachten, dass die Oberfläche der Fassade durch frischen Niederschlag feucht oder durch Sonneneinstrahlung an der Oberfläche trocken sein kann, obwohl das Mauerwerk unter der Oberfläche feucht ist.

Sinnvoller ist daher eine Feuchtemessung des Fassadenbereichs, in dem die Ursache für das Schadensbild im Keller vermutet wird, und der Vergleich mit Messungen in anderen Bereichen der Außenhaut (zu beachten sind jeweils die Messprobleme, die durch vorhandene Anstriche verursacht sein

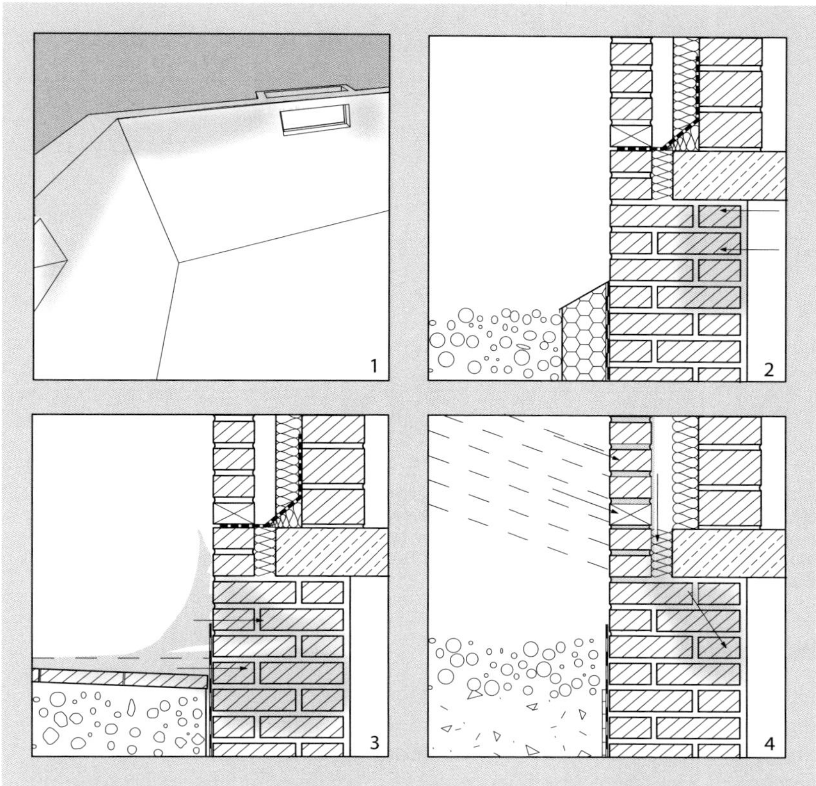

Abb. 2.8: Schadensbild: flächige Feuchte im oberen Wandbereich (1); typische Ursachen: Tauwasserbildung (2), Spritzwasser (3) und von der Fassade durchschlagendes Wasser bei fehlender Z-Sperre (4)

können; siehe hierzu auch Kapitel 2.6.1). Doch lässt sich eindringende Feuchte meist schon an sichtbaren Schäden der Fassade wie Ausblühungen, sich ablösende Farbschichten oder Grünbefall erkennen.

Insbesondere bei einer vorgesetzten Verblendschale mit **fehlender Z-Sperre** (Abb. 2.8, Bild 4) oder bei Mauerwerk mit einem **vorspringenden Sockel**, auf dem sich das an der Fassade herablaufende Wasser staut, kann auf der Wetterseite Wasser eindringen und den oberen Kellerwandbereich durchfeuchten. Auch hier können Messungen der Mauerwerksfeuchte an der Außen- und der Innenseite erste Hinweise auf die Ursache geben.

Bei zweischaligem Mauerwerk ist es außerdem sinnvoll, ungefähr in Kniehöhe 1 oder 2 Steine herauszunehmen und mit Taschenlampe und Spiegel zu klären, ob eine Z-Sperre vorhanden ist. Dies geht allerdings über den Umfang einer ersten Begehung hinaus und sollte im Rahmen der weiteren kostenpflichtigen Untersuchungen erfolgen.

Ein vorspringender Sockel – bei älteren Gebäuden meist aus Naturstein oder aus Steinquader imitierenden Putzornamenten – lässt sich als Ursache eindringender Feuchte oft schon an fehlendem Gefälle und sichtbaren Schäden wie Ausblühungen und Grünbefall erkennen.

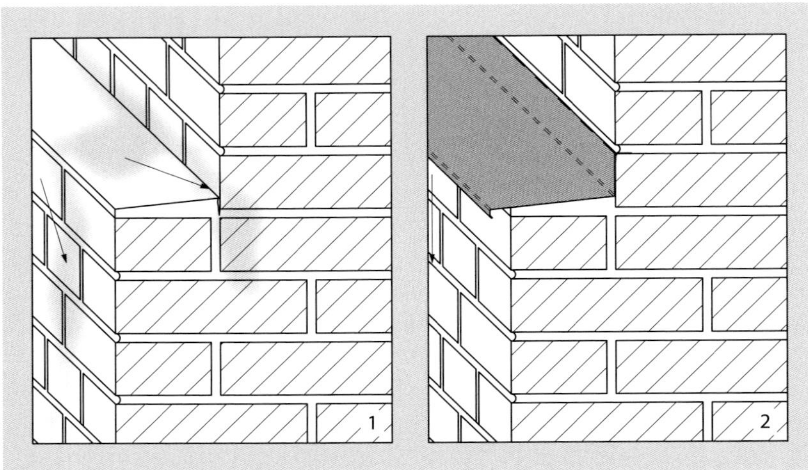

Abb. 2.9: Schadensbild bei Mauerwerk mit vorspringendem Sockel: aufgrund eines fehlenden Überstands an der Wand herablaufendes Wasser sowie falscher Anschluss eines Gefälles an das Mauerwerk, sodass Wasser über Schwundrisse in das Mauerwerk eindringt (1); Sanierungsvariante: ein in die Fuge eingeschobenes gekantetes Blech mit Überstand (2)

Empfohlene Sanierungsmaßnahmen

Ist **Tauwasser** die Schadensursache, so muss der kalte Wandbereich so wie das übrige Mauerwerk gedämmt werden. Dies sollte möglichst von außen durch eine ausreichende Perimeterdämmung, z. B. als umlaufender Sockel, geschehen (der obere Abschluss muss korrekt ausgebildet sein, da sonst die Gefahr eindringenden Wassers besteht). Alternativ ist eine Dämmung von innen mit Überlappung in die von außen gedämmten Bereiche an der Wand hinein möglich. Da dies überwiegend beheizte, d. h. teilweise bewohnte Räume betrifft, sind optisch ansprechende Sanierungslösungen zu bevorzugen (vgl. Kapitel 2.3).

Bei **Spritzwasser bzw. Oberflächenwasser** ist der Außenbereich durch Beseitigung eines Kontergefälles der Pflasterung oder den Einbau einer Ablaufschiene und eines Kiesstreifens von ca. 40 cm an der Wandseite anzupassen. Eine zusätzliche Maßnahme kann ein Sperrputz im Sockelbereich sein.

Bei Ziegelflächen kann sich auch eine Imprägnierung anbieten, da bei zweischaligem Mauerwerk der nachträgliche Einbau einer **Z-Sperre** sehr aufwendig ist; vielfach ist auch der entsprechende Klinker nicht mehr erhältlich. In einem solchen Fall können die Steine und vor allem die Fugenflächen mit einem hydrophobierenden (Wasser abweisenden) Mittel imprägniert werden. Solche Hydrophobierungsmittel werden als farblose Flüssigkeiten, Cremes oder Gele angeboten. Eine Imprägnierung wirkt allerdings nur zeitlich begrenzt, sodass sie nach einigen Jahren wiederholt werden muss.

Um bei einem **vorspringenden Sockel** das Eindringen von Wasser auszuschließen, sollte der obere Abschluss zumindest mit Gefälle nach außen ausgebildet werden (Abb. 2.9, Bild 1). Dies ist jedoch nicht die günstigste Lösung, da Wasser über Schwundrisse und durch Spritzer in den Übergangs-

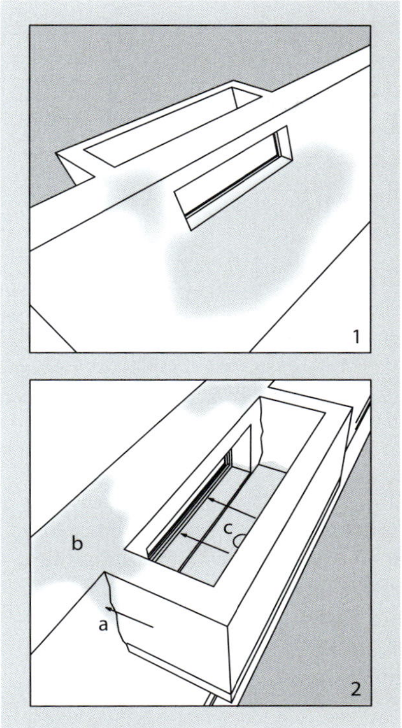

Abb. 2.10: Schadensbild: Feuchteschäden im Bereich von Lichtschächten (1); typische Ursachen: Risse durch Absacken des Mauerwerks (2, a), von oben in das Mauerwerk eindringendes Wasser (2, b) und im Lichtschacht aufstauendes Wasser (2, c)

Abb. 2.11: Feuchtigkeitsschäden unter einem gemauerten Lichtschacht

bereich eindringen kann. Wirksamer – allerdings kostenaufwendiger – sind in das Mauerwerk eingelegte Bleche mit Überstand (Abb. 2.9, Bild 2), die verhindern, dass das am Mauerwerkssockel herablaufende Wasser zu optischen Beeinträchtigungen durch Schlieren und Grünbefall führt.

2.2.4 Feuchte im Bereich von Lichtschächten

Gemauerte Lichtschächte sind an den Einbindungen in das Kellermauerwerk oft gerissen, weil der angefüllte Boden gesackt ist. An den Rissstellen kann durch die beschädigte vertikale Abdichtung Wasser eindringen (Abb. 2.10, Bild 1, und Abb. 2.11 sowie Abb. 2.10, Bild 2, a). Ebenso kann Wasser über die Mauerkrone des Lichtschachtmauerwerks in dieses Mauerwerk und von dort in das Kellermauerwerk eindringen (Abb. 2.10, Bild 2, b).

Häufig sind die Abläufe alter Lichtschächte auch nicht ausreichend tief, verstopft oder an eine verstopfte Dränage angeschlossen, sodass Regenwasser sich im Lichtschacht aufstaut und in den Keller und das Mauerwerk eindringt (Abb. 2.10, Bild 2, c).

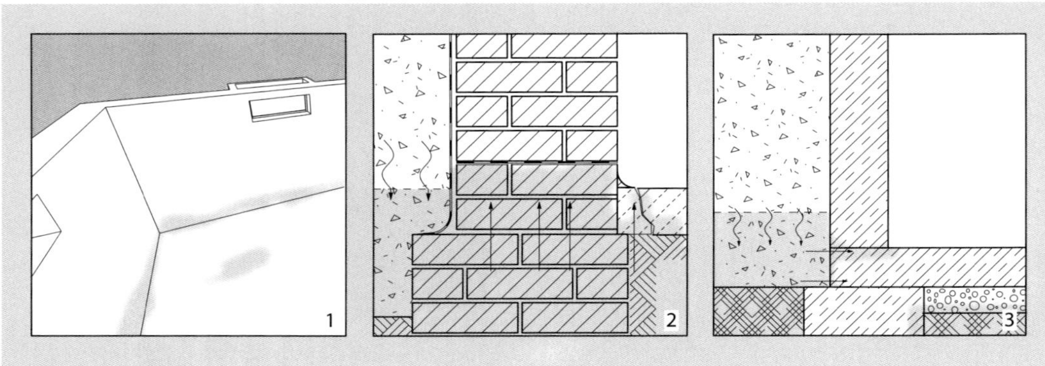

Abb. 2.12: Schadensbild: Feuchte im Bereich des Kellerbodens (1); typische Ursachen: durch Risse im Estrich oder durch Fugen aufsteigendes Sicker- oder Grundwasser (2) und fehlendes Dichtband (3)

Empfohlene Sanierungsmaßnahmen

Am sinnvollsten ist es, die gemauerten Lichtschächte im Rahmen einer Sanierung von außen gegen Fertiglichtschächte aus Kunststoff auszutauschen. Der Übergangsbereich zum Mauerwerk ist dabei sorgfältig in die Abdichtung einzubeziehen (vgl. Kapitel 3.4.2). Ein ausreichender Ablauf sollte durch den Anschluss an eine funktionsfähige Dränage oder durch ein ausreichend dimensioniertes Rohrsystem mit Versickerungsmöglichkeiten gewährleistet werden.

Sollen die gemauerten Lichtschächte erhalten bleiben, müssen sie in die vertikale Abdichtung einbezogen werden. An den Übergängen ist es ratsam, zur Verstärkung sowie zur Minimierung von Rissbildungen in der Abdichtung Gewebebewehrungen einzusetzen. Die Oberkante des Lichtschachts sollte nach außen abgeschrägt werden, um stehendes Wasser zu verhindern. Weitere Maßnahmen, wie z. B. Sperrputze aus Dichtungsschlämmen, sind zu empfehlen.

2.2.5 Feuchte im Bereich des Kellerbodens

Bei Kellern älterer Bauart mit Sperrestrich, der meist auf gewachsenem Boden ohne kapillarbrechende Schicht zwischen den Kellerwänden eingebracht ist, kann Sicker- oder Grundwasser bei hohem Wasserstand durch **Risse im Estrich** und durch **Fugen zwischen Estrich und Mauerwerk** hochgedrückt werden (Abb. 2.12, Bild 2).

Ein ähnliches Schadensbild im Wand-Boden-Übergang kann sich bei Betonwannen zeigen. Im Bauablauf wird zuerst die Sohle erstellt, um dann die Schalung für die Wände daraufzustellen und zu betonieren. Ist in der Sohle **kein Dichtband** eingelegt, können durch das Schwinden des Betons im Übergangsbereich Risse entstehen, durch die Wasser eindringen kann (Abb. 2.12, Bild 3).

Empfohlene Sanierungsmaßnahmen

Ist eine Undichtheit nur auf wenige Risse in der Sohle zurückzuführen und wird der Keller nicht als Wohnraum genutzt, empfiehlt es sich, die Risse durch **konstruktive Injektionen** zu schließen (Abb. 2.13). Um ein erneutes Reißen

Abb. 2.13: Injektion zur Rissabdichtung am Kellerboden (Quelle: Remmers Baustofftechnik GmbH, Löningen)

eines geschlossenen Risses durch Arbeiten des Untergrunds auszuschließen, sollten Verfahren gewählt werden, die mit elastischen Dichtstoffen arbeiten.

Um einen Kellerboden älterer Bauart gegen zeitweilig auftretenden negativen Wasserdruck – also den Fall, dass Wasser die Abdichtung von hinten vom Bauwerk wegdrückt – abzudichten, sollte in einer trockenen Jahreszeit und damit bei niedrigerem Grundwasserstand der alte Estrich ausgestemmt und der Keller so tief ausgeschachtet werden, dass eine **bewehrte Betonsohle** erstellt werden kann. Ob Taschen zur Verzahnung mit der Außenwand erstellt werden müssen, ist von der Tragfähigkeit und Biegesteifigkeit der späteren Sohle abhängig. Es sollte Beton mit einem Dichtungsmittel, ein sogenannter wasserundurchlässiger Beton (WU-Beton), verwendet werden, damit weniger Feuchte und damit weniger Beton schädigende Bestandteile aus dem Boden in die Sohle eindringen können. Ob eine kapillarbrechende Schüttung unter der Sohle und/oder eine Dämmung möglich ist, hängt vom Grundwasserstand ab. Bei einem Grundwasserstand, der dauernd über der Ebene einer solchen Schüttung liegt, ist die Erstellung schwierig und die Wirksamkeit fraglich. Die erreichbare Tiefe wird auch durch die Gründungsebene eingeschränkt, die nicht untergraben werden sollte. Die Ausschachtung sollte nicht mehr als 10 cm unter die Unterkante des Fundaments führen.

Im Übergang der Sohle zu den Wänden ist eine fachgerechte Hohlkehle auszubilden und die Sohle und die gesamte Fläche sind mit einer Dichtungsschlämme in mehreren Lagen zu versehen, um eine Wasserdampfdiffusion zu verhindern. Dies gilt auch für Bauteile aus WU-Beton. Auf der Dichtungsschlämme erfolgt anschließend der Fußbodenaufbau (vgl. hierzu auch Kapitel 6.3).

Bei unbeschichteten Böden aus Zementestrich und in Kellerräumen mit untergeordneter Nutzung ist ein vereinfachtes Verfahren möglich, indem der bestehende Estrich systemkonform grundiert und die Abdichtung mit einer elastischen Dichtungsschlämme mehrlagig bis über die Horizontalsperre hochgezogen wird. Fehlt eine Hohlkehle, so ist diese vorher zu erstellen. Diese Abdichtung ist nach dem Trocknen mit einer Beschichtung, z. B. mit speziellen Farben für Kellerböden, zu schützen. Diese Lösung eignet sich

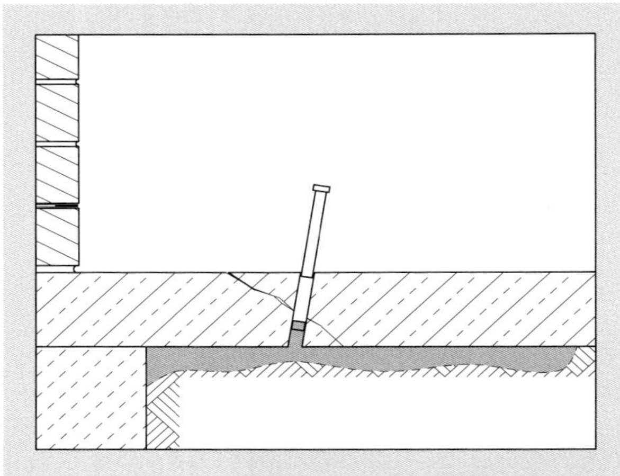

Abb. 2.14: Schleierinjektionen zur Abdichtung von Rissen oder undichten Fugen am Kellerboden

allerdings nur in Fällen, in denen keine Bewegung zwischen den Bauteilen oder dem vorhandenen Estrich auftritt. Denn auch eine elastische Dichtungsschlämme nimmt diese Bewegung nur bedingt auf, sodass Risse und Undichtheiten entstehen können.

Voraussetzung für beide vorgenannte Sanierungsvarianten ist das Vorhandensein einer **horizontalen Abdichtung**. Fehlt diese, ist sie nachträglich zu erstellen, und zwar auch dann, wenn vor der Sanierung kein Schadensbild aufsteigender Feuchte vorlag, denn nach der Abdichtung von Boden und Sockelfläche ist die Verdunstungsfläche reduziert, sodass das Wasser im Kellermauerwerk höher steigen wird als zuvor.

Hinweis

Die horizontale Abdichtung ist zu erstellen, **bevor** die Dichtungsschlämme aufgebracht wird.

Fehlen horizontale und vertikale Abdichtung und steigt Wasser durch die Bodenplatte auf, kann es sinnvoll sein, eine **Schleierinjektion des Baugrunds** vorzunehmen, statt jede der Ursachen einzeln zu beheben (Abb. 2.14; zum Verfahren siehe Kapitel 3.6.1).

Undichtheiten im Wand-Sohlen-Bereich einer Betonwanne sollten immer beseitigt werden, da durch das eindringende Wasser die in diesem Bereich ungeschützte Bewehrung korrodieren kann. Neben einer Abdichtung von außen (Kapitel 3) im betroffenem Bereich ist auch hier eine Injektionsabdichtung, die sogenannte Betonierfugenabdichtung, möglich (Abb. 2.15). Die zu erwartenden Kosten für eine Abdichtung von außen sind – bedingt durch das Ausschachten, das Anfüllen und das Wiederherstellen von Plattierungen und Gartenanlage – für eine Einzelmaßnahme wesentlich höher als der Einsatz eines Injektionsverfahrens und daher nur dann wirtschaftlich, wenn ein Ausschachten wegen anderer Schäden ohnehin erforderlich ist.

Abb. 2.15: Betonierfugenabdichtung durch Injektion (Quelle: Remmers Baustofftechnik GmbH, Löningen)

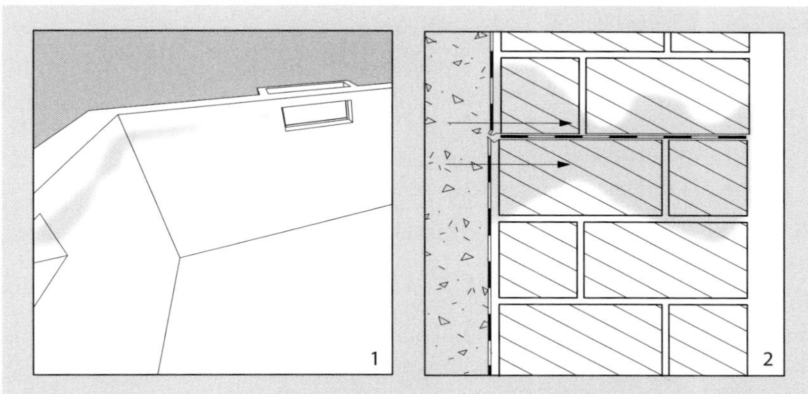

Abb. 2.16: Schadensbild: durchgehender horizontaler Feuchtestreifen (1); typische Ursache: Reißen der abdichtenden Beschichtung aufgrund verschobener Mauerwerksschichten (2)

2.2.6 Durchgehender horizontaler Feuchtestreifen im Wandbereich

Mauerwerksschichten können in noch ungenügend ausgehärtetem Zustand durch Erddruck, durch Setzungen oder durch das Anfüllen verschoben werden, sodass die abdichtende Beschichtung in diesem Bereich reißt; insbesondere eine eingelegte Sperrfolie kann dabei wie ein Gleitlager wirken (Abb. 2.16, Bild 2). Als Schadensbild erscheint auf der Kellerwand ein durchgehender horizontaler Feuchtestreifen (Abb. 2.16, Bild 1).

Empfohlene Sanierungsmaßnahmen

Nach vorsichtigem Aufgraben per Hand, um die vorhandene Abdichtung nicht zu beschädigen, und nach Reinigung und gegebenenfalls Grundierung wird eine Abdichtung, die der schon vorhandenen Abdichtung entspricht, andernfalls eine bituminöse Abdichtung, aufgebracht. Eine Ausnahme bildet eine als Teeranstrich ausgeführte vorhandene Beschichtung; diese muss entfernt werden (vgl. Kapitel 3.2.1).

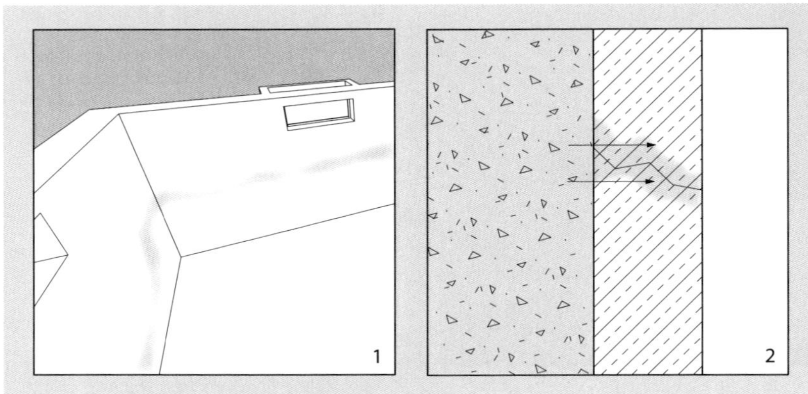

Abb. 2.17: Schadensbild: Feuchtestreifen im Wandbereich einer Betonwanne (1); typische Ursache: Schwundriss zwischen frischem und schon erstarrtem Beton (2)

Hinweis

> Bei Kunststoffbahnen sind bituminöse Abdichtungen nur zu verwenden, wenn die Kunststoffbahn nachgewiesen bitumenverträglich ist.

Es ist mit einer großzügigen Überlappung in den intakten Bereich hinein zu arbeiten.

Sinnvoll ist es, die Abdichtung als Bewegungsfuge/Bauwerksfuge mit einem eingelegten systemkonformen Abdichtungsband vorzunehmen, da durch das Gleitlager wieder eine Bewegung möglich ist, die die neue Abdichtung durch einen neuen Riss unbrauchbar machen kann.

2.2.7 Feuchtestreifen im Wandbereich einer Betonwanne

Feuchtestreifen im Wandbereich einer Betonwanne (Abb. 2.17, Bild 1) entstehen vielfach dann, wenn die Wände nicht korrekt in 1 Arbeitsgang betoniert wurden. Beim Aushärten des Betons kann dann leicht ein Schwundriss zwischen frischem und schon erstarrtem Beton entstehen (Abb. 2.17, Bild 2).

Empfohlene Sanierungsmaßnahmen

Wie schon bei einem fehlenden Dichtband in einer Betonwanne (vgl. Kapitel 2.2.5) kann auch in diesem Fall die tragende Bewehrung durch das eindringende Wasser angegriffen werden.

Je nach Höhenlage des Schadens und nach den Kosten für das Ausschachten und gegebenenfalls das Wiederherstellen der Pflasterung und der Gartenanlage kann wie bei dem in Kapitel 2.2.5 beschriebenen Schadensbild eine konstruktive Injektion die wirtschaftlichste Lösung sein.

Bei Abdichtung von außen ist eine großflächig den Schadensbereich überdeckende Abdichtung mit zusätzlicher Gewebebewehrung zu empfehlen. Da Betonwannen vielfach Trennmittelreste an der Oberfläche aufweisen, sollten mineralische Dichtungsschlämmen und Kunststoffbahnen nicht eingesetzt werden. Bitumendickbeschichtungen oder Bitumenschweißbahnen sind hier zu bevorzugen.

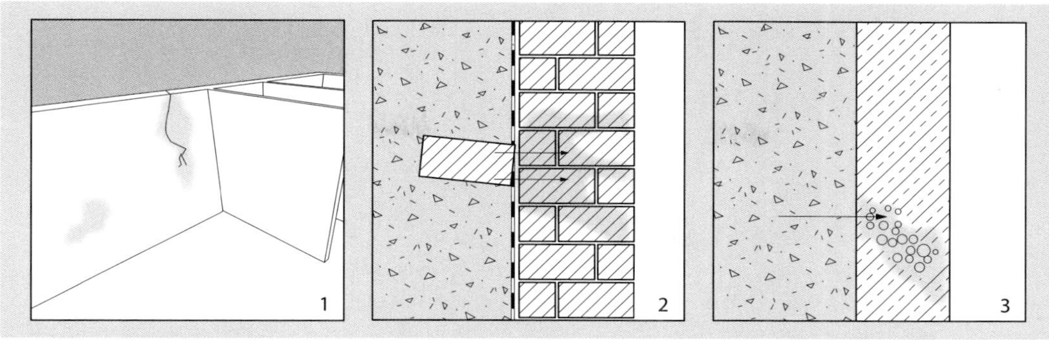

Abb. 2.18: Schadensbild: punktuelle Feuchte im Wandbereich; typische Ursachen: Risse (1), Beschädigung der vertikalen Abdichtung (2) und Nester in der Betonwanne (3)

2.2.8 Punktuelle Feuchte im Wandbereich

Punktuelle Feuchteschäden entstehen an gemauerten Kellerwänden meist aufgrund von **Rissen** (Abb. 2.18, Bild 1) oder infolge einer **Beschädigung der vertikalen Abdichtung** (Abb. 2.18, Bild 2), z. B. durch Bauschutt, der im Anfüllgut enthalten war. Ein ähnliches Schadensbild deutet bei einer Betonwanne auf **Nester**, also ungenügend verdichtete Bereiche in der Wand, hin (Abb. 2.18, Bild 3).

Ein weiterer, in der Regel allerdings sofort sichtbarer Schaden an einer Betonwanne kann auch ein **fehlender Stopfen eines Abstandhalters** sein. Vielfach reicht es hier bereits, einen Stopfen von innen einzuschlagen; andernfalls muss von außen aufgegraben werden.

Empfohlene Sanierungsmaßnahmen

Im Fall von **Rissen** empfiehlt sich das Einbringen einer Gewebebewehrung in die Abdichtung. Falls die Rissform dies zulässt, ist die Ausbildung einer Bewegungsfuge (vgl. Kapitel 3.4.3) die bessere Lösung. Es muss dabei sichergestellt sein, dass die Risse nicht mehr arbeiten, und sie sollten fachgerecht verpresst werden (vgl. Kapitel 2.4.1), da ein arbeitender Riss die Abdichtung wieder beschädigen würde.

Bei einer **beschädigten vertikalen Abdichtung** sollte die Schadensstelle vorsichtig per Hand aufgegraben werden, um die vorhandene Beschichtung nicht zu beschädigen. Nach der Reinigung ist die Reparatur mit einem geeigneten Material, systemkonformer Grundierung und ca. 30 cm Überlappung vom Schadensbereich in die intakte Fläche hinein durchzuführen.

Falls die vorliegende Abdichtung aus Kunststoffbahnen besteht, sollten keine bitumenhaltigen Abdichtungsmassen oder -bahnen verwendet werden, da einige Kunststoffbahnen durch diese aufgelöst werden. In der Regel ist eine bitumenverträgliche Kunststoffbahn zwar schwarz eingefärbt, zur Sicherheit sollte bei der Reparatur aber wieder eine Kunststoffbahn zum Einsatz kommen.

Bei **Nestern** in einer Betonwanne als Ursache des Schadensbildes ist zur Reparatur eine bituminöse Abdichtung zu bevorzugen, da bei Verwendung mineralischer Abdichtungen Haftungsprobleme wegen eventuell vorhandener Trennmittelreste auftreten können.

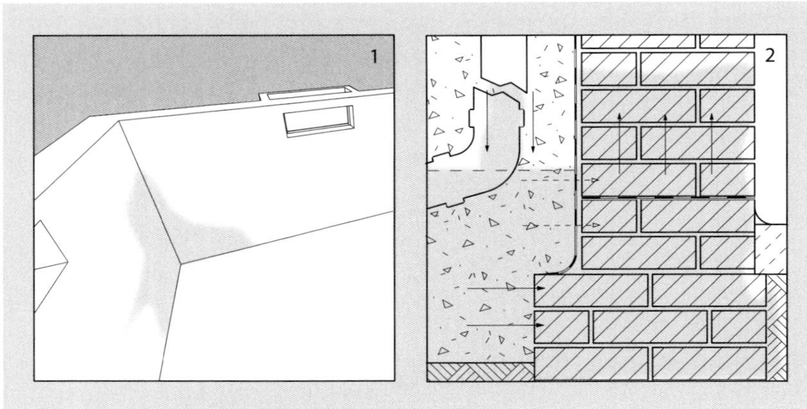

Abb. 2.19: Schadensbild: feuchte Bereiche in Kelleraußenecken (1); typische Ursache: Rohrbruch (2) (gestrichelte Pfeile: Feuchte, die durch eine nicht ausreichend für die Wasserbeanspruchung aufstauendes Wasser [z. B. bei einem Rohrbruch] ausgelegte vertikale Abdichtung in das Mauerwerk eindringt)

Problematisch sind **alte Teeranstriche**. Teer ist nicht ähnlich aufgebaut wie Bitumen, sondern ein Gemisch organischer Verbindungen und enthält Harze. Vorhandene alte Beschichtungen können auch eine Mischung aus Bitumen, Teer und Pech enthalten. Teer ist gesundheitsschädlich und kann Krebs verursachen. Alte teerhaltige Beschichtungen müssen daher von Fachkräften entfernt und entsorgt werden.

Über die gesetzlichen Vorschriften hinaus gibt es keine Gewährleistung der Hersteller für ein Haften von Abdichtungen auf Teeranstrichen. Wer hier sichergehen will, muss daher nicht nur den jeweiligen Schadensbereich, sondern den gesamten Keller von dem alten Teeranstrich befreien und neu abdichten (vgl. hierzu auch Kapitel 3.2.1). Falls die gesamte Abdichtung ohnehin lediglich aus einem Teeranstrich besteht, ist allerdings eine qualitativ bessere Abdichtung selbst bei der geringsten Wasserbeanspruchung (Bodenfeuchte) angezeigt. Eine Messung der Mauerwerksfeuchte würde hier mit großer Wahrscheinlichkeit eine Durchfeuchtung anzeigen, auch wenn optisch noch kein Schaden zu erkennen ist.

Sollte ein Aufgraben von außen nicht möglich oder zu aufwendig sein, ist die Abdichtung einer schadhaften Stelle durch rasterförmige Flächeninjektionen mittels eines druckbasierten Injektionsverfahrens um den betroffenen Bereich von innen möglich. Ein solches Vorgehen kann je nach Kapillarbild und kapillarer Sättigung eine Alternative darstellen, insbesondere bei trockenem Mauerwerk mit alten teerhaltigen Beschichtungen.

2.2.9 Feuchte Bereiche in Kelleraußenecken

Feuchte Bereiche in einer Außenecke eines Kellers (Abb. 2.19, Bild 1) sind oft auf eine beschädigte Rohrleitung (Abb. 2.19, Bild 2), meist im Übergang von Fallrohren der Dachrinnen zur Abflussleitung, zurückzuführen. Schadensursache können Setzungen des Bodens sein. Zur Kontrolle sollte der Bereich vorsichtig aufgegraben werden, um gegebenenfalls vorhandene Abdichtungen nicht zu beschädigen.

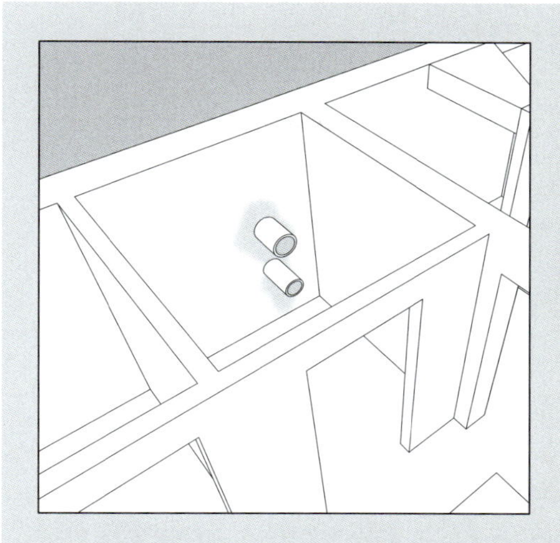

Abb. 2.20: Schadensbild: Wandfeuchte an Rohrdurchführungen

Abb. 2.21: Feuchteschaden an der Rohrdurchführung

Mögliche andere Ursachen können Risse und Beschädigungen der Abdichtung und/oder eine besonders hohe Wasserbeanspruchung in diesem Bereich sein, z. B. wenn große Mengen Oberflächenwasser eines mit Gefälle gepflasterten Bereiches dort versickern. Es ist daher auch die Umgebung außen zu prüfen.

Empfohlene Sanierungsmaßnahmen

Bestätigt sich der Verdacht eines defekten Rohres, ist der defekte Anschluss der Leitungen zu ersetzen.

Zu hohe Wasserbelastungen durch Oberflächenwasser sollten durch Entwässerungen, Dränagen oder Ablaufrinnen in der Pflasterung verhindert werden.

2.2.10 Wandfeuchte an Rohrdurchführungen

An Rohr- und Leitungsdurchführungen der Kelleraußenwand, z. B. der Hauptwasserleitung oder des Stromanschlusses, treten bei älteren Gebäuden oft Undichtheiten mit entsprechenden Feuchteschäden auf (Abb. 2.20 und 2.21), wenn diese Durchdringungen nicht durch spezielle Hohlkehlen in die äußere Abdichtung integriert sind. Ursache der Undichtheiten ist das unterschiedliche Arbeiten des Rohr- bzw. Kabelmaterials und des mineralischen Kellermauerwerks.

Wurden die Anschlüsse nachträglich gelegt, sind die Rohre oft in 1 Arbeitsgang eingemauert und abgedichtet worden. Kam dabei eine bituminöse Abdichtung zum Einsatz, so war die Haftung auf dem feuchten Untergrund nicht gegeben, wenn die Abdichtung keine innige Verbindung mit dem Mauerwerk hatte.

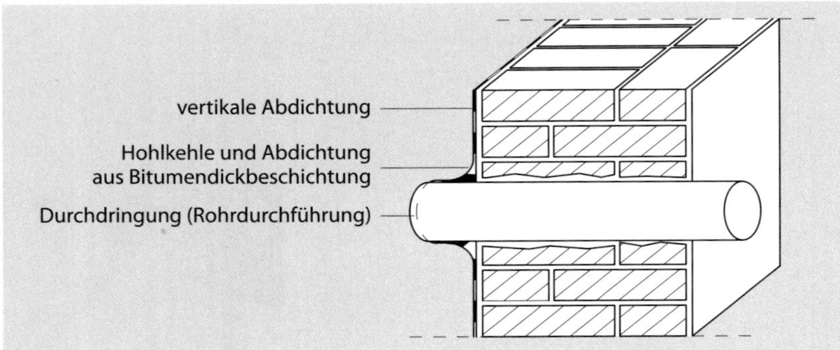

Abb. 2.22: Abdichtung einer Durchdringung von außen durch Ausführung einer Hohlkehle aus einer Bitumendickbeschichtung

Empfohlene Sanierungsmaßnahmen

Für eine nachträgliche Abdichtung stehen nach WTA-Merkblatt 4-6 „Nachträgliches Abdichten erdberührter Bauteile“ (2014) im Wesentlichen 3 Verfahren zur Verfügung, deren Wahl in Abstimmung mit den übrigen geplanten Sanierungsmaßnahmen erfolgen sollte:

- Im Zuge einer Sanierung von außen sollten die Durchdringungen ebenso wie Lichtschächte fachgerecht mit Hohlkehlen und Gewebebewehrung in die Abdichtung eingebunden werden. Ist die vorhandene vertikale Abdichtung funktionsfähig und nur am Übergang zur Rohrdurchführung wegen falscher Ausführung undicht, kann der betreffende Bereich vorsichtig, um die vorhandene Abdichtung nicht zu beschädigen, von außen aufgegraben und eine Abdichtung mit Bitumendickbeschichtung und entsprechender Überlappung in die vorhandene Abdichtung hinein ausgeführt werden (Abb. 2.22; vgl. WTA-Merkblatt 4-6 [2014], S. 24). Eine Vereinfachung der Abdichtung von außen bieten spezielle vorgefertigte Flanschkonstruktionen, die mittig geteilt sind und um das Rohr zusammengesetzt und verklebt werden können, bevor die Einbindung in die Bitumenabdichtung erfolgt (vgl. Kapitel, 3.4.1, Abb. 3.21).
- Mit Injektionsstoffen und elastischen Fugen ist auch eine Abdichtung von innen möglich (Abb. 2.23; vgl. WTA-Merkblatt 4-6 [2014], S. 30). Dies ist aber nur bedingt zu empfehlen, da alle Injektionsverfahren nur eine eingeschränkte Wirkung als Durchfeuchtungsschutz haben. Die Abdichtung sollte daher möglichst von außen erfolgen und nur dann, wenn dies aus baulichen oder Kostengründen nicht möglich ist, auf die partielle Injektion zurückgegriffen werden, z. B. wenn die undichte Rohrdurchführung unter öffentlichen Gehwegen verläuft. Dann wäre der Genehmigungs- und Ausführungsaufwand zur Behebung einer solchen nur lokalen Undichtheit kaum zu vertreten.
- Eine Abdichtung von innen kann im Zuge einer Flächenabdichtung von innen mit einem Sperrputz (Kapitel 4.1) ausgeführt werden (Abb. 2.24; vgl. WTA-Merkblatt 4-6 [2014], S. 27). Abb. 2.24 enthält im Unterschied zum WTA-Merkblatt 4-6 keine Darstellung einer Dichtungsschlämme um das Rohr, da diese am Kunststoffrohr nicht ausreichend anhaften und dadurch zu einer Rissbildung im Übergangsbereich von Rohr und Mauerwerk führen würde, sodass keine abdichtende Wirkung gegeben wäre.

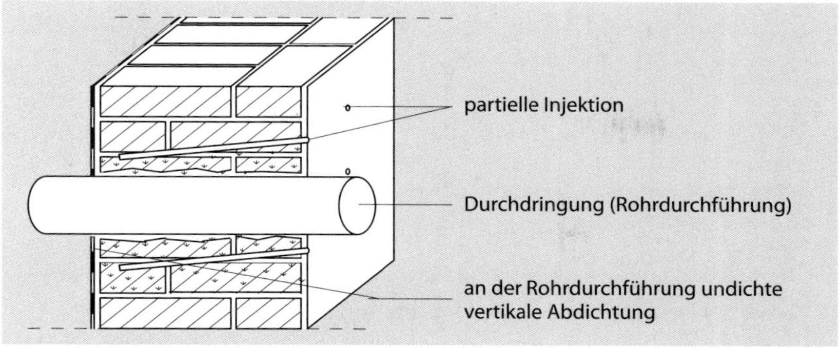

Abb. 2.23: Abdichtung einer Durchdringung von innen mit partiellen Injektionen

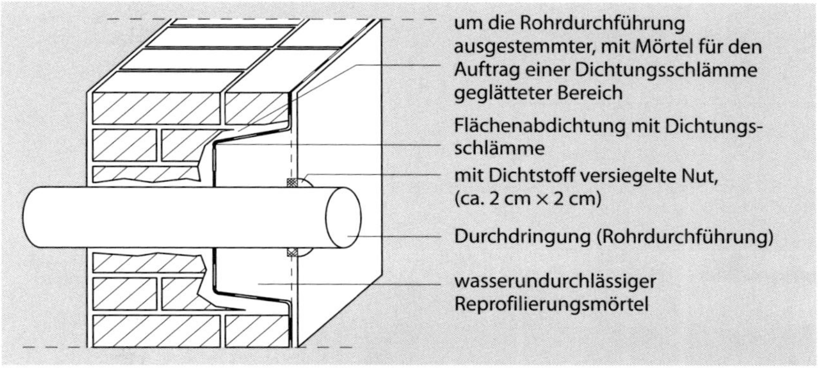

Abb. 2.24: Abdichtung einer Durchdringung von innen mit einem Sperrputz

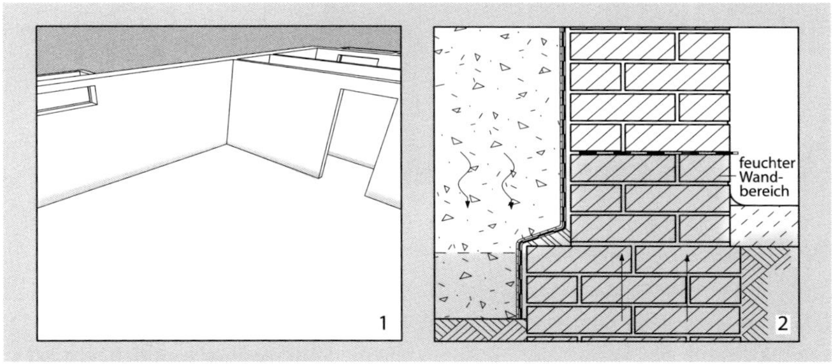

Abb. 2.25: Schadensbild: horizontal abgegrenzte Feuchte im unteren Wandbereich (1); typische Ursache: zu hoch eingebaute Horizontalsperre (2)

2.2.11 Horizontal abgegrenzte Feuchte im unteren Wandbereich

Eine Durchfeuchtung in einem horizontal abgegrenzten unteren Wandbereich (Abb. 2.25, Bild 1) deutet auf eine deutlich höher als der Kellerboden liegende Horizontalsperre hin (Abb. 2.25, Bild 2), bis zu der das Wasser aufsteigt. Falls die Horizontalsperre wegen einer verputzten Kellerwand nicht sichtbar ist, verschafft ein Abstemmen des Putzes an dieser Stelle Klarheit, ob die angenommene Ursache zutrifft.

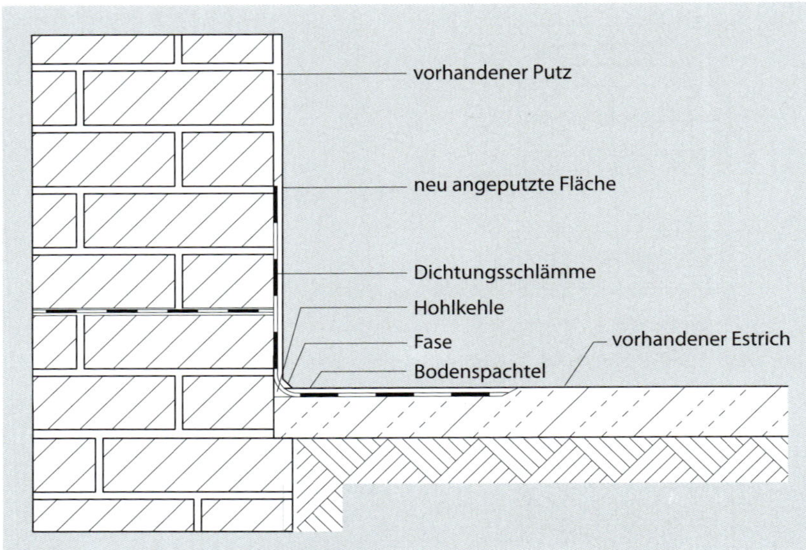

Abb. 2.26: Abdichtung des Sockelbereichs mit einer Dichtungsschlämme bei einer zu hoch eingebauten Horizontalsperre

Abb. 2.27: Ausführung der Sockelabdichtung in der Praxis

Empfohlene Sanierungsmaßnahmen

Sofern die Tragfähigkeit des Mauerwerks durch die Feuchte nicht beeinträchtigt ist (vgl. Kapitel 2.4), sollten die vorhandene Hohlkehle und eventuell vorhandener Wandputz bis über die vorhandene Horizontalsperre entfernt werden.

Handelt es sich bei dem vorhandenen Kellerboden um einen Zementestrich und ist der Boden trocken, so kann nach folgendem Verfahren vorgegangen werden: Der vorhandene Estrich wird an den betroffenen Wänden in einem ca. 30 cm breiten Streifen entlang der Wand ca. 1,5 cm tief abgefräst. Die bearbeitete Fläche wird abgesaugt, systemkonform grundiert und mit neuer Hohlkehle und mehrlagiger Dichtungsschlämme versehen. Die geschlämmte Fläche im Bodenbereich lässt sich mit Bodenspachteln glätten und schützen, die Wandflächen durch neues Verputzen (Abb. 2.26 und 2.27).

Abb. 2.28: Hygroskopische Feuchteaufnahme aus der Raumluft

Falls der vorhandene Estrich nicht auf einer durchgehenden Kellersohle liegt, sondern unmittelbar auf dem gewachsenen Boden, so sollte eine elastische Dichtungsschlämme verwendet werden, allerdings wären Bitumenschweißbahnen hier die sicherere Lösung.

2.2.12 Wandfeuchte aufgrund hygroskopischer Feuchteaufnahme

Auch wenn die ursprüngliche Ursache einer Durchfeuchtung durch fachgerechte Sanierung beseitigt wurde, nimmt stark salzbelastetes Mauerwerk aus der Raumluft erheblich mehr Feuchte auf als nicht salzbelastetes Mauerwerk. Der Vorgang wird als **hygroskopische Feuchteaufnahme** bezeichnet (Abb. 2.28). Die Feuchteaufnahme endet erst, wenn ein Gleichgewicht, die sogenannte **Ausgleichsfeuchte**, erreicht ist (Frössel, 2005, S. 188).

Nach einer Sanierung auftretende Schadensbilder durch hygroskopische Feuchteaufnahme äußern sich in der Regel nicht durch Ausblühungen, sondern durch Schimmelpilzbefall an mit Dispersionsfarben gestrichenen Kellerwänden oder durch Pilzbefall gelagerter Holzmöbel.

Bei Kellermauerwerk ist als Ursache der Salzbelastung der Salztransport durch das Wasser in das Mauerwerk zu vermuten. Salzbelastungen aus anderen Ursachen, z. B. in Gebäuden, die zur Viehhaltung genutzt wurden oder werden, lassen sich in der Regel ausschließen.

Ein durch eine hohe Salzbelastung bedingter hoher Feuchtegehalt des Mauerwerks bedeutet auch mit Wasser gefüllte Kapillaren des Wandkörpers. Dies kann die Wirkung von Injektionen, z. B. zur Herstellung einer nachträglichen Horizontalsperre, stark beeinträchtigen, teils sogar unterbinden (vgl. Kapitel 5.3.2).

Ist nach Augenschein oder aus den Bauunterlagen das Vorhandensein einer korrekten und für die jeweilige Wasserbeanspruchung ausgelegte Abdichtung nachgewiesen, trotzdem aber das Schadensbild feuchter Wände gegeben, so sollte das Mauerwerk auf eine Salzbelastung untersucht werden (Kapitel 2.6.2).

Hinweis

> Um spätere Schäden durch eine hygroskopische Feuchteaufnahme zu vermeiden, sollte stets **vor** einer nachträglichen Kellerabdichtung eine Untersuchung des Salzgehalts des Mauerwerks veranlasst werden, insbesondere dann, wenn die Räume als Wohnung genutzt werden sollen.

Empfohlene Sanierungsmaßnahmen

Nach Abstemmen eines gegebenenfalls vorhandenen Altputzes erzeugt ein Neuverputzen mit einem WTA-Sanierputz eine Sperrschicht, die verhindert, dass Salze an die Oberfläche gelangen und eine hygroskopische Feuchteaufnahme aus der Raumluft in Gang setzen. Hierzu muss der Sanierputz nach Herstellerangaben und in der erforderlichen Schichtdicke aufgetragen werden. Die Schichtdicke ist abhängig von der Höhe der Salzbelastung und der Art der vorgefundenen Salze. Sanierputze bestehen in der Regel aus verschiedenen Komponenten wie einem Spritzbewurf, einem Grund- oder Ausgleichsputz und dem eigentlichen Sanierputz. Die verschiedenen Komponenten dürfen nicht mit denen anderer Hersteller kombiniert werden, da andernfalls die Gewährleistung erlischt.

Hinweis

> Da ein Sanierputz die Mauerwerksdurchfeuchtung nicht verhindert, müssen Undichtheiten der vertikalen und der horizontalen Abdichtung vor Aufbringen des Sanierputzes beseitigt werden.

Die weitere Beschichtung sollte mit mineralischen Spachteln auf Zementbasis oder mit Silicat- oder Kalkfarben nach Angaben des Sanierputzherstellers erfolgen (zu Sanierputzen siehe Kapitel 4.3).

Die Wirkung von Sanierputzen ist ebenso begrenzt wie die vieler anderer zur Feuchtesanierung eingesetzter Verfahren, d. h., ein vollständig trockenes Mauerwerk kann oft nicht erreicht werden.

Für eine Entsalzung des Mauerwerks und damit die Beseitigung der Ursache der hygroskopischen Feuchteaufnahme sind sogenannte **Mauerkompressen** entwickelt worden. Auch dieses Verfahren ist in seiner Wirkung begrenzt, zudem ist es sehr aufwendig. Es findet daher fast nur im Denkmalschutz Anwendung.

2.2.13 Kosten der Sanierung einzelner Feuchteschäden

In Tabelle 2.1 sind die Kosten für die Sanierung einiger durch Feuchte verursachter Schadensbilder aufgeführt:

Tabelle 2.1: Kosten der Sanierung einzelner Feuchteschäden nach Schadensbildern Stand: Februar 2022 (nach eigenen Recherchen)

Leistung	Ca.-Kosten (netto)
Feuchtigkeit im Bereich der Kelleraußentreppe (8-stufig mit Podest)	
• Abstemmen des alten Fliesenbelages und der Kleberreste, Entsorgen des Abstemmgutes • Stufen grundieren, wo nötig mit Betonspachtel egalisieren • Hohlkehlen im Wandübergangsbereich erstellen • Vorbehandlung mit elastischer Dichtschlämme gegen rückseitige Feuchte	• Abstemmarbeiten: 385,00 € • Grundieren und Egalisieren: 88,00 € • Hohlkehlen erstellen: 110,00 € • Vorbehandlung mit elastischer Dichtschlämme in 2 Aufträgen: 137,50 € gesamt: 720,50 €
Neuverlegung mit frostsicheren, rutschgehemmten Bodenfliesen mit hochflexiblem Spezialkleber, inkl. Sockelleisten und Versiegelung (ohne Kantenschutz) • Arbeitsaufwand • Fliesen und Verlegematerial	• Lohnkosten: 693,00 € • Materialkosten: 165–330,00 €
einfaches Überdach aus Stahl- oder Aluminiumprofilen pulverbeschichtet, mit zwei- oder einseitiger Wandbefestigung, Einlage aus teiltransparenten oder transparenten Steg- oder Hohlkammerplatten	• Einzelanfertigung: 2750,00 € • Verwendung eines Fertigelementes und Montage: 1650,00 €
Feuchteschäden an den Lichtschächten	
vorhandener Lichtschacht mit leichter Zugänglichkeit: • händisches Aufgraben von außen, Aufgrabegut seitlich lagern, • alten Lichtschacht abbrechen, Abbruchgut entsorgen • Abbruchkanten neu verputzen • Montage eines neuen Fertiglichtschachts in Standardausführung und -größe (1,00 m × 1,00 m × 0,40 m) mit begehbarem Abdeckrost • Integration der Kanten in die vorhandene Abdichtung mit Bitumendickbeschichtung und Armierungseinlage • verfüllen und verdichten	• händisches Freilegen: 385,00 € • Abbruch und Entsorgung: 132,00 € • Verputzen der Abbruchkanten: 55,00 € • Montage Fertiglichtschacht inkl. Material: 330,00 € • Abdichtung ergänzen: 88,00 € • Verfüllen und lagenweise verdichten: 93,50 € gesamt: 1083,50 €
vorhandener gemauerter Lichtschacht mit leichter Zugänglichkeit: • aufgraben von außen, Aufgrabegut seitlich lagern, • abstützen • Reinigen der Oberfläche • Mit Bitumendickbeschichtung auf Voranstrich abdichten, Gewebeeinlage im Übergangsbereich einbringen • mit Anfüllschutz neu anfüllen	715,00 €/Lichtschacht

Tabelle 2.1: Fortsetzung

Leistung	Ca.-Kosten (netto)
vorhandener verputzter Lichtschacht: • Oberkante abschlagen und reinigen • Aufbringen einer Haftbrücke • Mit Gefälle nach außen neue Oberkante erstellen	275,00 €/Lichtschacht
Wanddurchfeuchtung an Rohrdurchführungen	
• undichte Rohrdurchführung von außen händisch aufgraben • Bereich reinigen, Voranstrich aufbringen, Rohr anschleifen • mit Bitumendickbeschichtung und gewebearmierter Hohlkehle neu abdichten, wenn möglich Dichtmanschetten verwenden • mit Anfüllschutz neu verfüllen	ca. 385,00 €
undichte Rohrdurchführung von innen mit Injektionsmitteln abdichten: • Bohrungen erstellen • Injektionsmittel verfüllen • Bohrlöcher schließen • Wand nachstreichen	237,00 €
undichte Rohrdurchführung von innen mittels Sperrputzen und Dichtschlämmen separat abdichten: • Freistemmen des Bereiches • Anschleifen des Rohres, Aufbringen einer Dichschlämme als Abdichtung und Haftbrücke • Verfüllen mit faserarmiertem Sperrmörtel • Wand nachstreichen	237,00 €

2.3 Schadensbilder 2: Biologischer Befall

Bei biologischem Befall sind in Gebäuden an erster Stelle **Schimmelpilze** zu nennen. Sie besiedeln als Nahrungsquelle tote Biomasse. Lebende Biomasse, also Pflanzen, Tiere und Menschen, verfügen in der Regel über Abwehrmechanismen gegen einen Befall. Bei Pflanzen sind dies vielfach fungizid wirkende Abwehrstoffe wie Tannine oder Terpene, bei höher entwickelten Tieren und beim Menschen übernehmen spezielle Zelltypen diese Aufgabe.

Schimmelpilze haben als Verwerter abgestorbener Biomasse ihren Platz im biologischen Kreislauf. Allerdings können auch viele Baustoffe wie z. B. Holz und verrottbare Spachtel und Putze wie Gipsputz und Gipsspachtel, Tapeten und die meisten Wandfarben als Nahrungsquelle dienen.

Das Wachstum von Schimmelpilzen ist ebenso wie das von Holz zerstörenden Pilzen wie dem Echten Hausschwamm neben dem Vorhandensein einer Nahrungsquelle von bestimmten Temperatur- und Feuchtebedingungen abhängig. Einige Arten besiedeln auch trockene Oberflächen und unbeheizte, aber feuchte Kellerräume. Schimmelpilze leben teilweise in Symbiose mit Bakterien und sie ziehen weitere Schadorganismen wie Milben an und be-

Abb. 2.29: Befall mit Echtem Hausschwamm in einem unbeheizten Keller (linkes Bild): Über die befallene Dämmung der Rohrleitungen (rechtes Bild, oben links) gelangte der Hauschwamm bis in das Treppenhaus, wo Sockelleisten aus Holz befallen waren.

günstigen die Besiedlung durch Algen. Mittlerweile ist der Zuzug von Arten, die sonst in heißen Wüstengebieten oder in der Antarktis vorkommen, festzustellen. Sie können auch auf Fassaden mit Super-Dry-Effekt und im Kühlschrank überleben (Messal, 2013).

Schimmelpilzbefall in Innenräumen kann gesundheitliche Probleme verursachen. Dazu gehören Infektionen, Sensibilisierungen und Allergien, Schleimhautentzündungen, entzündliche Reaktionen der Atemwege, Beeinträchtigungen durch Gerüche sowie Befindlichkeitsstörungen (Ekel). Das individuelle gesundheitliche Risiko kann nur ärztlich beurteilt werden, da es von der Anfälligkeit des jeweiligen Menschen abhängig ist (Wiesmüller, 2013).

Ein besonders gefährlicher Vertreter der Holz zerstörenden Pilze ist der **Echte Hausschwamm** (Abb. 2.29). Er besitzt die Fähigkeit, auch anorganisches Material wie Mauerwerk zu durchwachsen und so auf andere Räume überzugreifen.

Eine besondere Form eines biologischen Befalls ist der sogenannte **Biofilm**, eine Anhäufung von Mikroorganismen, die in einer schleimigen Schicht die Oberfläche von Baustoffen besiedeln. Diese Schicht stellt eine Schutz der Mikroorganismen gegen äußere Angriffe, Trockenheit und Biozide dar. Durch Biofilme werden die Eigenschaften des Baukörpers, z. B. die Wasserdampfdiffusionseigenschaften oder das hygroskopische Verhalten, verändert.

Biofilme können zudem zum **Biofouling** führen, bei dem der Biofilm aufgrund von Temperatur- und Feuchteschwankungen mechanische Belastungen auf den Baukörper ausübt.

Biokorrosion ist ein chemischer Vorgang, bei dem die Mikroorganismen durch die Wirkung der organischen und anorganischen Säuren aus ihren Stoffwechselprozessen die Substanz von Baustoffen wie Beton oder Naturstein schädigen (Frössel, 2005, S. 61 f.).

Empfohlene Sanierungsmaßnahmen bei Schimmelpilz- und Hausschwammbefall

Bei der **Schimmelpilzsanierung** ist zu beachten, dass nur eine oberflächlicher Schimmelpilzbefall bis zu einer Fläche von 0,5 m² selbst beseitigt werden sollte. Bei größeren befallenen Flächen ist eine Gefährdungsbeurteilung durchzuführen, die ebenso wie die Feststellung von Art und Konzentration des Befalls durch einen qualifizierten Gutachter vorgenommen werden sollte. Die örtlichen Handwerkskammern vermitteln hierfür in der Regel Fachleute.

Abhängig von der zu erwartenden Sporenkonzentration in der Raumluft werden die Tätigkeiten zur Beseitigung eines Schimmelpilzbefalls Gefährdungsklassen zugeordnet, nach denen bestimmte Schutzmaßnahmen wie das Tragen von Handschuhen, eines Atemschutzes oder von Schutzanzügen vorgeschrieben sind (Tabelle 2.2; vgl. auch Bonner, 2013). Wichtig ist, die mit der Sanierung betrauten Beschäftigten zu informieren; die DGUV Information 201-028 „Handlungsanleitung: Gesundheitsgefährdungen durch biologische Arbeitsstoffe bei der Gebäudesanierung“ (2006) liefert hierzu eine Musterbetriebsanweisung.

Tabelle 2.2: Schutzmaßnahmen bei der Beseitigung eines Schimmelpilzbefalls (nach DGUV Information 201-028 [2006])

Art der Belastung	Belastungsstufe	empfohlene Schutzausrüstung
staubfreies Entfernen von kleinen Flächen, nur schwache Sporenbelastung, sensibilisierende Wirkung nicht zu befürchten	0	• Handschuhe
kurzzeitiges Arbeiten unter 2 Stunden, mittlere Sporenbelastung vornehmlich durch Grobstaub	1	• ggf. Schwarz-Weiß-Trennung • Einwegschutzanzug Kategorie III Typ 5 • Schutzbrille • Atemschutz mit P2-Filter[1)]
längeres Arbeiten über 2 Stunden, mittlere Sporenbelastung	2	• Schwarz-Weiß-Trennung • Einwegschutzanzug Kategorie III Typ 5 • Schutzbrille • Handschuhe • Atemschutzmaske PM2P, besser jedoch Atemschutzhauben mit Partikelfilter (TH2P)[1)]
hohe Sporenbelastung unabhängig von der Arbeitsdauer, Entwicklung von Feinstäuben und/oder Aerosolen ohne wirksame Absaugung	3	• Schwarz-Weiß-Trennung • Schleuse, ggf. mit Be- und Entlüftung • Einwegschutzanzug Kategorie III Typ 5 • Schutzbrille • Handschuhe • Atemschutzmaske TM3P[1)]
1) Atemfilter sind täglich zu wechseln.		

Befallene Stoffe müssen entfernt werden. Die so rückgebauten Flächen werden in der Regel mit Fungiziden behandelt. Anschließend sollte die Ursache beseitigt werden und der Wiederaufbau mit geeigneten Materialien erfolgen.

Bei der Sanierung soll grundsätzlich staubarm gearbeitet werden. Eine Gefahr stellt die Verschleppung des Befalls in andere Bereiche durch die Sanie-

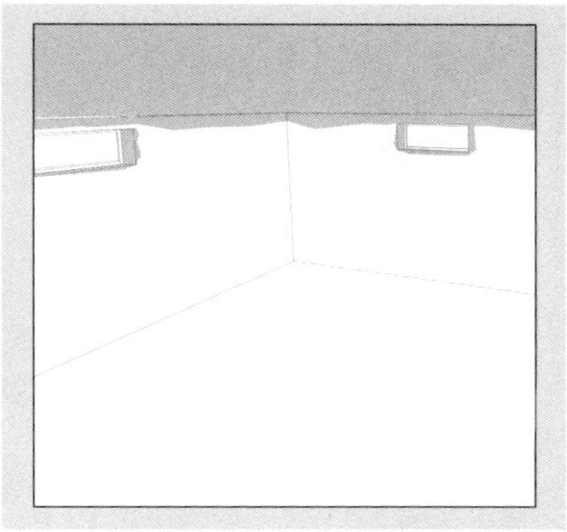

Abb. 2.30: Schadensbild: partieller biologischer Befall im Bereich von Tauwasserniederschlag

rungsarbeiten dar. Dies kann z. B. durch Staub oder die Entsorgung des befallenen Materials über ein Treppenhaus erfolgen. Eine Entsorgung durch eine Kelleraußentreppe oder ein Kellerfenster ist dem stets vorzuziehen. Auch für diese Entsorgung sind mit dem Sachverständigen der ermittelten Gefährdung angemessene Maßnahmen zu vereinbaren.

Die **Sanierung eines Befalls mit Echtem Hausschwamm** ist durch die Normen der Reihe DIN 68800 „Holzschutz" geregelt:

- DIN 68800-1 „Holzschutz – Teil 1: Allgemeines" (2019)
- DIN 68800-2 „Holzschutz – Teil 2: Vorbeugende bauliche Maßnahmen im Hochbau" (2022)
- DIN 68800-3 „Holzschutz – Teil 3: Vorbeugender Schutz von Holz mit Holzschutzmitteln" (2020)
- DIN 68800-4 „Holzschutz – Teil 4: Bekämpfungs- und Sanierungsmaßnahmen gegen Holz zerstörende Pilze und Insekten" (2020)

Die Vorgehensweise bei der Sanierung eines Hausschwammbefalls wird im WTA-Merkblatt 1-2-21/D „Der Echte Hausschwamm – Erkennung, Lebensbedingungen, vorbeugende Maßnahmen, bekämpfende chemische Maßnahmen, Leistungsverzeichnis" (2021) detailliert beschrieben.

Bei Verdacht auf **Biofilme**, **Biofouling** und **Biokorrosion** sind Untersuchungen und Maßnahmen mit einem qualifizierten Sachverständigen abzustimmen.

2.3.1 Partieller biologischer Befall im Bereich von Tauwasserniederschlag

In beheizten oder teilbeheizten Räumen ist in den kalten Wandbereichen von Wärmebrücken ein Befall vor allem mit Schimmelpilzen begünstigt, da dort die Luftfeuchte als Tauwasser ausfällt. Zu diesen kalten Bereichen gehören oft auch die Laibungen von Kellerfenstern.

Das Schadensbild (Abb. 2.30) entspricht dem Schadensbild flächiger Feuchte im oberen Wandbereich (siehe Kapitel 2.2.3).

Empfohlene Sanierungsmaßnahmen

Nach Entfernen der befallenen Stoffe und einer Behandlung mit Fungiziden ist eine Innendämmung des kalten Wandbereichs mit ca. 30 cm Überlappung in die vorhandene Kelleraußendämmung hinein zu empfehlen.

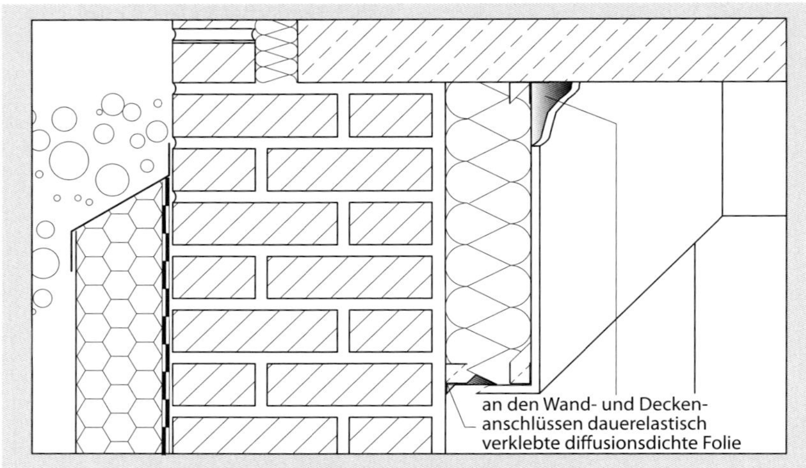

Abb. 2.31: Trockenbauabkastung aus Gipskartonplatten

Als wirksamstes Material haben sich in der Schimmelpilzsanierung **Dämmplatten aus Calciumsilicat** erwiesen (auch als „Klimaplatte“ oder „Wohnklimaplatte“ bezeichnet).

Diese nicht brennbaren Platten bestehen hauptsächlich aus mineralischen Baustoffen und sind formstabil und druckfest. Die Fähigkeit dieser Platten, Feuchte aufzunehmen und zu puffern, ihre Diffusionsoffenheit und ihr hoher (alkalischer) pH-Wert sind für die Verhinderung eines Schimmelpilzbefalls günstige Eigenschaften.

Die Platten sind in der Verarbeitung fehlertolerant, d. h., auch bei Lücken, die für Wasserdampfeintrag in die Fläche sorgen, wird die Feuchte aufgrund der hohen Kapillarität der Platten gepuffert und wieder abgegeben und so eine Schimmelpilzbesiedlung zusätzlich behindert.

Die Platten können nach einer Grundierung mit mineralischen Spachteln und Silicatfarben endbeschichtet werden. Diffusionsdichte Beschichtungen wie Raufasertapeten und mehrfache Anstriche mit Dispersionsfarben oder Anstriche mit Latexfarben sollten vermieden werden.

Diesen günstigen Eigenschaften stehen der geringere Wärmedämmwert der Platten im Vergleich zu anderen Dämmstoffen und die hohen Kosten gegenüber: Eine 50 mm dicke Calciumsilicatplatte kostet mit Klebstoff netto ca. 40 €/m^2.

Als weniger leistungsfähige, jedoch kostengünstigere Lösung kann eine **Abkastung aus Gipskartonplatten** mit einer Dämmung vorgenommen werden (Abb. 2.31). Hierbei muss gewährleistet sein, dass die Ursache der Durchfeuchtung beseitigt ist. Andernfalls kann Mauerwerksfeuchte in die Dämmung einziehen und dort zu erneuter Schimmelpilzbesiedlung führen.

Bei einer solchen Abkastung muss zudem darauf geachtet werden, dass keine warme, feuchte Luft durch Lücken in die Dämmung gelangen kann, da die Luftfeuchte dort und auf der dahinter liegenden kalten Wandfläche als Tauwasser ausfällt und zu Schimmelpilzbefall der Dämmung führt. Vor dem Beplan-

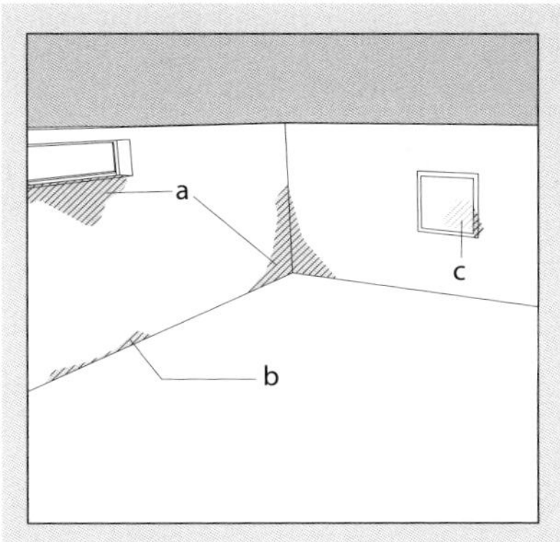

Abb. 2.32: Schadensbild: partieller biologischer Befall in feuchten Kellerwandbereichen – Lichtschächte und nasse Bereiche in Kelleraußenecken (a), Bereiche des Kellerbodens (b) und Bereiche hinter Möbeln und Bildern (c)

ken ist daher an der Unterkonstruktion mit doppelseitigem Klebeband eine diffusionsdichte Folie anzubringen und im Übergangsbereich zu Wand und Decke und in den Überlappungen mit den aus dem Trockenbau zugelassenen Abdichtungsstoffen sorgfältig zu verkleben. Aufgrund der meist höheren Luftfeuchte in Kellerräumen ist dort jedoch eine Beplankung mit Feuchtraumplatten, eine Verspachtelung mit Feuchtraumspachtel und eine Endbeschichtung mit Silicatfarben bei vorangehender Systemgrundierung angeraten.

Für die kalten Laibungen an Lichtschächten ist eine ausreichend dicke Bekleidung mit Calciumsilicatplatten meist nicht möglich. Hier bleibt als Möglichkeit nur die Verklebung spezieller dünner Laibungsplatten aus diesem Material.

Calciumsilicatplatten können nach der Montage gespachtelt, tapeziert oder gestrichen werden.

2.3.2 Partieller biologischer Befall feuchter Kellerwandbereiche

Jeder feuchte Bereich in Kellerräumen kann, sofern die Beschichtung eine Nahrungsquelle bietet, durch Schimmelpilze besiedelt werden. Dies gilt insbesondere für beheizte Räume. Typische Bereiche sind Lichtschächte und nasse Bereiche in Kelleraußenecken (Abb. 2.32, a).

Ein problematischer Fall ist Schimmelpilzbesiedlung im Bereich des Kellerbodens, da bei schwimmend verlegten Estrichen durch Bodenfeuchte bereits die gesamte Dämmebene des Estrichs befallen sein kann (Abb. 2.32, b). Über das Befallsausmaß kann dann nur die zerstörende Untersuchung der Dämmebene in einem kleinen Bereich des Bodens Klarheit verschaffen.

Wenn Schimmelpilzbesiedlung hinter Möbeln oder Bildern in Kellern auftritt (Abb. 2.32, c), ist von einer erhöhten Feuchte der Kellerwände auszugehen, auch wenn sich das Schadensbild bis dahin nur in einem solchen Feuchtestaubereich gezeigt hat.

Empfohlene Sanierungsmaßnahmen

Neben der fachgerechten Beseitigung befallener Stoffe und Beschichtungen und der anschließenden Behandlung der freigelegten Flächen ist die Ursache der Feuchte vor einer Wiederinstandsetzung zu beseitigen.

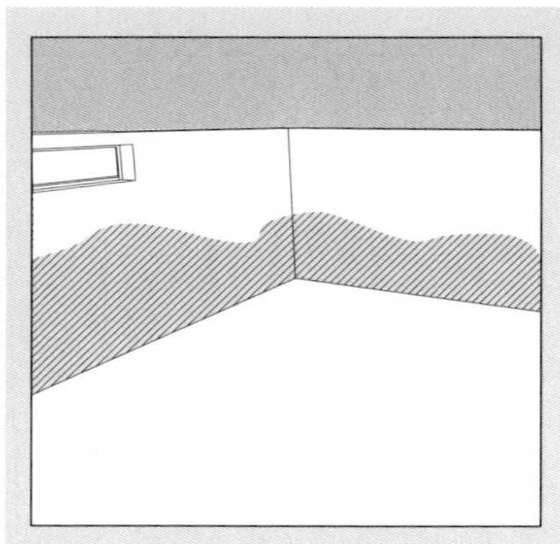

Abb. 2.33: Schadensbild: großflächiger biologischer Befall

Generell sind in Kellerräumen mineralische Farben und Beschichtungen vorzuziehen, da immer mit einer höheren Raumluft- und Mauerwerksfeuchte als in anderen Teilen des Gebäudes gerechnet werden muss. Es sollte geprüft werden, ob der Feuchtegehalt der Raumluft durch eine kontrollierte Belüftung gesenkt werden kann.

Betroffene Estriche sollten vollständig entfernt werden, sofern dies nicht bereits im Rahmen der Ursachenbeseitigung erfolgt.

2.3.3 Großflächiger biologischer Befall

Ein flächiges, oft nicht nur als Schimmelpilzbefall, sondern auch als Biofilm ausgebildetes Schadensbild (Abb. 2.33) lässt auf flächige Feuchte im Mauerwerk schließen.

Bei einem großflächigen Befall, insbesondere bei Biofilm, sollte **immer** ein spezialisierter Sachverständiger hinzugezogen werden, um die Art des Befalls und eine gegebenenfalls vorhandene Schädigung der Bausubstanz feststellen und prüfen zu lassen, ob weitere Bereiche kontaminiert sind.

Empfohlene Sanierungsmaßnahmen

Im Rahmen eines Sanierungskonzepts müssen neben Schutzmaßnahmen für die Arbeiter gegebenenfalls auch Schleusen geplant werden, um eine Verschleppung des Befalls in andere Teile des Gebäudes zu verhindern.

Zunächst muss die Ursache der Durchfeuchtung beseitigt werden. Kontaminierte Stoffe und Beschichtungen sind zu entfernen.

Zum Wiederaufbau empfehlen sich mineralische Beschichtungen. Falls die betreffenden Kellerräume nicht als Wohnräume genutzt werden, kann auch eine kontrollierte Belüftung ausreichend sein.

2.4 Schadensbilder 3: Statische Beeinträchtigungen

Das erste Anzeichen für statische Probleme sind in der Regel konstruktive Risse in der Fassade oder im Keller. Sie zeigen nicht nur den Verlust von Verbund und Tragfähigkeit des Kellermauerwerks an, sondern können den

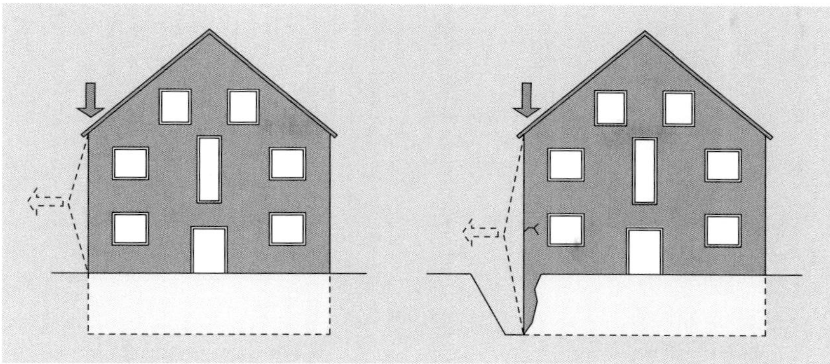

Abb. 2.34: Stärkere Belastung des Mauerwerks auf Knicksteifigkeit nach Aufgraben der Fundamente

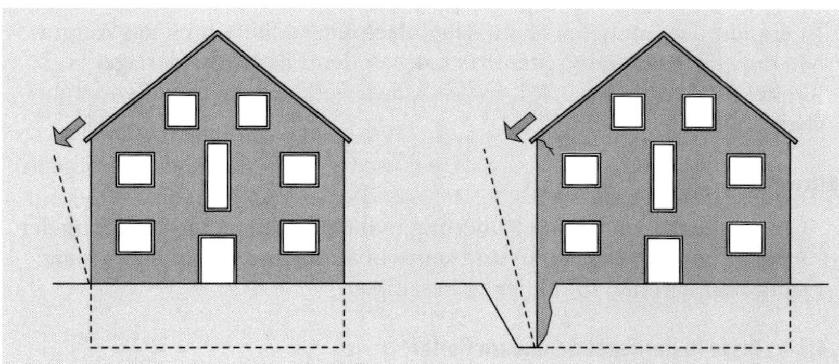

Abb. 2.35: Stärkere Belastung des aufgegrabenen Mauerwerks durch den größeren wirksamen Hebel bei vorhandenen Schubkräften

Erfolg von Sanierungen zunichte machen, indem arbeitende oder neu entstehende Risse die Abdichtung wieder beschädigen. Aber auch die Sanierungsarbeiten selbst können z. B. durch ein notwendiges Aufgraben der Fundamente statische Probleme verursachen.

Bei unklaren statischen Verhältnissen sollte immer ein Statiker hinzugezogen werden, um weitere Untersuchungen vorzunehmen und das Sanierungskonzept gegebenenfalls anzupassen.

Vor allem bei einer Abdichtung von außen wird das vorhandene Mauerwerk durch das Aufgraben stärker belastet:

- Durch die entstehende größere frei stehende Höhe eines durchgehenden Mauerwerks nimmt die Knicksteifigkeit ab (Abb. 2.34). Dies ist insbesondere bei älteren Gebäuden mit monolithischem Mauerwerk und Holzbalkendecken der Fall.
- Der längere wirksame Hebel auf das Mauerwerk kommt bei Aufgrabungen des Kellermauerwerks zum Tragen wenn das Mauerwerk, beispielsweise durch den Schub eines Satteldaches – seitliche Schubkräfte auffangen muss (Abb. 2.35).

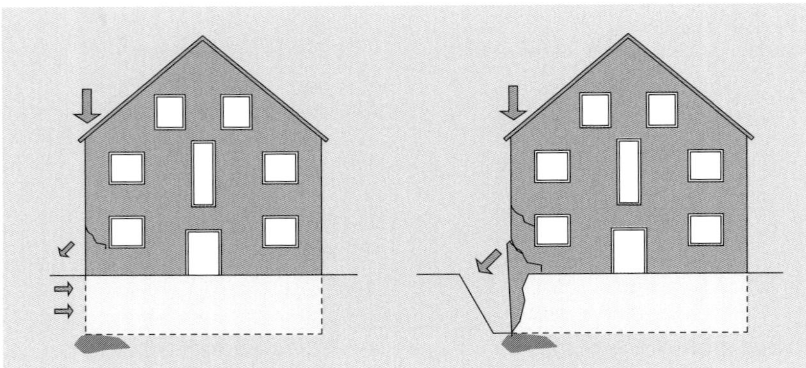

Abb. 2.36: Stärkere Belastung des Mauerwerks nach Aufgraben der Fundamente bei bereits im Boden vorhandenen Hohlräumen

- Ist ein Fundament bereits teilweise unterspült, so fällt durch das Aufgraben der stabilisierende Seitendruck des Bodens, das Erdwiderlager (vgl. Kapitel 3.1) weg (Abb. 2.36), sodass Mauerwerksteile nach außen wegbrechen können.

Hinweis

Um Folgeschäden bei der Sanierung und eine spätere Beschädigung der Abdichtung zu vermeiden, sind statische Probleme **vor** anderen Sanierungsmaßnahmen im Keller zu beseitigen.

2.4.1 Risse in der Fassade und im Keller

Im Gegensatz zu oberflächlichen Rissen wie Schwundrissen im Putz sind konstruktive (statische) Risse an gerissenem Mauerwerk zu erkennen. Konstruktive Risse sind im Massivbau eine verbreitete Erscheinung und stellen meist kein statisches Problem dar.

Die Ursachen für Rissbildungen sind vielfältig. Sie reichen von unterschiedlichen Längenausdehnungen und unterschiedlichem Schwinden der Baustoffe über ungünstige Lastableitung tragender Wände bis zu Verformungen durch Einzellasten.

Für die Kellersanierung sind vor allem Rissursachen von Bedeutung, die in der Gründung des Gebäudes liegen. Abb. 2.37 zeigt einige wichtige Schadensbilder aufgrund von Fundamentsetzung:

- Das häufig anzutreffende Schadensbild in Abb. 2.37, Bild 1, entsteht meist durch unterschiedliche Druckbelastung gleich dimensionierter Streifenfundamente. Das mittlere Streifenfundament ist dabei einer höheren Belastung als die äußeren Streifenfundamente ausgesetzt und verursacht eine höhere Bodenpressung, sodass eine Setzungsmulde entsteht.
- Eine einseitige Setzungsmulde wie in Abb. 2.37, Bild 2, kann auf eine unterschiedliche Bodenpressung des Baugrunds, z. B. durch Torfeinschlüsse, oder eine lokale Unterspülung zurückgehen. Bei homogenem Baugrund kann eine solche unterschiedliche Bodenpressung aus einer zusätzlichen lokalen Druckbelastung resultieren, z. B. bei einer nachträglichen einseitigen Aufstockung eines Gebäudes.

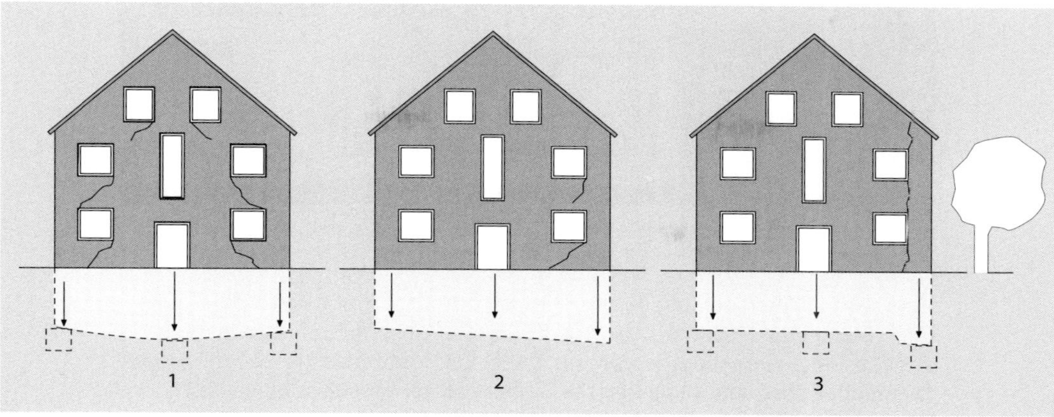

Abb. 2.37: Rissmuster bei unterkellerten Gebäuden; typische Ursachen: unterschiedliche Druckbelastung gleich dimensionierter Streifenfundamente (1), durch unterschiedliche Bodenpressung des Baugrunds (2) und durch eine Bodenschrumpfung aufgrund von Austrocknen, z. B. wegen Baumbestands (3) (1: nach Meichsner, 2011, S. 40; 2: nach Pfefferkorn, 1996, S. 206 f.)

- Bei bindigen Böden kann eine Bodenschrumpfung durch Austrocknen auftreten, in deren Folge die Gründung – meist an den Gebäudeaußenseiten – absackt (Abb. 2.37, Bild 3). Ursache des Austrocknens des Bodens kann z. B. Baumbestand oder eine Flächenversiegelung sein.

Als weitere Ursachen von konstruktiven Rissen, die die Gründung betreffen, sind folgende zu nennen:

- Durch Salzsprengung zerfallene Steine des Fundaments und durch den Salzeintrag stark entkalkter Mörtel führen zu einem langsamen Zusammensacken des Fundaments.
- Eine nicht frostsichere Gründung führt zu einem Anheben und Absenken des Mauerwerks bei Frost (diese Rissursache kann bei unterkellerten Gebäuden allerdings ausgeschlossen werden).
- Das Mauerwerk wird durch einen Anbau oder eine Aufstockung des Gebäudes zu hoch belastet.
- Aufgrund eines mangelhaften Aufbaus von Mauerwerk und Konstruktion können Druck-, Scher- und Schubkräfte nicht bzw. wegen einer höheren Belastung oder einer Substanzschädigung des Baukörpers nicht mehr aufgenommen werden.
- Frühere Erschütterungen, z. B. durch Kriegseinwirkungen oder Erdbeben, oder Vibrationsbelastungen durch den heutigen Schwerlastverkehr, auf die ältere Gebäude nicht ausgelegt sind, können zur Rissbildung führen.

Bevor Risse geschlossen werden können, um den Verbund des Mauerwerks wiederherzustellen, ist zu klären, ob es sich um einen **ruhenden Riss** oder um einen **aktiven Riss** handelt, da eine Risssanierung sinnlos wäre, wenn z. B. eine Fundamentsetzung fortschreiten würde. Sofern sich aus der Anamnese nicht eindeutig ergibt, dass ein Riss von zurückliegenden Ereignissen wie Kriegseinwirkungen oder einem Erdbeben hervorgerufen wurde, ist durch weitere Untersuchungen zu ermitteln, ob der Riss noch aktiv ist.

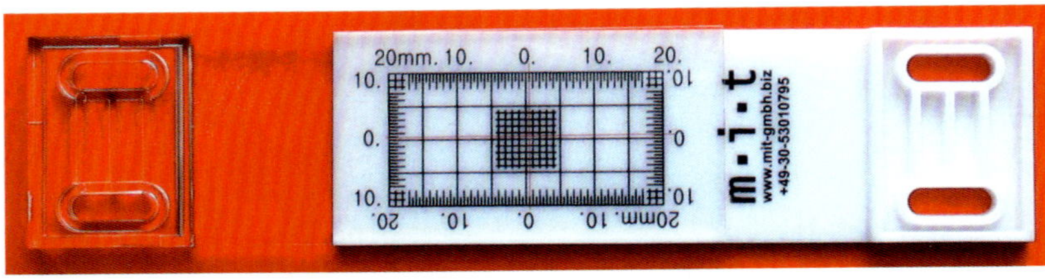

Abb. 2.38: Rissmonitor (Quelle: MIT Mess- und Informationstechnik GmbH, Berlin)

Eine solche Untersuchung ist zwar einfach durchzuführen, erstreckt sich jedoch über einen längeren Zeitraum. Hierbei werden mehrere Rissmarken aus Gips oder spezielle Rissmonitore (Abb. 2.38) in immer gleichem Abstand zueinander über den Riss gesetzt und über mehrere Wochen beobachtet. Rissmonitore bieten gegenüber Rissmarken aus Gips den Vorteil, die Stärke der Bewegung zu dokumentieren, zudem verrotten sie im Unterschied zu ungeschützten Rissmarken aus Gips im Außenbereich nicht.

Ein Rissmonitor besteht aus 2 überlappenden, frei gegeneinander verschiebbaren Komponenten und einem Fadenkreuz, um die Nullstellung einstellen zu können. Setzen und Ablesen der Rissmonitore und die Dauer der Rissüberwachung sollten mit einem Sachverständigen abgestimmt werden.

Wird eine Unterspülung des Fundaments aufgrund einer defekten Abflussleitung vermutet und ist aus der Anamnese bekannt, dass in der Nähe des Schadensbereichs Abwasserleitungen verlaufen, so sollte umgehend eine Kamerauntersuchung der Leitung durchgeführt werden, um den Defekt zu lokalisieren und zu beseitigen. Andernfalls würde die Unterspülung weiter voranschreiten und immer stärkere Schäden hervorrufen.

Zur Kanalinspektion sollten dreh- und schwenkbare Kameras verwendet werden. Das ausführende Unternehmen muss eine gültige Zertifizierung nach RAL-GZ 961 (Stand 04/2014) der Gütesicherung Kanalbau besitzen. Die Untersuchung muss nach den Vorgaben der „Deutschen Vereinigung für Wasserwirtschaft, Abwasser und Abfall“ DAW-A 143 (Stand 02/2015) bzw. der DIN EN 14654 erfolgen.

Empfohlene Sanierungsmaßnahmen

Zur Gründungsverbesserung können traditionelle Unterfangungen eingesetzt werden. Bedingt kommt auch der nachträgliche Einbau einer Betonsohle in Frage oder es werden Verfahren des Spezialtiefbaus eingesetzt. Bei diesen Verfahren zur Gründungsverbesserung oder Nachgründung handelt es sich um Mikropfähle, die Tiefeninjektion und das Düsenstrahlverfahren.

Die Verfahren des **Spezialtiefbaus** sind in den meisten Fällen kostenintensiver als eine Unterfangung. Daher kommen Spezialverfahren meist dann zum Einsatz, wenn ein traditionelles Verfahren aus baulichen Gründen nicht oder nur mit hohem Aufwand eingesetzt werden kann. Dies kann z. B. bei zu eng stehenden, nicht unterkellerten Nebengebäuden, einer sehr tief liegenden tragende Bodenschicht oder hohem Grundwasser der Fall sein.

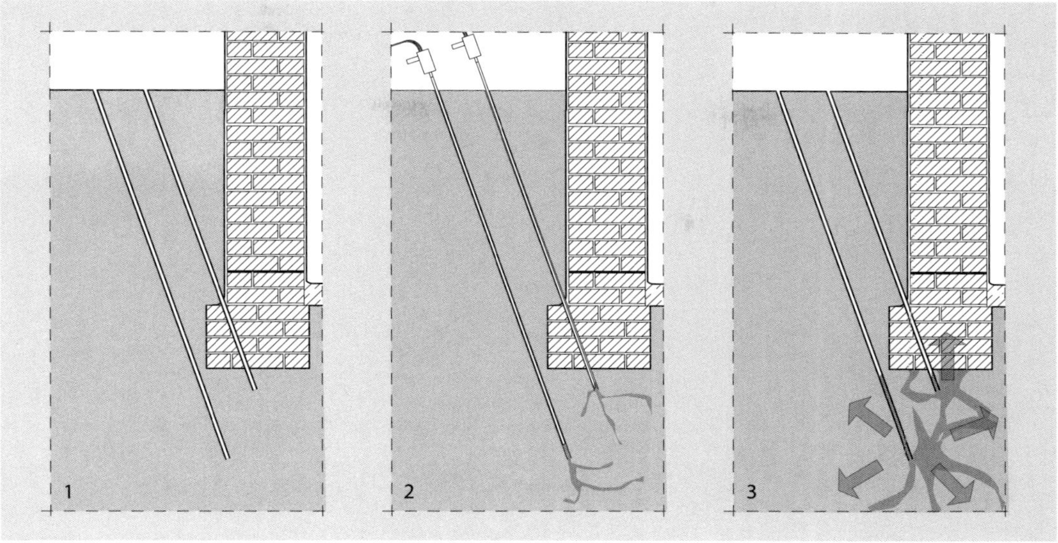

Abb. 2.39: Injektionsverfahren zur Baugrundverfestigung: Bohrungen entlang des Fundaments und durch das Fundament (1), Harzinjektion mittels Injektionslanzen (2), Expansion und Verfestigung des Harzes im Boden (3)

Mikropfähle

Bei Mikropfählen werden Bohrungen von weniger als 30 cm Durchmesser bis in tragfähige Bodenschichten ausgeführt. Diese erhalten ein zentrisch angeordnetes Stahltragglied und werden mit Beton verpresst. Der Lastabtrag erfolgt über die Mantelreibung in das umgebende Erdreich.

Vorteilhaft an den Mikropfählen ist, dass diese mit relativ kleinem Baugerät oft kostengünstiger erstellt werden können als Nachgründungen mit Tiefeninjektionen oder dem Düsenstrahlverfahren. **Nachteilig** ist bei Bestandsfundamenten, dass die Mikropfähle durch Streichbalken mit dem Bestandsfundament verbunden werden müssen, um die Gründung des Fundaments zu verbessern. Daher wird dieses Verfahren zur Gründungsverbesserung bei Bestandskellern selten angewendet.

Baugrundinjektionsverfahren (Tiefeninjektion)

Ist das Fundament selbst noch ausreichend tragfähig, bieten sich zur Bodenverfestigung und Lochverpressung **Injektionssysteme** an. Diese werden von diversen Herstellern unter Bezeichnungen wie „Baugrundverbesserung“, „Deepinjection“, „Baugrundverdichtung“ oder „Fundamentanhebung“ angeboten.

Das grundsätzliche Verfahren erfolgt, indem zuerst tiefe Löcher mit einem Durchmesser von 14 bis 30 mm durch die Fundamentsohle oder entlang der Fundamente gebohrt werden (Abb. 2.39, Bild 1). In diese Bohrlöcher werden Injektionslanzen eingeführt, durch die ein schnell aushärtendes expandierendes Harz unter Druck in den Boden injiziert wird (Abb. 2.39, Bild 2). Dieses Harz dehnt sich im Boden sekundenschnell aus, verpresst lockere Bodenschichten und schließt Hohlräume (Abb.2.39, Bild 3). Zusätzlich gibt es

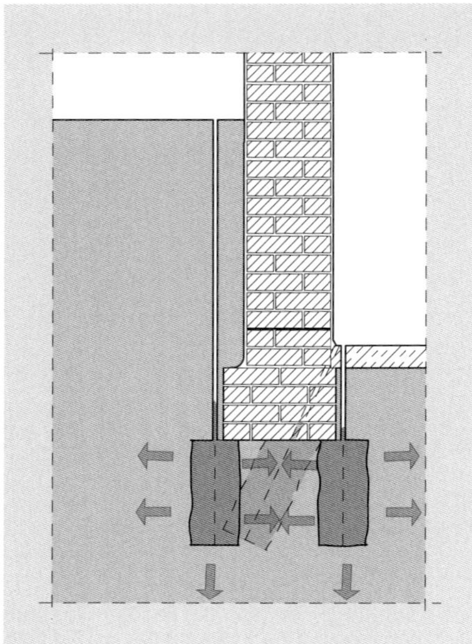

Abb. 2.40: Erzeugung stützender Körper mit dem Düsenstrahlverfahren

Spezialsysteme, um beispielsweise Belastungen in tiefere Bodenschichten abzuleiten.

Die ausführenden Spezialfirmen bieten eine kostenlose Beratung vor Ort an. Das hilft, die jeweiligen Möglichkeiten und Kosten im Einzelfall abzuschätzen.

Die Grenzen der Anwendung dieses Verfahrens zeigen sich bei bindigen Böden: Die verdichtende ausdehnende Injektion führt zwar auch zur kontrollierten Anhebung der Fundamente, dabei entsteht allerdings im umgebenden Erdreich tendenziell ein Porenwasserüberdruck. Wenn sich dieser mit der Zeit wieder abbaut, sind nachträgliche Setzungen möglich, die eine Nachinjektion nötig machen können. Die Sanierung von Mauerwerksrissen an den Außenwänden sollte in diesem Fall deutlich zeitversetzt erfolgen, um Setzungen auszuschließen.

Als nicht expansive Variante dieses Verfahren finden auch **Injektionen mit Zementemulsionen** Verwendung, die ebenfalls baugrundverfestigend wirken, aber keine Fundamentanhebung verursachen.

Düsenstrahlverfahren

Eine Methode, bei der das Ergebnis besser kontrolliert und dokumentiert werden kann als bei einer Tiefeninjektion, ist das Düsenstrahlverfahren (vgl. Abb. 2.40). Kontrolliertere Ergebnisse sind beispielsweise dann wünschenswert, wenn eine nachfolgende Abdichtung von außen geplant ist, damit beim Aufgraben keine neuen festen Strukturen störend wirken. Auch beim Düsenstrahlverfahren werden zunächst Bohrungen für Injektionslanzen erstellt. Durch diese wird eine **Bindemittelsuspension** mit hohem Druck in das

Erdreich injiziert. Der Bindemittelstrahl schneidet das Erdreich auf und vermischt das Bindemittel mit dem Erdreich. Dadurch entstehen betonartige stützende Säulen, Wände oder Scheiben, die dabei durch den anfallenden Druck bei der Erstellung auch den umgebenden Boden verdichten. Die erreichbare Qualität dieser Körper entspricht meist einem Beton der Güteklasse 12/15, abhängig vom Erdmaterial.

Beim Düsenstrahlverfahren sind die Einrichtungskosten für die Baustelle und die Tagessätze der Spezialfirmen hoch, und zwar relativ unabhängig von der Anzahl der täglich erstellten Säulen. Daher ist dieses Verfahren eher bei größeren Bauten wirtschaftlich. Bei Ein- und Mehrfamilienhäusern findet das Düsenstrahlverfahren als schonende Maßnahme im Bereich der Sanierung denkmalgeschützter Bauten Anwendung.

Wenn möglich, sollte man Verfahren bevorzugen, bei denen die Fundamentsohle nicht untergraben werden muss. Vorhandene Fundamente können im Einzelfall durch **Vernadeln** oder speziell auf die Zusammensetzung des Fundamentes **abgestimmte Injektionen** stabilisiert werden. Auch hier finden sich Spezialfirmen.

Fundamentunterfangung von außen

Für eine Baugrundstabilisierung sollten möglichst Verfahren gewählt werden, bei denen die Fundamentsohle nicht untergraben werden muss. Bei statischen Risiken können vorhandene Fundamente durch Vernadeln, bei dem über Bohrungen in Hohlräume gepresstes Material aushärtet, oder durch speziell auf die Zusammensetzung des Fundaments abgestimmte Injektionen stabilisiert werden.

Ist nach geologischen und statischen Untersuchungen jedoch eine Unterfangung bzw. Untergrabung des Fundaments zur Verstärkung oder eine Ersetzung des bestehenden Fundaments durch ein Betonfundament notwendig, so ist dies mit einem erheblichen bürokratischen, technischen und finanziellen Aufwand sowie mit bestimmten Risiken verbunden:

- Für eine solche Maßnahme ist eine Baugenehmigung erforderlich.
- Ebenfalls benötigt wird ein Nachweis über Sicherungsmaßnahmen für das zu untergrabende Gebäude.
- Gesetzliche Sicherungsvorschriften und DIN-Vorschriften (z. B. DIN 4123 „Ausschachtungen, Gründungen und Unterfangungen im Bereich bestehender Gebäude“ [2013]) müssen beachtet werden.
- Die Arbeiten können nur abschnittweise ausgeführt werden.
- Fundamentuntergrabungen sind immer mit der Gefahr von Setzungen und Verformungen des Gebäudes verbunden.
- Die Planung der Arbeitsschritte, das zu wählende Verfahren, die notwendigen Sicherungsmaßnahmen, Voruntersuchungen, Ausführungsplanungen und Nachweise sind umfangreich und von der jeweiligen Wasserbeanspruchung/Wassereinwirkungsklasse abhängig.

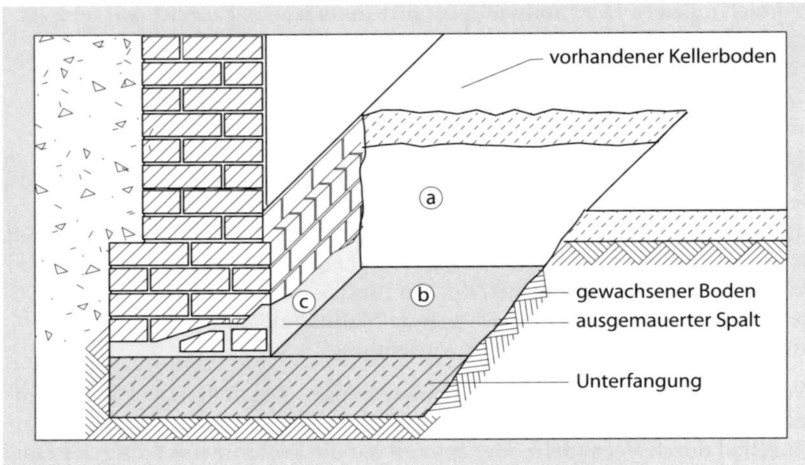

Abb. 2.41: Schrittweise Fundamentunterfangung von innen: abschnittweises Ausschachten und Untergraben des Fundaments (a), Betonieren der Unterfangung (b) und Untermauern des Spaltes (c)

Fundamentunterfangung von innen

An der Erweiterung der Auflagerfläche und der Unterstopfung eines Fundaments durch eine bewehrte Platte kann dieses Vorgehen veranschaulicht werden (Abb. 2.41). Ein strammes Verfugen und Vermauern des bewusst gelassenen Hohlraums **nach** dem Erstarren der Sohle mit einem speziellen Quellmörtel ist zu empfehlen, um Schwundrisse und spätere Setzungen zu vermeiden. Erleichtert wird das Unterstopfen, wenn das alte Fundament vor dem Betonieren der Platte etwas schräg angestemmt wurde. Dies muss mit Vorsicht geschehen, damit das Mauerwerksgefüge nicht unnötig gelockert wird.

In der Baupraxis wird der folgende Arbeitsschritt des Unterfugens oft durch ein höheres Anbetonieren umgangen, mit dem Argument, dass der Beton während der Erstarrung „nachdrücken" würde. Ein vollständiges Nachsacken „um die Ecke" ist bei einem Gründungsmauerwerk von meist ca. 50 cm Dicke jedoch nicht zu erwarten und beim Schwinden des Betons ist zudem mit der Bildung von Hohlräumen zu rechnen, die wiederum zu kleineren Folgesetzungen des Mauerwerks führen können.

Ein Unterstopfen eines bestehenden Fundament oder ein Fundamentaustausch kann stets nur in Abschnitten von ca. 1 m erfolgen. Die Ausführung von innen bietet sich an, da bei Arbeiten an Kellerfundamenten von außen jeweils Stichgräben von ca. 2 m Länge vorgesehen werden müssten, die wiederum abzustützen und später anzufüllen wären, um dann einen neuen Stichgraben für die folgende Unterstopfung zu erstellen usw.

Die Arbeiten von innen sind im Vergleich zu Arbeiten von außen einfacher durchzuführen und damit meist kostengünstiger, sofern es sich nicht um ausgebaute Räume handelt. Ob eine Ausführung von innen günstiger ist als eine Ausschachtung mit Stichgräben von außen hängt insbesondere von der notwendigen Tiefe der Ausschachtung ab. Diese ist abhängig davon, ab

Abb. 2.42: Die abschnittweise Ausschachtung und Betonierung ist an den Einfülltrichtern bei dieser Unterfangung von außen gut zu erkennen.

Abb. 2.43: Die Empfehlung des Unterfugens mit Quellmörtel **nach** dem Betonieren (siehe auch die Abschnitte „Abfangung von innen" und „Nachträglicher Einbau einer Betonsohle") wurde allerdings nicht eingehalten, die Schwundrisse des Betons zum alten Mauerwerk sind gut zu erkennen.

welcher Tiefe ein tragfähiger Boden von einem Bodengutachter festgestellt wird. Da das Graben von innen fast immer per Hand erfolgt, da auch ein kleiner Bagger nicht in das Haus gebracht werden kann, kann im Einzelfall daher das maschinelle Ausschachten mit Stichgräben von außen günstiger sein.

Hinweis

Für die Ausführung einer Fundamentunterfangung, unabhängig davon, ob sie von außen oder von innen erstellt wird, sollte beachtet werden, dass ein jeweils neu erstellter Fundamentabschnitt die erforderliche Druckfestigkeit erreicht haben muss, bevor die Arbeit am nächsten Abschnitt begonnen werden kann. Beton schwindet beim Erstarren und Erhärten, was zu Setzungen im Kellermauerwerk führen kann (Abb. 2.42 und 2.43).

Daher ist ein Betonieren bis zum Mauerwerk nicht anzuraten. Besser ist es, einen Spalt von etwa 5 cm zu den Bestandswänden zu lassen, die nach dem Ausschalen nach etwa 3 Tagen stramm mit einem leicht quellenden Unterstopfmörtel verfugt werden. Spalte unter 3 cm lassen sich bei hohen Mauerstärken kaum kraftschlüssig unterstopfen.

Nachträglicher Einbau einer Betonsohle

Der nachträgliche Einbau einer Betonsohle bedeutet, sofern die Sohle mit eingestemmten und bewehrten „Taschen" mit dem tragendem Mauerwerk verbunden wird, im Endeffekt eine Verbesserung der Gründung, da Teile der Auflast auf das Flächentragwerk umgeleitet werden können.

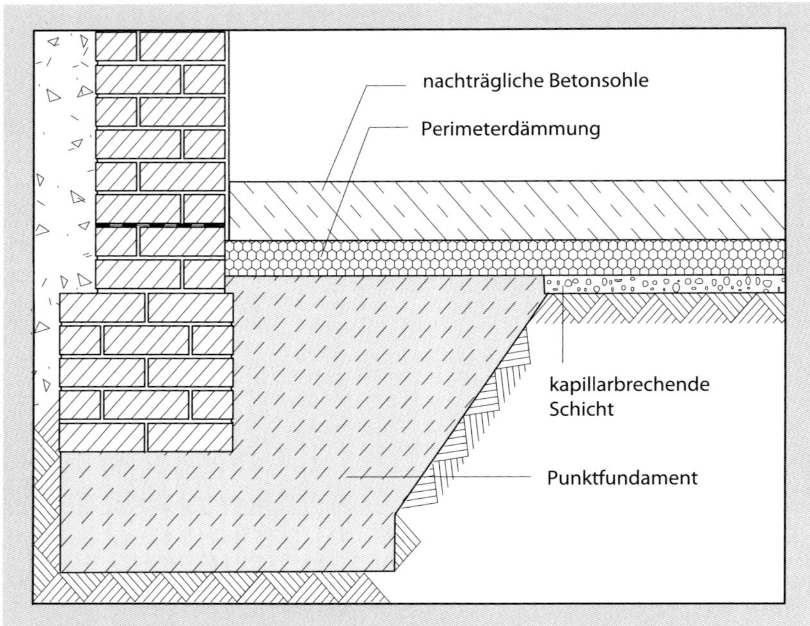

Abb. 2.44: Fundamentsohle

Wenn bei der Erstellung der neuen Sohle zusätzlich Raumhöhe gewonnen werden soll, was bei Ausbauten von Kellern zu Wohnräumen (siehe Kapitel 6) häufig vorkommt, und so etwa eine Perimeterdämmung, eine kapillarbrechende Schicht und ein Fußbodenaufbau vorgesehen wird, können Ausschachtungen von 50 bis 70 cm tiefer als der bestehende Boden notwendig werden.

Hier besteht die Gefahr, dass durch die dort fehlende Erdmasse Fundamente seitlich entlang einer Gleitfuge wegbrechen. Dies bezeichnet man als Grundbruch (vgl. Abb. 3.5 in Kapitel 3.1.2 „Anforderungen", Kapitel 3).

Um einen Grundbruch zu verhindern, ist es sinnvoll, vor einer solchen Ausschachtung die bestehende Gründung unter den tragenden Wänden durch Punktfundamente gegen seitliches Ausbrechen nach innen zu verstärken. Die Breite eines solchen Punktfundamentes ergibt sich meist aus dem Arbeitsradius des händischen Ausschachtens und beträgt dann etwa einen Meter. Die Anordnung, Notwendigkeit und Größe ebenso wie eine eventuelle Bewehrung muss vom Statiker ermittelt werden (vgl. Abb. 2.44).

Die Punktfundamente werden in der Regel deutlich tiefer als die vorhandene Gründung erstellt. Dies geschieht nicht nur, um die Verstärkung der bestehenden Gründung gegen seitliches Wegbrechen nach innen nicht nur von dem zusätzlichen Gewicht der Punktfundamente abhängig zu machen, sondern auch, um eine Verschiebung der Drucklinie (Gleitfuge) der Gründung in einen Bereich mit ausreichendem Erdwiderstand zu erreichen.

Tabelle 2.3 gibt eine Übersicht über die Kosten für die hier vorgestellten Maßnahmen der Gründungsverbesserung.

Tabelle 2.3: Kosten für Maßnahmen zur Gründungsverbesserung, Stand: Februar 2022 (nach eigenen Recherchen)

Leistung	**Ca.-Kosten (netto)**
Bodengutachten	495,00 €
Unterfangungen und Gründungsverbesserungen	
abschnittsweises Unterfangen der Gründung durch Stahlbeton, inkl. der erforderlichen Stützgräben von außen, ohne Zusatzarbeiten wie Pflasterung aufnehmen, erneutes Verlegen, Begrünung wiederherstellen usw.	935,00 €/lfm
händischer Aushub von Einzelfundamenten zur Gründungsverbesserung innerhalb des Bestandsgebäudes, leicht lösbarer Boden, Entsorgung des Aushubgutes, Betonieren der Einzelfundamente mit Bewehrungseinlage und Unterfugung bzw. Untermauerung	Kosten pro Einzelfundament • händischer Aushub und Entsorgung inkl. Sicherungsmaßnahmen: 495,00 € • Bewehrung und Betonieren: 220,00 € • Anlieferung Beton inkl. Zusatzkosten für längere Wartezeit und Mindermenge: 330,00 € • Unterfugung/Ausmauerung mit Quellmörtel: 132,00 € gesamt: 1177 €
nachträgliche Betonsohle erstellen: • händischer Bodenabtrag inkl. Entsorgung von innen • kapillarbrechende Schicht einbringen, egalisieren und verdichten • Perimeterdämmung verlegen im Bestandsgebäude, 120 mm, U 0,035 • Mauerwerkstaschen in das Kellermauerwerk einstemmen, Abbruchgut entsorgen • Bodenplatte Stahlbeton, C 20/25, 20 cm, wasserundurchlässig im Bestandsgebäude nachträglich erstellen, inkl. Vorarbeiten wie Folienverlegung und Bewehrungserstellung	 110,00 €/m³ 17,00 €/m² 52,00 €/m² 39,00 €/Stück 55,00 €/m²
Spezialtiefbauverfahren	
Bodeninjektionsverfahren: • Einrichtungsgebühr • Kosten Gründungsverbesserung, -anhebung	 3.520,00 € ab 880,00 €/lfm
Düsenstrahlverfahren: • Einrichtungsgebühr • Tagessatz	 20.350,00 € 3.410,00 €
Mikropfähle: • Einrichtungsgebühr • Kosten pro Mikropfahl	 5.500–11.000,00 € 176–286,00 €/Mikropfahl

Hinweis

Statisch relevante Eingriffe in die Gebäudesubstanz sollten immer mit einem erfahrenen Statiker abgestimmt und von Fachbetrieben ausgeführt werden.

Abb. 2.45: Eingebaute Spiralanker (Quelle: Rubersteinwerk GmbH, Lichtenstein/Sachsen)

Kraftschlüssige Rissverpressung

Konstruktive Risse sollten kraftschlüssig geschlossen werden, um den Verbund des Mauerwerks wiederherzustellen. Dies gilt vor allem dann, wenn eine Abdichtung von außen und ein damit verbundenes Aufgraben des Kellers geplant ist. Zum kraftschlüssigen Schließen von Rissen können druckbasierte Injektionsverfahren eingesetzt werden.

Spiralanker

Neben der kraftschlüssigen Rissverpressung stehen Spiralanker (Abb. 2.45) zur Verfügung, die nach DIN EN 845-1 „Festlegungen für Ergänzungsbauteile für Mauerwerk – Teil 1: Maueranker, Zugbänder, Auflager und Konsolen" (2016) zur Risssanierung zugelassen sind. Sie bestehen je nach Anwendung aus gewalzten und verdrillten Ankern aus Stahl oder rostfreiem Edelstahl und einem darauf abgestimmten Mörtel. Diese Systeme sind nicht nur zur Risssanierung geeignet, sondern können auch genutzt werden, um Mauerschalen wieder miteinander zu verbinden oder Fundamente zu vernadeln.

2.4.2 Abgeplatzte Steinflächen und sandige Fugen

Abgeplatzte Steinflächen können ein Zeichen für eine **Salzsprengung** sein, die von den in das Mauerwerk eingedrungenen Salzen verursacht wird. Die mit dem Auskristallisieren der Salze verbundene Volumenvergrößerung bewirkt dabei die Aufsprengung der Steine.

Sandiges, loses und fehlendes Fugenmaterial zwischen den Steinen deutet hingegen auf eine ebenfalls durch Salze verursachte **Entkalkung des Mörtels** hin.

Zu bedenken ist, dass die auf der Innenseite eines Mauerwerks feststellbaren Schäden stets weniger stark ausgeprägt sind, als die Schäden auf der dem Erdreich unmittelbar ausgesetzten Außenseite.

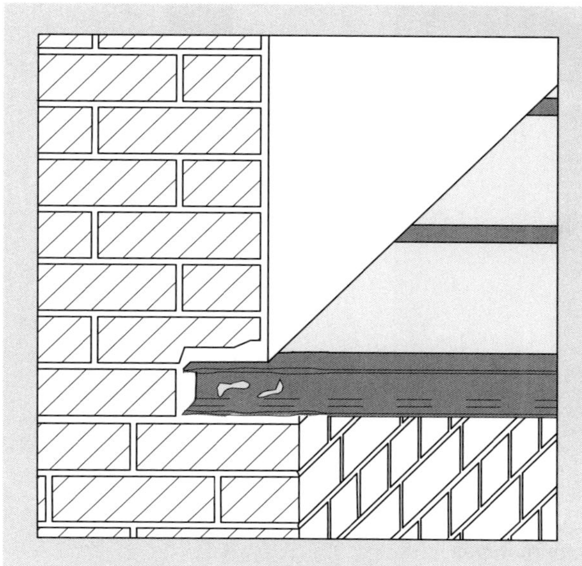

Abb. 2.46: Korrosion der Auflager der Stahlträger einer Kellerdecke

In Fällen abgeplatzter Steinflächen und sandiger Fugen ist eine weitere Untersuchung des Aufbaus und der Tragfähigkeit des Mauerwerks angeraten. Dabei ist nicht nur die Tragfähigkeit des Mauerwerks und des Fundaments entscheidend für die Art der Sanierung, sondern auch die darauf liegende Belastung.

Wegen der durch das Aufgraben steigenden Belastung kann stark geschädigtes Mauerwerk gegebenenfalls nicht oder nur in kleinen Abschnitten aufgegraben werden.

Empfohlene Sanierungsmaßnahmen

Ist die Tragfähigkeit und damit die Statik eines Gebäudes gefährdet, kann im ungünstigsten Fall ein schrittweiser Maueraustausch erforderlich sein. Eine solche Maßnahme ist noch aufwendiger umzusetzen als die in Kapitel 2.4.1 beschriebene Fundamentunterfütterung, da zu den dort genannten Problemen noch Gefahren durch eine Lockerung des Mauerwerksgefüges und herabfallende Steine kommen und Träger und Einzellasten abzufangen sind.

2.4.3 Korrodierte Auflagerpunkte von Stahlträgern

Bei vielen älteren Kellerdecken ist entweder unbewehrter Beton zwischen Stahlträger gegossen oder ein Gewölbe zwischen die Träger gemauert worden. Sind diese Träger an den Auflagern durch Mauerwerksfeuchte und Salzeinwirkung stark korrodiert (Abb. 2.46), kann die Tragfähigkeit der gesamten Decke gefährdet sein.

Abb. 2.47: Stützkonstruktion zur Entlastung korrodierter Stahlträger einer Kellerdecke

Empfohlene Sanierungsmaßnahmen

Die Überbrückung des korrodierten Bereiches durch eine seitlich verschraubte Zange aus Eisenträgern, wie sie ähnlich bei der Sanierung von geschädigten Auflagerköpfen von Holzbalken in Holzbalkendecken eingesetzt wird, ist hier nicht möglich, da das Mauergewölbe oder der Beton beim Wegstemmen an den Trägerseiten herausfallen würde.

Die Last im noch intakten Bereich der Stahlträger muss daher auf eine Stützkonstruktion umgeleitet werden (Abb. 2.47). Hierzu ist eine vorangehende Untersuchung der Tragfähigkeit der vorhandenen Konstruktion und eine Dimensionierung der Stützkonstruktion durch einen Statiker erforderlich.

2.5 Schadensbilder 4: Optische Mängel und Nutzungsbeeinträchtigungen

2.5.1 Unansehnliche Wandbeschichtungen und -verkleidungen

Nach einer Sanierung gegen eindringende Feuchtigkeit bleiben oft verfärbte Stellen an den Kellerwänden sichtbar, die einen Neuanstrich wünschenswert machen.

Vor jedem Neuanstrich sollten nicht tragfähige Anstriche, abblätternde Farben, Ausblühungen etc. entfernt werden. Ist ein höherer Eintrag von organischen Substanzen in das Mauerwerk durch eingedrungenes Wasser zu vermuten, empfiehlt sich eine **Fluatierung** der Wände vor dem Neuanstrich (vgl. Kapitel 7.6)

Dispersions- und Latexfarben sind zur Verwendung in Nutzräumen im Bestandskeller nur bedingt zu empfehlen, da diese bei hoher Raumfeuchte zur Schimmelbildung neigen. Wenn der vorhandene Anstrich allerdings bereits aus einer Dispersionsfarbe besteht, könnte man den vorhandenen Anstrich zwar mit speziellen Mitteln auf Alkoholbasis, die im Malerfachhandel erhältlich sind, abwaschen und mit **schimmelresistenten und atmungsaktiven Materialien** neu beschichten. Dies ist aber tendenziell zu aufwendig und es wird beim Bauherrn meist nur ein Auffrischungsanstrich, dann günstigerweise mit demselben Material, durchsetzbar sein.

Auch Holzvertäfelungen an Wänden und Decken, wie diese früher bei Partykellern beliebt waren, sollten nur bei nachweislich sehr trockenen Wänden und ausreichender Belüftung ausgeführt werden. Ansonsten besteht die Gefahr der Bildung von **Hausschwamm** (vgl. Kapitel, 2.3, Abb. 2.29). Viele solcher Verschalungen sind mit einer Dämmung aus Glaswolle in den 1970er- und 1980er-Jahren unsachgemäß vor ungenügend abgedichteten feuchten Kellerwänden ausgeführt worden. Sind solche alten Verschalungen vorhanden, sollten diese grundsätzlich entfernt werden. Dabei müssen Atemschutzmasken getragen und das abgebrochene Material muss direkt getrennt verpackt und entsorgt werden, denn es ist mit einer erheblichen Belastung durch Schimmelsporen und anderem biologischen Befall zu rechnen (vgl. Tabelle 2.2)

Werden bei den vorhandenen Kellerräumen **alte Kalkanstriche** vorgefunden, sollten abkreidende und abblätternde Schichten entfernt und abgewaschen werden bis ein (relativ) abkreidungsfreier Untergrund vorgefunden wird. Die günstigste Beschichtung ist ein **neuer Kalkanstrich**. Beim Aufbringen von Kalkfarbe, auch „Kälken" genannt, sollten Schutzbrillen und Gummihandschuhe getragen werden. Kalk ist stark alkalisch und kann besonders bei Kontakt mit den Augen Verätzungen hervorrufen.

Vielfach gibt es Bedenken der Nutzer bezüglich des „**Abkreidens**", also des weißen Abriebs an der Kleidung bei Kontakt mit der kalkgestrichenen Wand. Doch das ist kein generelles Problem bei Kalkanstrichen, sondern weist auf ein ungenügend „eingesumpftes" Ausgangsmaterial hin. Ein über Jahre **eingesumpfter Kal**k ergibt auch einen abriebfesten Anstrich. Hier ist bei der Materialwahl – auch bei vorgemischtem Material in Gebinden aus dem Fachhandel – auf entsprechende Qualität zu achten.

Bei Sanierputzflächen, vorhandenem unverputzten Mauerwerk oder ungestrichenen Putzflächen in alten Bestandskellern ist, sofern der Putz kein Gipsputz ist (der ohnehin nicht in einen Nutzkeller gehört), ein Anstrich mit einer **Silikatfarbe** nach entsprechender systemabgestimmter Grundierung bei mürben Untergründen der günstigste Anstrich. Dies gilt in Bezug auf Eigenschaften wie Diffusionsoffenheit, leichte Verarbeitbarkeit und Schimmelresistenz.

2.5.2 Optisch mangelhafte Bodenbeschichtungen

Der oft vorhandene Sperrestrich alter Kellerräume erfüllt die Ansprüche der Bewohner an ein „sauberes" und „gepflegtes" Aussehen von Nutzräumen im Keller in aller Regel nicht und ist auch nicht gut zu wischen.

Es gibt sehr hochwertige **Beschichtungen aus elastischen Flüssigkunststoffen**, oft mit optischen Zusätzen wie farbige „Chips", wie sie bei Balkonbeschichtungen Verwendung finden. Diese Beschichtungen sind grundsätzlich auch für Kellerestriche geeignet, kommen aber wegen der hohen Kosten für solch untergeordnete Nutzräume selten zur Anwendung.

Abb. 2.48 und 2.49: Abplatzungen von Bodenfarbe und -spachtel. Voraussichtliche Ursache ungenügende Reinigung des Untergrundes vor dem Auftrag

Relativ preiswert sind **Betonfarben** als Bodenbeschichtung erhältlich. Sie werden einfach aufgestrichen bzw. aufgerollt, wobei ein optischer Sockelbereich als Wischkante in der Anwendung mitgestrichen wird. Als Standardfarben werden diese in Braun- und in Grautönen angeboten.

Obligatorisch ist bei der Verwendung solcher Betonfarben eine **Feuchtemessung** des Bodens, denn diese Farben sind im Regelfall nicht diffusionsoffen. Schlägt also zu viel Bodenfeuchte durch den vorhandenen Bodenaufbau, ist mit einer Blasenbildung und dem späteren Abplatzen der Beschichtung zu rechnen.

Größten Wert muss weiterhin auf eine feste, tragfähige und von Unreinheiten freie Beschaffenheit der zu beschichtenden Fläche gelegt werden, was auch für eine vorher aufgebrachte Nivelliermasse zur Oberflächenverbesserung gilt. Entsprechende Abkratz- Abschleif- und Grundierungsmaßnahmen sollten daher als Vorarbeiten getroffen werden. Insbesondere nicht entfernte Waschmittelbeläge in Nutzräumen für Waschmaschinen führen oft zu Schadensbildern durch Abplatzungen (vgl. Abb. 2.48 und 2.49).

Bei Gebäuden, die um das Jahr 1900 herum entstanden sind, findet man häufig einen Bodenbelag aus Zementfliesen, Ziegeln oder Platten, verlegt auf einem Sanduntergrund in einem Kalkmörtel oder Zementmörtelbett (vgl. Abb. 2.50).

Sind solche Beläge z. B. durch abgeplatzte Stellen oder lokale Absackungen beschädigt, besteht auch hier oft der Wunsch bzw. die Notwendigkeit, eine ebenere und besser wischbare Bodenfläche zu schaffen.

Die beste und sicherste Lösung stellt hier der Abbruch des vorhandenen Bodenaufbaus mit dem entsprechendem Aushub und fachgerechtem Neuaufbau dar. Eine solche Maßnahme lässt sich allerdings bei Nutzräumen mit

Abb. 2.50: Tonfliesen/-plattenbelag in einem Keller um 1900

Abb. 2.51: Ungenügend sichere Kellertür

Sicherheit beim Bauherrn angesichts der zu erwartenden Kosten und des großen Aufwands nicht durchsetzen.

Daher wird auch hier oft auf einen Ausgleich des Bodenbelags durch einen **Fließspachtel** und eine nachfolgende Beschichtung zurückgegriffen.

Um das Reklamationsrisiko zu minimieren, sollte eine gründliche Reinigung des vorhandenen Belags erfolgen. Danach erfolgen eine hochwertige Haftgrundierung und zumindest eine flächige Vorspachtelung durch einen Bodenspachtel mit einem vollflächig eingelegten Armierungsgewebe mit Überlappung. Im Anschluss wird dann eine Nivelliermasse aufgebracht.

Die vorherige Kontrolle der Bodenfeuchtigkeit versteht sich von selbst. Bei Bedenken sollte der Kundendienst des Herstellers der Nivellier- und Spachtelmasse kontaktiert werden. Weiterhin ist es ratsam, bei den einzelnen Schritten innerhalb eines Herstellersystems zu bleiben.

2.5.3 Mangelnde Einbruchsicherheit

Alte Holztüren zu einer Kelleraußentreppe stellen angesichts stark gestiegener Einbruchszahlen eine Sicherheitsschwachstelle des Hauses dar (vgl. Abb. 2.51). Diese sollte im Zuge einer Kellersanierung durch den Austausch durch eine stabile Stahltür mit Stahlzarge und entsprechenden Sicherheitsbeschlägen behoben werden. Falls dies nicht möglich ist, sollte die vorhandene Tür zumindest durch einen zusätzlichen Sperrriegel einbruchssicherer gemacht werden.

Abb. 2.52: Bohrloch einer Bohrkernentnahme (Quelle: Remmers Baustofftechnik GmbH, Löningen)

2.6 Datenermittlungen

2.6.1 Mauerwerksfeuchte

2.6.1.1 Methoden

Bohrkernentnahme

Für eine genaue Bestimmung der Mauerwerksfeuchte ist die Entnahme von Bohrkernen (Abb. 2.52) oder auch von Bohrmehl zu empfehlen. Bohrkernentnahmen sind für weitere Untersuchungen jedoch vorteilhafter. Die Entnahme erfolgt mit Bohrkronen im **Trockenbohrverfahren**, da bei Einsatz des Nassbohrverfahrens der Feuchtegehalt der Probe verändert würde. Auch durch zu schnell laufende Maschinen und zu geringe Durchmesser der Bohrkronen von unter 50 mm wird das Untersuchungsergebnis verfälscht, da sich die Bohrkrone erhitzt und Feuchte aus der Probe verdampft (Arendt, 1994, S. 94).

Entnommene Proben sind sofort dampfdicht zu verpacken. Im Labor werden sie zunächst exakt gewogen, dann in einem Trockenschrank getrocknet und anschließend erneut gewogen. Aus der Wägedifferenz lässt sich die **Materialfeuchte** genau bestimmen (Darr-Methode). Baustoffe haben eine natürliche Feuchte – die sogenannte **Ausgleichsfeuchte** –, die von der jeweiligen relativen Luftfeuchte abhängig ist. Richtwerte können Tabelle 2.4 entnommen werden.

Ferner ist gegebenenfalls die **hygroskopische Feuchteaufnahme** im oberflächennahen Mauerwerk zu berücksichtigen. Sie wird durch den Salzgehalt des Mauerwerks verursacht. Im oberflächennahen Mauerwerk ist bei mittlerer Salzbelastung von einer gegenüber den Werten der Ausgleichsfeuchte in Tabelle 2.4 um ca. 30 % höheren tatsächlichen Feuchte und bei hoher Salzbelastung von einer um ca. 60 % höheren Feuchte auszugehen.

Die getrocknete Probe kann auch dazu verwendet werden, durch Tauchen in Wasser und Wägen der aufgenommenen Feuchte den für die Beurteilung der Wirksamkeit von Injektionsverfahren wichtigen **Durchfeuchtungsgrad** (DFG) im Verhältnis zum Gesamtporenvolumen zu ermitteln.

Eine einzelne Probe erlaubt auch bei homogenem Mauerwerk und gleichmäßigem Schadensbild allerdings noch keine Aussage über die Feuchteverteilung im Mauerwerk. Die WTA hat daher empfohlen, mindestens 6 Proben zu nehmen (WTA-Merkblatt 4-5-97/D „Beurteilung von Mauerwerk – Mauerwerksdiagnostik“ [1997], Abschnitt 7.4; in der aktuellen Ausgabe 4-5-99/D dieses Merkblatts ist diese Mindestangabe nicht mehr enthalten). Es sollten immer Proben in mindestens 3 Höhen über dem Boden (z. B. 30 cm, 60 cm und 90 cm) und mit 2 Bohrtiefen entnommen werden. Jeweils in gleichem Abstand zueinander seitlich versetzt sollte diese Entnahme in denselben Höhen und mit denselben Bohrtiefen noch zweimal wiederholt werden. Zur Bestimmung des Feuchteprofils eines Kellers sind allerdings wesentlich mehr Probenentnahmen erforderlich. Die Proben sind sinnvoll zu beschriften, um sie dem jeweiligen Bauteil sowie den einzelnen Probenahmepunkten zuordnen zu können.

Tabelle 2.4: Ausgleichsfeuchte ausgewählter Baustoffe (nach WTA-Merkblatt 4-5-99/D „Beurteilung von Mauerwerk – Mauerwerksdiagnostik“ [1999], S. 16)

Baustoff	**Ausgleichsfeuchte in Abhängigkeit von der relativen Luftfeuchte in % Massenanteil**		
	relative Luftfeuchte		
	75 %	**80 %**	**95 %**
historischer Vollziegel	< 2–3	–1)	–1)
Vollziegel, Rohdichte: 1.900 kg/m³	–1)	< 1	–1)
porosierter Hochlochziegel, Rohdichte: 800 kg/m³	–1)	0,75	–1)
Kalkputzmörtel	< 0,5	–1)	–1)
Kalkzementputz	< 1,5	–1)	–1)
Kalksandstein, Rohdichte: 1.900 kg/m³	–1)	1,3	–1)
vulkanischer Tuff, Kassel	< 6	–1)	< 10
rheinischer Tuff	< 2	–1)	< 4
toniger Sandstein	< 1,3	–1)	< 2
quarzitischer Sandstein	–1)	–1)	< 0,2
carbonatischer Sandstein	< 0,8	6,37	< 1,3
Granit	< 0,1	2,38	< 0,2
Marmor	< 0,01	2,52	< 0,05
1) keine Angaben verfügbar			

CM-Messung

Als Vor-Ort-Verfahren kann auch eine CM-Messung (Calciumcarbid-Methode) ausreichend genaue Ergebnisse des Feuchtegehalts einer Mauerwerksprobe liefern. Bei diesem Verfahren wird die feuchte Probe gewogen und dann in einen Druckbehälter mit Manometer eingebracht, in dem sich eine Glasampulle mit Calciumcarbid und eine Stahlkugel befinden. Die Probe wird im geschlossenen Behälter durch Schütteln mittels der Stahlkugel zer-

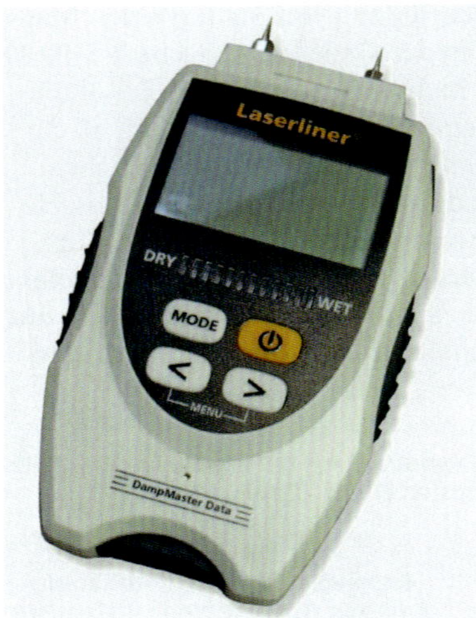

Abb. 2.53: Widerstandsmessgerät

kleinert, die zugleich die Glasampulle zerstört und so das Calciumcarbid freisetzt. Das enthaltene Wasser bildet mit dem Calciumcarbid Acetylen, dessen Menge über den durch die Gasentwicklung verursachten Druckanstieg des Behälters ermittelt wird. Zu achten ist auf die vollständige Zerkleinerung der Probe. Auch bei diesem Verfahren werden mehrere Proben für eine verlässliche Einschätzung der Feuchteverteilung im Mauerwerk benötigt.

Eine aufwendige Bestimmung der Mauerwerksfeuchte ist allerdings meist nicht erforderlich. Wenn der Schaden erkannt, die Schadensursache ermittelt und durch eine Abdichtung beseitigt ist, so ist die Kenntnis des Grads der Durchfeuchtung vor der Sanierung in der Regel nicht unbedingt erforderlich. Bei nur schwach ausgeprägten Schadensbildern dient die Ermittlung des Feuchtegehalts des Kellermauerwerks vielmehr der Einschätzung, ob Abdichtungsmaßnahmen notwendig sind oder ob Sanierputze und eine Verbesserung der Belüftung bereits ausreichen.

Digitale Feuchtemessung

Digitale Handgeräte zur Feuchtemessung messen als Hygrometer entweder direkt die Luftfeuchte oder sie arbeiten indirekt nach dem Widerstandsmessverfahren oder durch Messung der Dielektrizitätskonstante. Für die Ermittlung der Feuchte von Baustoffen sind die beiden letztgenannten Verfahren sinnvoller als eine Luftfeuchtemessung.

Geräte die nach dem **Widerstandsmessverfahren** arbeiten, messen den durch die Materialfeuchte veränderten elektrischen Widerstand (bzw. die elektrische Leitfähigkeit). Deshalb sind diese Geräte nur für Materialien geeignet, die wie Holz, Beton oder Mauerwerk trocken nicht oder nahezu nicht leitfähig sind. Vor der Messung muss das Gerät auf das zu messende Material eingestellt werden. Zur Messung besitzen diese Geräte meist 2 in einem bestimmten Abstand voneinander angebrachte Nadeln, die in das Prüfmaterial gedrückt werden (Abb. 2.53). Die Geräte messen daher an der Oberfläche eines Baustoffs.

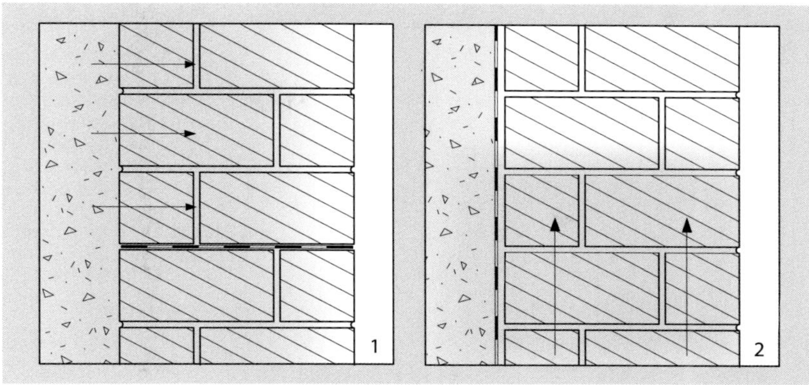

Abb. 2.54: Idealisierte Feuchteverteilung im Mauerwerksquerschnitt bei seitlich eindringender Feuchte (1) und bei horizontal aufsteigender Feuchte (2); in der Praxis sind Mischformen beider Verteilungen zu erwarten

Messungen nach dem Widerstandsmessverfahren können unter bestimmten, auch für die Situation in Kellerräumen typischen Bedingungen keine oder nur ungenaue Ergebnisse liefern:

- Bei wasserundurchlässigen Wand- und Bodenbeschichtungen wie alten Ölfarben, Latexfarben, Sperrputzen oder Fliesen ist eine korrekte Messung nicht möglich.
- Bei einer unklaren oder inhomogenen Zusammensetzung eines Baustoffs – z. B. Naturstein oder alte Ziegel mit unbekannter Wasseraufnahme und Dichte – kann das Gerät nicht genau genug auf den Baustoff eingestellt werden, sodass es keine zuverlässigen Messwerte liefert.
- Die Messung an der Oberfläche eines Kellermauerwerks liefert zwar bei aufsteigender Feuchte hinreichend genaue Werte des Durchfeuchtungsgrads, nicht jedoch bei seitlich eindringender Feuchte (vgl. Abb. 2.54).

Für eine Messung mit dem **Dielektrizitätsmessgerät** gelten ähnliche Einschränkungen wie für das Widerstandsmessverfahren. Die Geräte erzeugen ein elektrisches Feld und messen die Permittivität ε, auch dielektrische Leitfähigkeit oder dielektrische Funktion genannt. Die Permittivität gibt die Durchlässigkeit eines Materials für elektrische Felder an. Jedem Material kann ein bestimmter Permittivitätswert zugewiesen werden. Vereinfacht lässt sich sagen, dass das Streubild des angelegten elektrischen Feldes bei einem feuchten Baustoff größer ist als bei einem trockenen Baustoff.

Die Geräte messen bis ca. 5 cm tief in den Baustoff. Wasser hemmende Beschichtungen wie Fliesen, Farben oder Sperrputze sind bei diesem Messverfahren daher weniger problematisch als bei der Widerstandsmessung. Wenn das Gerät zur Messung Mikrowellen verwendet, sind Messtiefen bis zu 30 cm in den Baustoff erreichbar. Die mit Dielektrizitätsmessgeräten ermittelten Werte gelten allerdings als ungenauer als die mit einem Widerstandsmessgerät ermittelten Werte.

Die vorgestellten Verfahren der Widerstands- und der Dielektrizitätsmessung sind keine eichfähigen Methoden. Sie können daher nicht für eine verbindliche Feuchtebestimmung verwendet werden. Zu diesem Zweck sollte

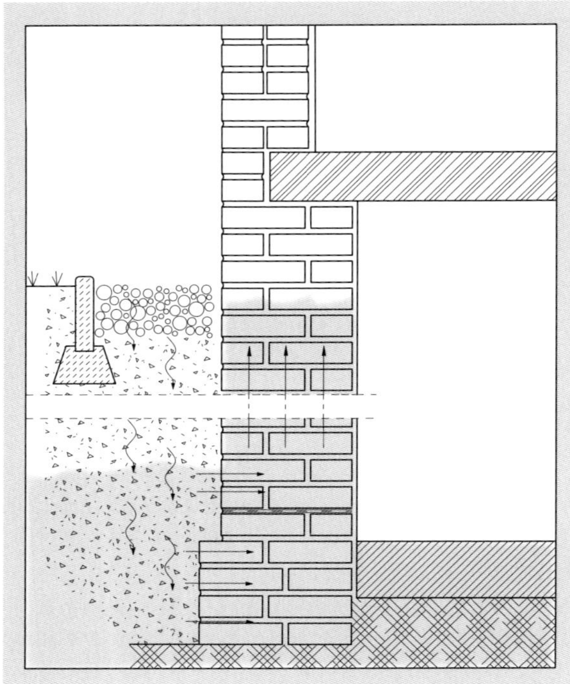

Abb. 2.55: Schadensbild kapillar aufsteigender Feuchte; vermutete Ursache: fehlende Horizontalsperre gegen aufsteigende Feuchte (vertikale Pfeile), tatsächliche Ursache: fehlende vertikale Abdichtung gegen von der Seite aus dem Erdreich eindringende Feuchte (horizontale Pfeile)

die oben bei der Bohrkernentnahme beschriebene Feuchtebestimmung nach der Darr-Methode angewendet werden.

Die digitalen Handmessgeräte bieten jedoch den Vorteil, dass die Messung sehr schnell erfolgen kann und keine Bohrproben und aufwendigen Laboruntersuchungen erforderlich sind. Bei einer Begehung vor Ort lassen sich mit einem solchen Gerät Unterschiede im Feuchtegehalt des Mauerwerks durchaus messen, sodass sie bei der Bestimmung der Ursachen helfen können. Es ist daher sinnvoll, ein qualitativ gutes Gerät dieser Art beim Termin vor Ort zur Hand zu haben.

2.6.1.2 Fehlinterpretation von Feuchtemessergebnissen

Feuchtemessungen allein reichen zur Bestimmung der Schadensursachen allerdings nicht aus. Denn auch wenn z. B. durch Messungen aufsteigende Feuchte im Mauerwerk festgestellt wird, kann daraus noch nicht der Schluss gezogen werden, dass die horizontale Sperrschicht fehlt oder beschädigt ist. Hier kommen auch andere Ursachen infrage wie

- Spritzwasser im Sockelbereich oder
- eine fehlende vertikale Abdichtung, durch die Wasser auch oberhalb der funktionsfähigen vorhandenen Horizontalsperre in das Mauerwerk eindringt (vgl. Abb. 2.55) und dann kapillar aufsteigt.

Um falsche Schadensdiagosen zu vermeiden, ist daher über Feuchtemessungen hinaus immer eine umfassende Abklärung des Mauerwerks- und Abdichtungszustands erforderlich.

2.6.2 Salzgehalt des Mauerwerks

Im Unterschied zur exakten Feuchtebestimmung ist die Feststellung des Salzgehalts eines Mauerwerks in nahezu allen Fällen erforderlich, um die Schädigung der Bausubstanz und die Gefahr einer hygroskopischen Feuchteaufnahme einschätzen zu können. Sollen Kellerräume nach einer Sanierung als Wohnräume genutzt werden, ist eine solche Untersuchung unabdingbar, um zusätzliche Schritte wie z. B. Sanierputze planen zu können.

Sind bereits Materialproben entnommen worden, können diese im Labor auf den Salzgehalt und die Art der Salze untersucht werden.

Bei Untersuchungen vor Ort können mit Teststreifen für Nitrate und Sulfate und über eine Ausfällreaktion für Chloride halbquantitative Ergebnisse erzielt werden. Die zu untersuchende Probe wird hierzu möglichst pulverisiert, z. B. in einem Handmörser, in einer Lösung angesetzt und diese mit den Teststreifen gemessen (Arendt, 1994, S. 103).

Für die Beurteilung des hygroskopischen Verhaltens von Mauerwerk ist der Salzgehalt bis in eine Tiefe von ca. 3 cm ausschlaggebend. Für eine Bestimmung vor Ort mit Teststreifen reicht daher die Entnahme von Proben bis in diese Tiefe aus. Tabelle 2.5 zeigt die Bewertung der Ergebnisse.

Tabelle 2.5: Bewertung des Salzgehalts von Mauerwerk (nach WTA-Merkblatt 2-9-20/D „Sanierputzsysteme" [2020], S. 23)

Salze	**Salzgehalt des Mauerwerks in % Massenanteil**		
	geringe Belastung	**mittlere Belastung**	**hohe Belastung**
Chloride	< 0,2	0,2–0,5	> 0,5
Nitrate	< 0,1	0,1–0,3	> 0,3
Sulfate	< 0,5	0,5–1,5	> 1,5

2.6.3 Gipsgehalt des Mauerwerks

Wenn eine zementäre Injektion zur Stabilisierung oder eine Hohlraumverfüllung mit Zementsuspension im Zuge einer mehrstufigen Injektion geplant ist, sollte der Gehalt an gipsartigen Stoffen im Mauerwerk bekannt sein. Andernfalls besteht bei älterem Mauerwerk, das noch nicht mit genormten Steinen und Zuschlagstoffen erstellt ist, die Gefahr von **Ettringit- oder Thaumasittreiben** (Sulfattreiben). Die dabei entstehenden Sulfate Ettringit bzw. Thaumasit haben einen sehr hohen Anteil an Kristallwasser, dessen Einlagerung eine mehrfache Volumenvergrößerung bewirkt. Diese Ausdehnungsreaktion kann das Mauerwerksgefüge sprengen und die Statik eines Gebäudes gefährden.

Die Untersuchung erfolgt durch Analyse von Bohrkernen im Labor. Für ein verlässliches Ergebnis ist wie bei der Bohrkernentnahme zur Bestimmung der Mauerwerksfeuchte (Kapitel 2.6.1.1) eine ausreichende Probenzahl erforderlich.

2.6.4 Tragfähigkeit geschädigten Kellermauerwerks und geschädigter Gründungen

Zur Feststellung der Tragfähigkeit von stark durch Entkalkung und/oder Salzsprengung geschädigtem Mauerwerk sind der Zustand des Mörtels und die Druckfestigkeit der Steine festzustellen.

Hierzu wird der Mörtel in einem Baustofflabor chemisch untersucht und die Druckfestigkeit der Steine durch Belastungstests ermittelt. Zu diesem Zweck ist eine für ein aussagekräftiges Ergebnis ausreichende Zahl von Proben zu nehmen.

Für eine Abschätzung, ob die Tragfähigkeit des Mauerwerks für die bestehende Belastung noch ausreicht, benötigt ein Statiker zusätzlich die Dokumentation der auf dem Kellermauerwerk liegenden Lasten, ferner Angaben zu Stärke und Material der aufstehenden Wände, Art der Gründung (Boden unter den Fundamenten), Stärke und Zustand der Fundamente, Dach- und Schneelasten sowie Verkehrslasten.

Bei unklarer Mauerwerksbeschaffenheit sind gegebenenfalls Sondierungsbohrungen erforderlich, um endoskopische Untersuchungen durchführen zu können.

Sinnvoll ist es, vorab mit Plänen und/oder bemaßten Skizzen und einer Fotodokumentation die nötigen Unterlagen für den Statiker zusammenzustellen und mit diesem die gegebenenfalls nötigen weiteren Untersuchungen abzusprechen.

Entsprechendes gilt auch für die Untersuchung konstruktiver Mauerwerksrisse und die Dokumentation mit Risslinealen oder Rissmonitoren.

2.6.5 Bestimmung von Wasserbeanspruchung, Bemessungswasserstand und Versickerungsfähigkeit des Bodens

Um den notwendigen Umfang einer (nachträglichen) Abdichtung von außen planen zu können, muss in der Regel die Wasserbelastung, d. h. die sogenannte Wasserbeanspruchung gemäß WTA-Merkblättern, des abzudichtenden Kellers, bekannt sein, die in der DIN 18533-1 als Wassereinwirkungsklasse bezeichnet wird.

Die DIN 18533-1 unterscheidet 4 hauptsächliche Wassereinwirkungsklassen (vgl. Tabelle 2.7, in den WTA-Merkblättern wird von Wasserbeanspruchung gesprochen). Die alte DIN 18195 nahm eine Einteilung in die Wasserbeanspruchungen

- Bodenfeuchte,
- nicht stauendes Sickerwasser,
- aufstauendes Sickerwasser,
- drückendes Wasser

vor.

Die neue Einteilung in Wassereinwirkungsklassen ist grundsätzlich zu begrüßen, denn sie ist genauer und spiegelt die physikalische Tatsache wider, dass auch nur kurzzeitig aufstauendes (Sicker)wasser in dem Zeitraum des

Tabelle 2.7: Wassereinwirkungsklassen nach DIN 18533-1, Tabelle 1

Klasse	Art der Einwirkung
W1-E	Bodenfeuchte und nicht drückende Wasserbelastung
W1.1-E	Bodenfeuchte und nicht drückendes Wasser bei Bodenplatten und erdberührten Wänden
W1.2-E	Bodenfeuchte und nicht drückendes Wasser bei Bodenplatten und erdberührten Wänden mit Dränung
W2-E	drückendes Wasser
W2.1-E	mäßige Einwirkung von drückendem Wasser ≤ 3 m Eintauchtiefe
W2.2-E	hohe Einwirkung von drückendem Wasser > 3 m Eintauchtiefe
W3-E	nicht drückendes Wasser auf erdüberschütteten Decken
W4-E	Spritzwasser und Bodenfeuchte am Wandsockel sowie Kapillarwasser in und unter Wänden

Aufstauens grundsätzlich wie drückendes Wasser wirkt. Die separate Behandlung der Problematik des Sockelbereichs berücksichtigt die häufigen Schadensbilder in diesem Bereich.

Für die Sanierung von Bestandskellern sind aber die aktuellen WTA-Merkblätter relevanter als die DIN 18533. Die in diesen Merkblättern genannten Erfordernisse an die Abdichtung und Dämmung folgen der Einteilung in Wasserbeanspruchungen. Im Folgenden wird daher diese Einteilung – mit Ergänzungen gemäß DIN 18533 – übernommen. In den folgenden Tabellen dieses Buches ist die der Wasserbeanspruchung entsprechende Wassereinwirkungsklasse gemäß DIN 18533 in Klammern vermerkt. Mittelfristig ist mit einer Anpassung der bestehenden WTA-Merkblätter an die DIN 18533 zu rechnen.

Grundsätzlich gilt für die Wahl der Abdichtung und der Art der Ausführung: Ist die Wasserbeanspruchung/Wassereinwirkungsklasse nicht bekannt, sollte entweder ein Bodengutachter hinzugezogen oder die nächsthöhere bzw. höchste Wasserbeanspruchung angenommen werden.

Für die Ermittlung der jeweils vorliegenden Wasserbeanspruchung sind die Höhe des höchsten Grundwasser- bzw. Hochwasserstands (**Bemessungswasserstand**) und die Zusammensetzung des Bodens (**Versickerungsfähigkeit**) entscheidend. Bei drückendem Wasser spricht die DIN 18533 auch von der „Eintauchtiefe", gemeint ist die mögliche Aufstauhöhe des Wassers bis zur Geländeoberkante.

Der Grundwasserstand in seinen Schwankungen und der Bemessungswasserstand können in der Regel beim zuständigen Umweltamt oder Bauamt erfragt werden.

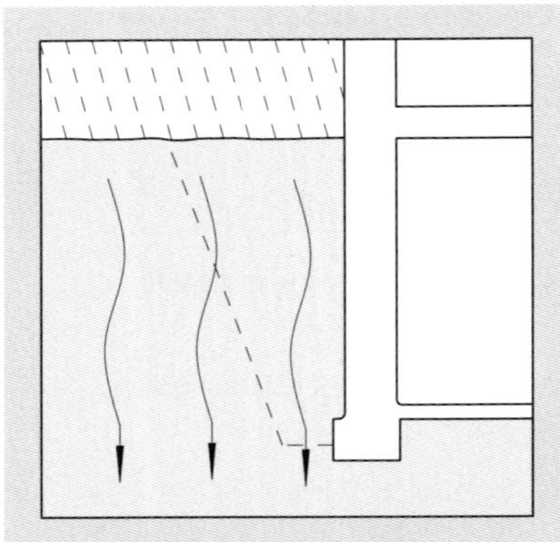

Abb. 2.56: Wasserbeanspruchung Bodenfeuchte bzw. nicht stauendes Sickerwasser oder Wassereinwirkungsklasse W1-E nach DIN 18533-1

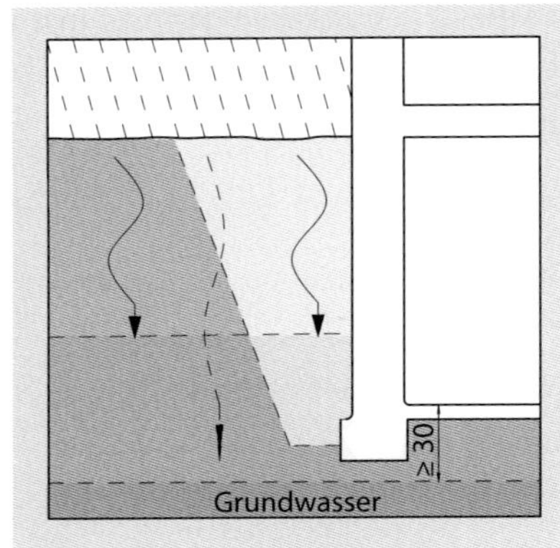

Abb. 2.57: Wasserbeanspruchung aufstauendes Sickerwasser bzw. Wassereinwirkungsklasse W2.1-E nach DIN 18533-1

2.6.5.1 Wasserbeanspruchungen Bodenfeuchte und nicht stauendes Sickerwasser (W1-E)

Von dieser geringsten Wasserbeanspruchung kann nur ausgegangen werden, wenn sowohl der Baugrund als auch das verfüllte Material stark wasserdurchlässig sind. Zu beachten ist, dass die Kontrolle des Bodens an gewachsenem Boden erfolgen muss. Der Boden unmittelbar an einem Gebäude kann aus Füllsand bestehen, während in der Umgebung z. B. bindiges Material vorliegt. Wird für die Messung der angefüllte Boden herangezogen, würde sich dann fälschlicherweise eine geringere Wasserbeanspruchung ergeben, als tatsächlich vorliegt – in diesem Fall Bodenfeuchte statt aufstauendes Sickerwasser (bzw. W2.1-E nach der DIN 18533).

Weiterhin sollte die Unterkante der Abdichtungsebene, hier die Kellersohle, mindestens 50 cm oberhalb des Bemessungswiderstands liegen (Abb. 2.56). Wenn der Abstand der unteren Abdichtungsebene (Sohle) zum Bemessungswasserstand weniger als 30 cm beträgt, muss nach DIN 18533 eine Abdichtung nach W2.1-E vorgenommen werden.

Bei der Wasserbeanspruchung Bodenfeuchte ist keine Dränung vorgesehen, bei der Wasserbeanspruchung nicht stauendes Sickerwassser soll auf eine Dränage nur dann verzichtet werden, wenn die Abdichtung wie bei der Wasserbeanspruchung drückendes Wasser (Kapitel 2.6.5.3) ausgeführt wird.

Hinweis

> Auch bei Vorliegen der Wasserbeanspruchung nicht stauendes Sickerwasser ist der Verzicht auf eine Dränage anzuraten, da eine Dränage in der Regel durch die Tendenz, zu verschlammen, sowie bei der Abführung des anfallenden Wassers Probleme verursacht (siehe hierzu Kapitel 3.8)

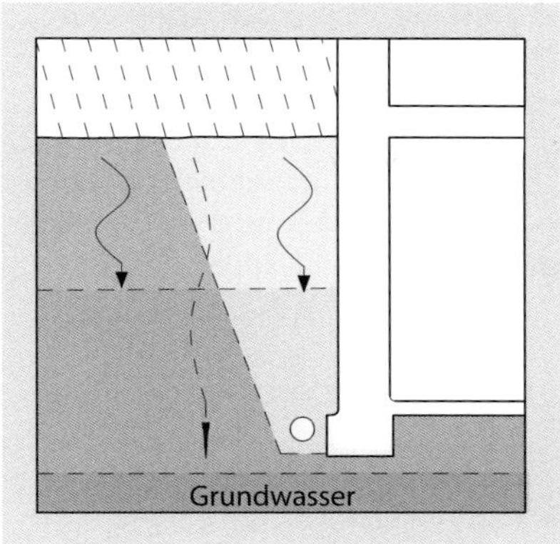

Abb. 2.58: Bei drückendem Wasser verursacht durch Sickerwasser ist eine Dränage vorgeschrieben.

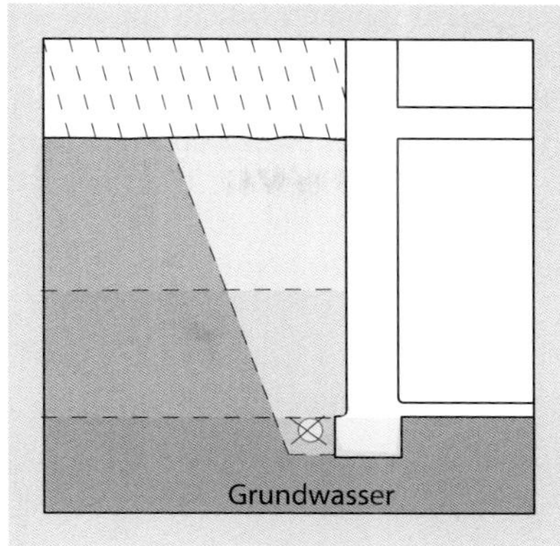

Abb. 2.59: Beruht drückendes Wasser teilweise oder ganz auf Grund- oder Schichtenwasser ist eine Dränage nicht erlaubt.

2.6.5.2 Wasserbeanspruchung aufstauendes Sickerwasser (W2.1-E)

Von der Wasserbeanspruchung aufstauendes Sickerwasser bzw. Wassereinwirkungsklasse W2.1-E – mäßige Einwirkung von drückendem Wasser ≤ 3 m Eintauchtiefe – kann bei wenig bindigen Böden ausgegangen werden, wenn sich das eindringende Sickerwasser bei Regen vor einem Bauteil aufstaut (Abb. 2.57). Es tritt dann zeitweise eine ähnliche Belastung der Abdichtung wie bei der Wasserbeanspruchung drückendes Wasser auf. In der DIN 18533-1 wird dies daher auch als eine solche Wasserbeanspruchung behandelt. In diesem Fall ist eine Dränage vorgeschrieben (siehe jedoch zur Problematik von Dränagen Kapitel 3.8).

2.6.5.3 Wasserbeanspruchungen drückendes Wasser und drückendes Grundwasser (W2.1-E und W2.2-E)

Bei bindigen Böden muss von einer Wasserbeanspruchung drückendes Wasser ausgegangen werden. Von außen drückendes Wasser kann als Grundwasser, Stauwasser oder Hochwasser einwirken. Von Grundwasser spricht man, wenn die Porenräume des Bodens vollständig mit Wasser gefüllt sind und dieses Wasser ständig einen hydrostatischen Druck auf die Abdichtung ausübt (Abb. 2.58 und 2.59).

Wird das drückende Wasser durch Sickerwasser verursacht, so muss die Einwirkung durch eine funktionsfähige Dränage verhindert werden. Eine solche Dränage wäre bei Grundwasser oder Schichtenwasser kaum durchführbar, da diese wirkungslos volllaufen würde. Folgerichtig darf Grund- und Schichtenwasser nach DIN 4095 „Baugrund; Dränung zum Schutz baulicher Anlagen; Planung, Bemessung und Ausführung" (1990) (Fall c) auch nicht abgeführt werden.

Bei der Sanierung von Kellern mit der Wasserbeanspruchung drückendes Wasser muss der Standsicherheit des Gebäudes besondere Beachtung geschenkt werden, da bedingt durch den nassen Boden die Gefahr eines Grundbruchs erheblich wächst.

Die nachträgliche Abdichtung eines Kellers mit der Wasserbeanspruchung drückendes Grundwasser von außen ist problematisch. Mit aufwendigen Pumpanlagen ließe sich zwar der Grundwasserspiegel im Bereich der Baugrube senken, allerdings besteht dann die Gefahr eines Schwindens des bindigen Bodens durch die Trocknung und damit von Fundamentsetzungen (vgl. Kapitel 2.4, Abb. 2.37, Bild 3). In diesem Fall ist daher eine Abdichtung von innen wahrscheinlich nicht zu umgehen (vgl. hierzu Kapitel 4).

3 Vertikale Abdichtung von außen

3.1 Ausschachten

Um eine vertikale Abdichtung von außen anbringen zu können, ist es zunächst erforderlich, das Kellermauerwerk freizulegen. Das kann zu diversen statischen Problemen führen, da der stabilisierende Seitendruck des Erdreichs fehlt. Auch nimmt durch die höhere frei stehende Mauer die Knicksteifigkeit ab und der Hebel von Schub- und Scherkräften vergrößert sich (vgl. Kapitel 2.4).

Besonders gefährdet sind ältere Bestandsbauten, die bis etwa Ende der 1960er-Jahre errichtet wurden und noch keine lastverteilenden Flächentragwerke wie Betonsohlen und Betondecken aufweisen (vgl. Graefe, [2020], S. 37).

Zur Vermeidung von statischen Problemen empfiehlt es sich daher, bei Unsicherheiten über die Belastbarkeit der Gründung einen Keller nur seitenweise aufzugraben und diese Seite wieder zu verfüllen und zu verdichten, bevor die Abdichtung der folgenden Seite erfolgt.

In der technischen Ausführung wird eine seitenweise Ausschachtung immer etwa 20 bis 30 cm um die Gebäudeecke herumgeführt, um eine sichere Überlappung und Überdeckung der Abdichtung zu gewährleisten.

3.1.1 Richtwerte

Für das Ausschachten und die vertikale Abdichtung wird keine Baugenehmigung benötigt, da keine Veränderung am Grundriss des Gebäudes vorgenommen wird. Auch die zusätzliche Dämmung der Kelleraußenwände erfordert im Regelfall keine Baugenehmigung.

Für das Ausschachten des Kellers (Abb. 3.1) sind zur Sicherheit der Arbeiter die Vorschriften der Berufsgenossenschaft der Bauwirtschaft zu beachten (BG BAU Arbeitsverfahren C 467 „Ausschachtungen neben Gebäuden“ [2021] sowie BG BAU Arbeitsverfahren C 469 „Geböschte Baugruben und Gräben“ [2021]). Demnach dürfen nur Baugruben und Gräben bis 1,25 m Tiefe ohne Verbau mit senkrechten Wänden hergestellt werden. Bei Baugruben bis 1,75 m muss in mindestens steifen, bindigen Böden der mehr als

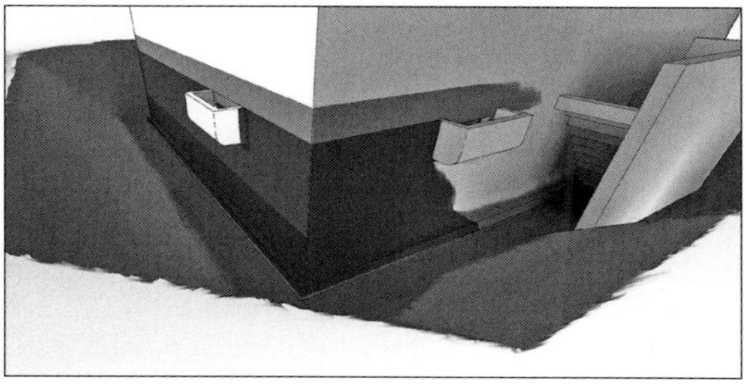

Abb. 3.1: Ausgeschachtetes Kellermauerwerk: Außenabdichtung mit Voranstrich (grau) und Abdichtungsbahn (schwarz)

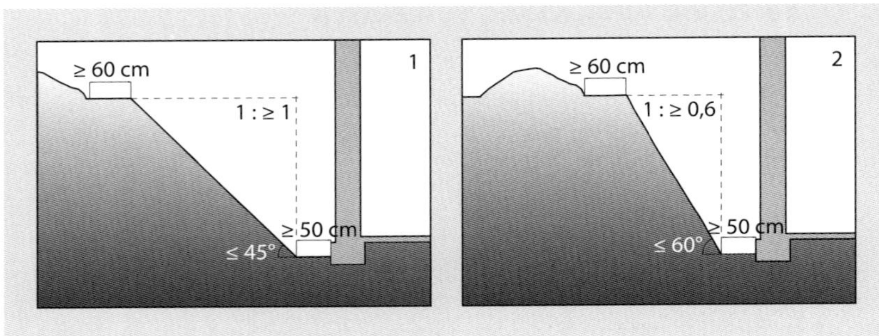

Abb. 3.2: Böschungsneigung und Abstand des aufgeworfenen Bodens zum Baugrubenrand bei nicht bindigen Böden (1) und bei bindigen Böden (2)

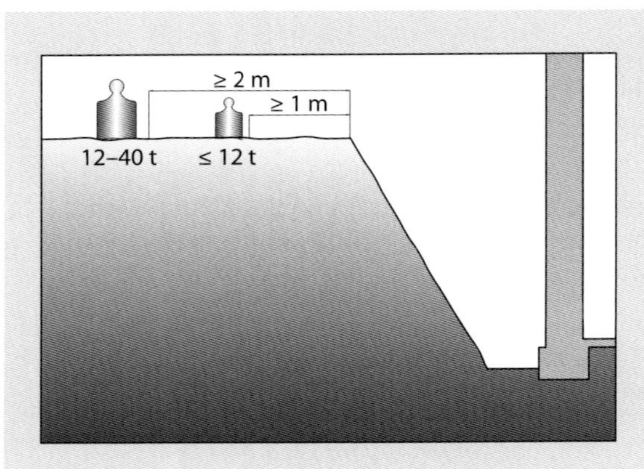

Abb. 3.3: Sicherheitsabstände von Lasten zum Baugrubenrand

1,25 m über der Grabensohle liegende Bereich unter 45° abgeböscht werden. Alle tieferen Ausschachtungen müssen generell von der Sohle bis zur Geländeoberkante abgeböscht werden, wobei sich der Böschungswinkel nach der Bodenart richtet:

- bei nicht bindigen, weichen Böden, beispielsweise Sandböden, bis 45° (Abb. 3.2, Bild 1)
- bei bindigen, steifen Böden, wie Lehmböden, bis 60° (Abb. 3.2, Bild 2)
- bei Felsböden bis 80°.

Ein Schutzstreifen von mindestens 60 cm zur Baugrube ist von Aushub freizuhalten.

Die Arbeitsbreite der Baugrube soll am Boden 50 cm nicht unterschreiten. Dieser Wert sollte eingehalten, aber auch nicht wesentlich überschritten werden, da eine Arbeitsbreite von z. B. 100 cm bereits zu ca. 40 % mehr Erdmasse führt, die abgefahren und später neu angefüllt werden muss. Außerdem steigt die Gefahr eines Grundbruchs, weil das Erdwiderlager fehlt (siehe zum Grundbruch Kapitel 3.1.2).

Schwere Lasten wie Kräne, Lkw, Baustellenfahrzeuge und Container müssen den vorgeschriebenen **Sicherheitsabstand vom Baugrubenrand** von 1 m bei Lasten bis 12 t und 2 m bei Lasten über 12 t und bis 40 t einhalten (Abb. 3.3).

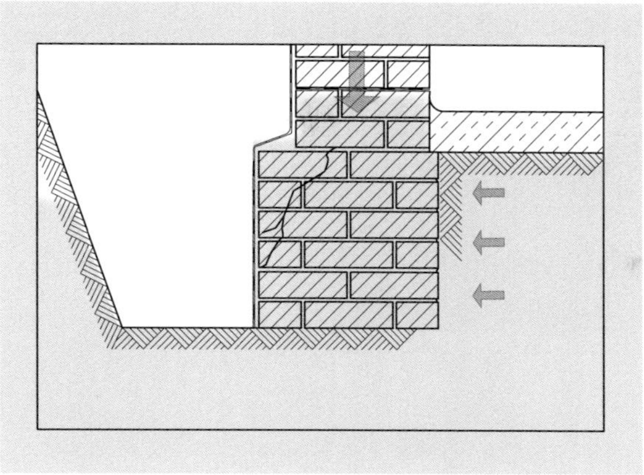

Abb. 3.4: Laständerung bei seitlich aufgegrabenem und abgedichtetem Fundament, die bei Wegnahme des Erdwiderlagers zu Rissbildung durch senkrechten und seitlichen Druck (graue Pfeile) führen kann

Die Ausschachtung darf die Standsicherheit des Gebäudes nicht gefährden und die bestehenden Fundamente nicht untergraben (Abb. 3.4).

Zu beachten ist, dass die Abdichtung einer Gründung für eine Trockenlegung der Bauteile allein nicht ausreicht, da die Feuchte weiterhin über die Rückseiten der Streifenfundamente und den Fundamentboden bis zur Horizontalsperre eindringen kann.

Diese rückseitige Wasserbelastung bis zum negativen Wasserdruck, also dem Fall, dass Wasser die Abdichtung von hinten vom Bauwerk wegdrückt, ist neben der erforderlichen Trocknung der Oberfläche auch der Grund, weshalb dieser Bereich mit einer Dichtungsschlämme vorgedichtet werden muss.

In der Baupraxis wird die Ausschachtung ca. 30 cm tiefer als die Fundamentoberkante ausgeführt. Dies erleichtert die Vor- und Abdichtungsarbeiten und gewährleistet, dass eine später eingebaute Dränage so tief liegt, dass sich im Sockelbereich der Kelleraußenwand kein Wasser aufstauen kann.

3.1.2 Anforderungen

Die folgenden Anforderungen sind zu beachten, um Probleme bei einer Ausschachtung zu vermeiden:

- Können die vorgeschriebenen Böschungswinkel und Lastabstände (siehe Kapitel 3.1.1) nicht eingehalten werden, ist ein gesonderter Nachweis der Standsicherheit der Böschung zu erbringen. Dies gilt auch für den Fall, dass die Böschung höher als 5 m ist; dieser Fall wird in der Kellersanierung jedoch nur selten vorkommen.
- Gebäude, die starke seitliche Kräfte in den Boden ableiten, dürfen nicht ausgeschachtet werden, ohne dass diese Kräfte durch zusätzliche Maßnahmen abgefangen werden. Dieser Fall wird in der Kellersanierung wahrscheinlich nur bei Kellergewölben eintreten.
- Ist die vertikale Last auf den Kellerfußboden hinter dem Streifenfundament durch die Nutzung des Kellers (z. B. Aufstellung von Möbeln) $\geq 3{,}5\ kN/m^2$, darf das Kellermauerwerk nicht ohne statischen Nachweis ausgeschachtet werden, da andernfalls die Gefahr eines Grundbruchs besteht. Dieser Fall ist allerdings nur bei Kellerräumen zu erwarten, die als gewerblicher Lager-

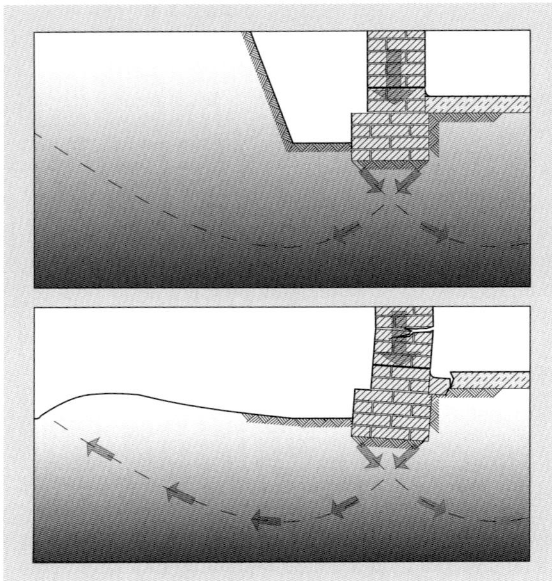

Abb. 3.5: Grundbruch: korrekt ausgeschachtetes Fundament (1), Wegnahme des Erdwiderlagers durch ein zu weit ausgeschachtetes Fundament (2)

raum genutzt werden, wie bei eingebauten Kühlräumen in der Gastronomie. Im Zweifelsfall sollte die Drucklast durch einen Statiker berechnet werden.

- Ist die vertikale Fundamentlast ≥ 250 kN/m², so ist ein Ausschachten meist nicht möglich. Eine solche Fundamentlast wird in der Regel allerdings erst ab 5 Vollgeschossen erreicht. Auch hier sollte im Zweifelsfall eine Lastberechnung durch einen Statiker erfolgen.
- Um die Gefahr eines Nachrutschens des Bodens in die Baugrube und Schäden für Personen zu vermeiden, muss mindestens ein mitteldicht gelagerter nicht bindiger oder ein steifer bindiger Boden vorhanden sein. Dies kann bei über die Jahre verdichtetem Boden bei bereits lange stehenden Gebäuden vorausgesetzt werden. Bei neueren Anbauten oder Gebäuden, an denen das Anfüllgut schlecht verdichtet wurde, kann der Boden allerdings locker liegen. Im Zweifelsfall sind auch hier mit einem Statiker zusätzliche Verbauungsmaßnahmen, wie sie z. B. im Kanalbau ausgeführt werden, abzustimmen und zu dokumentieren.

Statische Voraussetzungen des Gebäudes

Auch bei der höheren Belastung, wie sie durch das Ausschachten entsteht, muss die Standsicherheit des Gebäudes gegeben sein.

Statische Probleme beim Ausschachten können durch stark geschädigtes Kellermauerwerk, eine teilweise abgesackte Gründung oder unterspülte Fundamentbereiche entstehen. Sie sind in der Regel an konstruktiven Rissen im sichtbaren Außenmauerwerk zu erkennen (vgl. hierzu die Schadensbilder in Kapitel 2.4.1). Im Zweifelsfall ist ein Statiker hinzuziehen.

Sind Risse vorhanden, sollten diese während der Baumaßnahme auf Veränderungen beobachtet werden. Dies kann mit Rissmarken aus Gips oder mit Rissmonitoren erfolgen (siehe Kapitel 2.4.1).

Hinweis

- Statische Probleme sind **vor** dem Ausschachten zu beheben.

Abstand zu Nebengebäuden und Mauern

Zu nahe an einer Baugrube stehende Nebengebäude, insbesondere nicht unterkellerte Gebäude wie Schuppen, sowie Mauern stellen ein Erschwernis für das Ausschachten dar. Der obere Baugrubenrand darf gemäß den BG BAU Arbeitsverfahren C467 , C 468 und C469 ohne statischen Nachweis nicht näher als 2 m an bestehende Bauteile herangeführt werden.

Werden diese Anforderungen nicht beachtet, so besteht insbesondere bei nicht unterkellerten Gebäuden oder bei Mauern die Gefahr eines **Grundbruchs**. In der Folge können Gebäudeaußenwände oder Mauern ein- bzw. umstürzen, zumindest aber kann die Standsicherheit gefährdet sein.

Unter einem Grundbruch ist das seitliche Wegbrechen des Bodens durch zu große Krafteinwirkung zu verstehen. Die Lastverteilung in den Boden unter einem Fundament erfolgt über die Verzahnung der Bodenkörner. Reichen die Kohäsionskräfte und die Gewichtskraft des umgebenden Bodens nicht aus, so neigt oder verschiebt sich das Fundament, indem der Boden entlang einer als Gleitlager fungierenden Fuge weggedrückt wird. Der sich bewegende Bodenkörper wird als „Bruchfigur“ oder „Grundbruchfigur“ bezeichnet. Die Gleitfläche beginnt an den Fundamentkanten und endet je nach Bodenbeschaffenheit einige Meter neben dem Fundament in einer Aufwölbung (Abb. 3.5, Bild 2).

3.1.3 Kosten des Ausschachtens

Für das Ausschachten und die seitliche Lagerung des Bodenaushubs sind ca. 85 €/m^3 zu veranschlagen (hier und im Folgenden sind jeweils Nettokosten angegeben; vgl. auch die Kostenübersicht in Tabelle 3.1). Die tatsächlichen Kosten sind von der jeweiligen Bodenbeschaffenheit abhängig. Bei einer Ausschachttiefe von 150 cm bei einer Sohlenbreite von 50 cm und einem Böschungswinkel von 45° fallen je laufenden Meter knapp 2 m^3 und damit Kosten von ca. 185 € an, bei einer Ausschachttiefe von 220 cm und gleicher Sohlenbreite und gleichem Böschungswinkel bereits 3,5 m^3 und damit Kosten von ca. 335 € je laufenden Meter.

Der Mutterboden sollte vor dem Aushub abgeschoben und separat gelagert werden.

Der Aushub kann wieder zum Anfüllen verwendet werden, sofern es sich nicht um bindigen Boden, also Boden mit Lehm- oder Tonanteilen handelt, kein Mutterboden untergemischt ist und der Aushub nicht mit Steinen oder Bauschutt vermischt ist. Andernfalls muss der Aushub entsorgt und neuer Füllsand zum Anfüllen verwendet werden. Zu den Ausschachtkosten wären in diesem Fall noch ca. 25 €/m^3 Deponiekosten und ca. 17 €/t für neuen Füllsand sowie Abfahr-, Anlieferungs- und Lkw-/Containerkosten hinzuzurechnen.

Tabelle 3.1: Kosten des Ausschachtens, Stand: Februar 2022, (nach SIRADOS Kalkulationsatlas für Roh- und Ausbau im Altbau [2021] und nach eigenen Recherchen)

Leistung	**Ca.-Kosten (netto, inkl. Material)**
Gelände um das freizulegende Kellermauerwerk im Außenbereich freiräumen und Material entsorgen	17,10 €/m²
Grundleitungen und Versorgungsleitungen im Wesentlichen im Handaushub freilegen, einschließlich erforderlicher Abstütz- und Verbaumaßnahmen, Aushub seitlich lagern, nicht bindiger Boden	110,00 €/m³
Erdaushub als Maschinenaushub zur Freilegung von Einzelfundamenten, Aushub seitlich lagern, Aufhubtiefe bis 2 m, nicht bindiger Boden	44,00 €/m³
Erdaushub als Maschinenaushub zur Freilegung der Kellerwände bis zur Fundamentsohle bzw. 20 cm unter dem beginnenden Fundamentmauerwerk, inkl. Sicherungs- und Verbaumaßnahmen, Aushub seitlich lagern, Aufhubtiefe bis 3 m, nicht bindiger Boden	73,15 €/m³
Zulagen für bindige Böden	50 % Zulage auf den m³-Preis
Entsorgung Bauschutt/Bodenaushub	31,00 €/m³
Containeraufstellungskosten, An- und Abfahrt	90,00 €/Stück

3.2 Untergrundvorbereitung

Jede Abdichtung erfordert eine feste und ebene Wandfläche, die frei von losen und störenden Anhaftungen ist. Nach dem Ausschachten ist bei älteren Gebäuden oft unverputztes Mauerwerk vorzufinden, bei Gebäuden jüngeren Datums kann bereits eine verputzte Fläche und ein Schwarzanstrich (Teeranstrich) vorliegen. Die notwendigen Vorarbeiten sind entsprechend unterschiedlich umfangreich und kostenaufwendig. Eine Ausnahme stellt die Verwendung **flexibler Abdichtungsbahnen und -platten** dar (siehe Kapitel 3.3.6), durch die eine erhebliche Zeit- und Kostenersparnis erzielt werden kann, da keine Vorarbeiten erforderlich sind.

3.2.1 Flächen mit Teeranstrichen oder -beschichtungen

Alte Schwarzanstriche, aber auch ältere Dickbeschichtungen bestehen oft aus Teer oder einem Teer-Bitumen-Gemisch. Sie müssen entfernt werden, falls keine flexiblen Abdichtungsbahnen eingesetzt werden können. Bei Gebäuden, die ab den 1980er-Jahren errichtet wurden, ist davon auszugehen, dass keine teerhaltigen Mittel verwendet wurden, bei älteren Gebäuden muss dagegen bei einer schwarzen Beschichtung zumindest von einem gewissen Teeranteil ausgegangen werden.

Hinweis

> Teerdämpfe sind stark gesundheitsschädlich. Teer ist grundwassergefährdend und steht im Verdacht, krebserregend zu sein.

Ob ein bituminöser oder ein teerhaltiger Untergrund vorliegt, lässt sich durch die folgenden Tests bestimmen (vgl. Wir schützen Werte, 2014, S. 15):

- **Wischtest**
  Mit einem mit Benzin benetzten Tuch wird über die Fläche gerieben:
  - Verfärbt sich das Tuch braun, handelt es sich mit an Sicherheit grenzender Wahrscheinlichkeit um Bitumen; Bestandteile von Teer können jedoch enthalten sein.
  - Bleibt das Tuch sauber, kann es sich um Teer handeln.
- **Bruchkantentest**
  Sind die frischen Bruchkanten des Materials glänzend, kann es sich um Teer handeln.
- **Geruchstest**
  - Riecht die frische Bruchkante kräftig und unangenehm und beißend, kann es sich um Teer handeln.
  - Ist kein Geruch festzustellen, ist von Bitumen auszugehen.
- **Lösungsmitteltest**
  Die Fläche wird mit weißer, lösungsmittelhaltiger Farbe besprüht:
  - Schlägt der Untergrund braun durch, ist Teer zumindest enthalten.
  - Bleibt die Farbe weiß, handelt es sich Bitumen.

Besteht auch nach Durchführung der Tests Unsicherheit über die Zusammensetzung der Beschichtung, sollte eine Probe in einem bautechnischen Labor untersucht werden. Einige Hersteller von Abdichtungen bieten auch Untersuchungen im eigenen Labor an.

Bei der Entfernung teerhaltiger Beschichtungen ist der Einsatz von rotierenden Werkzeugen zu vermeiden, da das Material durch die Reibungshitze einerseits zähflüssig wird und andererseits gefährliche Dämpfe entstehen können.

In der Industrie wird zur Teerentfernung oft eine Trockeneisverfahren angewendet. Für die Reinigung von Wandflächen finden hingegen folgende Verfahren Anwendung:

- **Feinstrahlverfahren**
  Bei diesem Verfahren trägt scharfkantiges Strahlgut die Teer-/Bitumenschicht ab. Es entstehen größere Mengen Strahlgutabfälle, die entsorgt werden müssen.
- **JOS-Verfahren**
  Dieses patentierte Verfahren arbeitet schonend mit einer Mischung aus Strahlgut und Wasser. Die abgelösten Partikel und das Strahlgut müssen abgeschieden und entsorgt werden. Problematisch kann der mit der Anwendung verbundene Feuchteeintrag in das Mauerwerk sein.
- **Wärmeverfahren**
  Bei diesem Verfahren werden die Flächen erhitzt und die Beschichtung mit einem Spachtel abgeschabt. Hierbei ist grundsätzlich ein geeigneter Atemschutz zu tragen.
- **chemische Verfahren**
  Die Entfernung alter Beschichtungen durch spezielle Gele (Abbeizer) ist wegen des hohen Aufwands nur für kleinere Flächen geeignet (vgl. Engels, 2009).

Alle vorgestellten Verfahren sind arbeitsintensiv und damit kostenaufwendig, wobei eine Kostenschätzung wegen der unterschiedlichen Schichtdicken und der unterschiedlich starken Anhaftung der Beschichtungen nicht möglich ist.

Ist der alte Teeranstrich auf einem durch Mauerwerksfeuchte und Salzeintrag haftungsgeschädigten Putz aufgebracht, können Abstemmen, fachgerechte Entsorgung des Putzes und Neuverputzen der Flächen kostengünstiger sein als eine Entfernung der Beschichtung durch einen Fachbetrieb. Hier sollten die Kosten für beide Varianten anhand von Angeboten verglichen werden.

3.2.2 Flächen mit Bitumenanstrichen oder -beschichtungen

Bituminöse Dickbeschichtungen oder bituminöse Schwarzanstriche können direkt auf einem vollfugig gemauerten **Mauerwerk** oder auf einer **verputzten Fläche** aufgebracht sein.

Wenn es sich um einen fest anhaftenden bituminösen Schwarzanstrich **auf Mauerwerk** handelt, muss der Anstrich im Wand-Fundament-Bereich abgestemmt werden. Die Fläche sollte vor dem Verputzen und dem Erstellen einer Hohlkehle mit einer Dichtungsschlämme zweifach geschlämmt werden, damit kein salzbelastetes Wasser von der Fundamentseite in den Putz eindringen kann. Hierzu sind zunächst Ausbrüche und Fugen nach einer Staub bindenden, auf Dichtungsschlämmen abgestimmten, meist kieselsäurehaltigen Grundierung mit einer Kratzspachtelung zu füllen.

Ist der bituminöse Schwarzanstrich auf eine **verputzte Fläche** aufgebracht, ist der Putz in diesem Bereich abzustemmen und dann wie zuvor beim Schwarzanstrich auf Mauerwerk beschrieben fortzufahren. Der Übergangsbereich sollte nach vorne abgeschrägt werden, damit an der Wand herablaufendes Wasser dort nicht stehen bleiben kann. Auch die vordere Kante ist zu brechen.

Lose Bereiche in der verputzten Fläche sind beim Überfahren mit einem Hammer oder bei vorsichtigem Abklopfen an einem hohlen Klang zu erkennen. Auch diese Stellen müssen neu verputzt werden. Die Flächen sollten mit einem Besen gereinigt werden; ein Hochdruckreiniger sollte nur bei sehr starken Verschmutzungen – und dann auch nur auf sanften Druck eingestellt – eingesetzt werden, da Feuchte in das Mauerwerk eingetragen wird und die Flächen für den nächsten Arbeitsschritt erst wieder trocknen müssen.

Die Flächen sind mit einer speziellen Grundierung vorzubereiten. Die Hersteller bituminöser Abdichtungen bieten hierfür spezielle Grundierungen für alte Dickbeschichtungen sowie Schwarzanstriche für ihre Bitumendickbeschichtungen und Bitumenbahnen an. Eine solche Grundierung wird im Streichverfahren mit einer Deckenbürste aufgetragen. So wird anhaftender Staub sicherer gebunden, als es im Sprühverfahren möglich ist.

Ein so vorbereiteter Schwarzanstrich kann dann mit einer Bitumendickbeschichtung in einer Kratzspachtelung egalisiert werden. Hier empfiehlt sich auch eine anschließende Abdichtung mit einer Bitumendickbeschichtung.

In jedem Fall sollten die Außenkanten gebrochen werden und die Innenkanten eine Hohlkehle von ca. 5 cm Radius erhalten, ausgeführt mit einer zweikomponentigen Dickbeschichtung (Abb. 3.6).

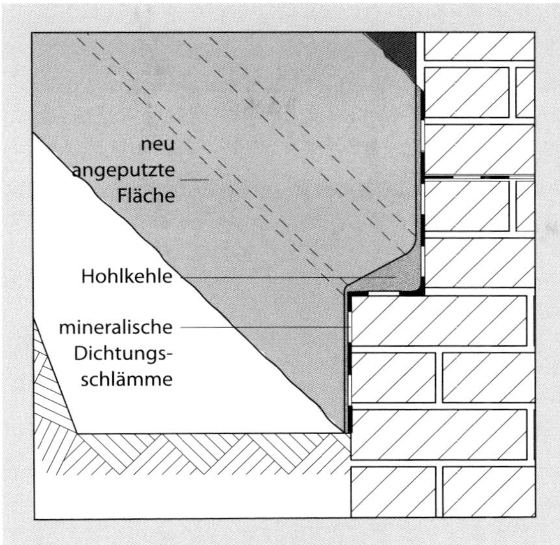

Abb. 3.6: Neuaufbau des Sockelbereichs nach Entfernen einer bituminösen Beschichtung

Anschließend ist der Bereich bis 30 cm über dem Gelände mit einer Dichtungsschlämme zweifach zu schlämmen – eine bituminöse Abdichtung in diesem Bereich wäre nicht überstreichbar und zu oberflächenempfindlich.

Gegebenenfalls muss auch hier die Fläche erst durch Vorspritzen und Verputzen oder eine Kratzspachtelung mit einem zementösen Haftputz egalisiert werden. Es sollte keine Kratzspachtelung mit einem normalen Zementmörtel vorgenommen werden, da dieser ohne Vorspritzen nicht ausreichend haftet. Vorspringende Kanten sind nach vorne abzuschrägen. Dreiecksleisten, Latten und Abklebungen mit Maskierfolien und speziellen Putzabklebebändern gewährleisten die Ausbildung einer sauberen Kante.

Zwischen der vorhandenen Bitumenbeschichtung bzw. dem vorhandenen Schwarzanstrich und der neu aufgebrachten Schlämme sollte ein Abstand von einigen Zentimetern frei gelassen werden. Wenn die Schlämme über die bitumenhaltige Beschichtung geführt wird, haftet sie an diesen Stellen nicht ausreichend und kann später zusammen mit der neuen Abdichtung in diesem Bereich abplatzen. Nach Trocknung und Aushärtung der Schlämme wird der frei gelassene Bereich nach einem Voranstrich mit der Beschichtung nachgespachtelt.

3.2.3 Unverputztes Mauerwerk

Unverputztes Mauerwerk ist kein geeigneter Untergrund für eine spätere Abdichtung. Die Flächen sollten mit einem Besen gereinigt werden. Ausgebrochene Stellen sind zu säubern, vorzunässen und wieder auszumauern. Hierfür sind abgestimmtes Steinmaterial und ein auf das Mauerwerk und die Regenbelastung abgestimmter Mörtel zu verwenden.

Bei **Kalksandsteinmauerwerk** oder **geklebten Steinen** wie Hochlochziegeln kann von der Verwendung genormter Baustoffe bei der Erstellung ausgegangen werden. Die Reparatur sollte daher mit einem Zementmörtel erfolgen. Die Dicke des vorhandenen Mauerwerks beträgt entweder 24 cm oder 17,5 cm.

Älteres Kellermauerwerk ist meist mit einem Kalkmörtel vermauert. Dies ist an der Verwendung von Vollziegeln und an der Stärke des Mauerwerks zu erkennen, das deutlich über dem 36,5er Mauerwerk liegt.

Im Gründungsbereich oder bei vorgefundenem Bruchsteinmauerwerk kann auch ein magerer Zementmörtel verwendet worden sein. Das Steinformat, z. B. das alte Reichsformat oder noch ältere lokale „Klosterformate", kann daher nicht als sicherer Index für den verwendeten Mörtel genutzt werden. Hart gebrannte Klinker können auf den ersten Blick wie die weicheren Vollziegel aussehen, sind aber in der Regel mit Zementmörtel vermauert. Die genaue Zusammensetzung des Mörtels und der verwendeten Steine kann bei Bauten bis ungefähr in die 1920er-Jahre hinein stark variieren und diese können Bestandteile von Gips enthalten.

Unklare und nicht homogene Zusammensetzungen sind auch bei Wiederaufbauten in der direkten Nachkriegszeit des Zweiten Weltkriegs anzutreffen.

Hinweis

> Um Sulfattreiben zu vermeiden, sollte älteres Mauerwerk mit unklarer Zusammensetzung nicht mit Zementmörtel ausgebessert werden (vgl. Kapitel 2.6.3).

Da der Mörtel auch „unter Wasser" erhärten muss und dies bei einem reinen Kalkmörtel ohne Zugabe von Zement nicht der Fall ist, empfiehlt sich das Anmachen des Mörtels mit hydraulischem Kalk als Bindemittel; dieser ist durch blau gefärbte Säcke gekennzeichnet.

Die Druckfestigkeit eines solchen Mörtels entspricht nicht den heutigen Vorschriften für Kellermauerwerk, nach denen in der Regel die Mörtelgruppen 3 und 3a (in Ausnahmefällen 2a) gefordert sind (vgl. DIN V 18580 „Mauermörtel mit besonderen Eigenschaften" [2007]).

Neben der Gefahr des Sulfattreibens wäre ein Zementmörtel mit der Druckfestigkeit von etwa $10 N/mm^2$ ebenso druckfest wie ein alter Vollziegel. Bei einem Zusammendrücken der weichen vorhandenen Fugen bei einer Laständerung besteht die Gefahr, dass die neu mit hartem Zementmörtel verputzten und ausgemauerten Stellen abscheren und zu Hohlstellen oder Rissen in der Maueroberfläche führen, die eventuell von der nachfolgenden Abdichtung nicht aufgenommen werden können (vgl. Abb. 3.7).

Älteres absandendes Mauerwerk sollte zunächst durch eine im Streichverfahren aufgetragene Grundierung verfestigt werden. Hierfür bieten die Hersteller spezielle Grundierungen, meist auf Silicatbasis, an.

Ein Vorspritzen und Verputzen der Flächen mit Ausbildung der Kantenabfasungen und Hohlkehlen, wie in Kapitel 3.2.2 beschrieben, schließen sich an. Statt eines normalen Putzmörtels ist die Verwendung eines speziellen Hohlkehlenmörtels zu empfehlen. Für das Ausformen der Hohlkehle eignet sich ein Winkelstück eines 100er-Abflussrohrs, besser sind jedoch spezielle Hohl-

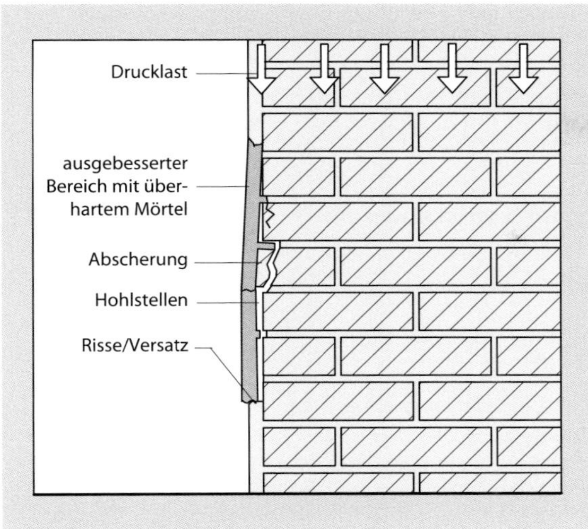

Abb. 3.7: Schematische Darstellung von Abscherung und Hohlstellenbildung bei zu hartem Reparaturmörtel an Vollziegelmauerwerk bei Laständerung

kehlenkellen. Es können auch vorgefertigte Hohlkehlenprofile verklebt werden. Eine vorangehende Haftgrundierung der Fläche ist zu empfehlen.

Das Vorspritzen sollte fächerförmig mindestens 50 % der Fläche bedecken. Hierfür ist ein sehr fett angemachter, dünn eingestellter Zementmörtel zu verwenden. Der Putzmörtel muss nicht notwendig ein reiner Zementmörtel sein, da die Flächen nicht ungeschützt mechanisch oder durch Witterungseinfluss belastet werden. Eine Zement-Kalk-Bindemittelmischung ist weniger starr und rissgefährdet und wesentlich besser zu verarbeiten.

Mit Maskierfolien kann angrenzendes Mauerwerk vor Spritzern beim Vorspritzen geschützt werden. Dreiecksleisten helfen, eine saubere abgeschrägte Abschlusskante für den späteren Putz auszubilden.

Damit kein salzbelastetes Wasser in den Putz gelangt, sollte der Sockelbereich **vor** dem Verputzen geschlämmt werden. Ausbrüche und lose Fugen sind vor dem Schlämmen zu füllen.

Soll eine mineralische Beschichtung mit einer elastischen Dichtungsschlämme oder eine der neueren überstreichbaren Abdichtungen für die spätere Abdichtung verwendet werden, muss der Spritzwasserbereich nicht vorgeschlämmt werden. Andernfalls sollte dieser Bereich **nach dem Verputzen** zweifach mit einer Dichtungsschlämme geschlämmt werden.

3.2.4 Kosten der Untergrundvorbereitung

Einige Arbeiten bei der Freilegung und Vorbehandlung von Außenmauerwerk, z. B. das Aufnehmen von Platten oder das Roden von Sträuchern oder Bäumen, lassen sich nur im Stundenlohn kalkulieren. Für andere Arbeiten kann die Kostenübersicht in Tabelle 3.2 als Anhaltspunkt dienen.

Tabelle 3.2: Kosten für die Untergrundvorbereitung, Stand: Februar 2022, (nach SIRADOS Kalkulationsatlas für Roh- und Ausbau im Altbau [2021] und nach eigenen Recherchen)

Leistung	**Ca.-Kosten (netto, inkl. Material)**
alte Bitumendickbeschichtung auf Kellermauerwerk entfernen und entsorgen	16,50 €/m²
Kunststoffnoppenbahn entfernen und entsorgen	13,75 €/m²
Abdichtungsflächen durch Abkehren und Absaugen feinreinigen, Reinigungsgut entsorgen	3,85 €/m²
Kelleraußenwand für nachträgliche Abdichtung vorbereiten: • mechanische Reinigung der Fläche • Entfernen von losen Anhaftungen oder Putzschichten • Entfernen haftvermindernder Schichten • Feinreinigen der Oberfläche	17,60 €/m²
Grundieren der Flächen durch Flautieren zur Verfestigung, mindestens 2 Anstriche nass in nass	10,80 €/m²
Voranstrich aus lösungsmittelhaltigem Bitumen- Voranstrich auf glatten Oberflächen	6,20 €/m²
Egalisierung der Flächen durch Kratzspachtelung	23,10 €/m²
Ausgleichsputz zweilagig (Vorspritzen und Grundputz), 1,5 cm	26,40 €/m²
Sperrputz zweilagig aus Zementmörtel auf vorbereitetem Untergrund aufbringen und oberflächenglatt abreiben	31,90 €/m²
Hohlkehle oder Ausrundung am Wand- Sohlen-Anschluss inkl. Voranstrich mit Haftbrücke aus Mörtel herstellen	7,70 €/lfm
Hohlkehle oder Ausrundung am Wand- Sohlen-Anschluss mit zweikomponentiger kunststoffmodifizierter Bitumendickbeschichtung herstellen	7,70 €/m²
Fasen der Außenkanten	3,30 €/lfm
Abdichtung des Sockelbereichs mit flexibler Dichtschlämme in zweimaligem Auftrag	16,50 €/lfm

3.3 Abdichtungsstoffe

Für die Abdichtung von Kelleraußenwänden kann grundsätzlich auf 2 unterschiedliche Materialgruppen zurückgegriffen werden: **pastöse Abdichtungsstoffe** und **Abdichtungsbahnen**.

Zu den **pastösen Abdichtungsstoffen** zählen

- Bitumendickbeschichtungen,
- flexible Dichtungsschlämmen und
- neuere hybride Abdichtungsstoffe.

Alle diese Abdichtungsstoffe sind relativ einfach zu verarbeiten. Sie benötigen zwar eine vorbereitete ebene Fläche, stellen aber weniger hohe Ansprüche an die Ebenheit und Glätte des Untergrunds als Abdichtungsbahnen. Nachteilig ist die schlechte Kontrollmöglichkeit der erforderlichen gleichmäßigen Schichtdicke.

Um zerstörende Messungen der fertigen Abdichtung bei Streitfällen zu vermeiden, empfiehlt es sich für den Verarbeiter, die Nassschichtdicke der Beschichtung an diversen Stellen zu dokumentieren. Hierzu reicht ein Gliedermaßstab, eingesteckt in die frische Beschichtung aus, von dem man mit dem Handy mehrere Fotos macht.

Zu den **Abdichtungsbahnen** zählen

- Bitumenbahnen,
- Abdichtungsbahnen aus Kunststoff-Bitumen-Gemischen und
- flexible Abdichtungsbahnen und -platten.

Es gibt selbstklebende, mit einem Voranstrich kaltverklebte sowie heißverklebte Abdichtungsbahnen. Die erforderliche gleichmäßige Schichtdicke ist bei Abdichtungsbahnen besser zu kontrollieren als bei pastösen Abdichtungsstoffen. Die Schwäche von Abdichtungsbahnen liegt in der aufwendigen Verklebung von Rohrdurchführungen und von rück- und vorspringenden Ecken.

In der Praxis üblich ist die Verwendung der folgenden Abdichtungsstoffe:

- **kunststoffmodifizierte Bitumendickbeschichtungen** (Kapitel 3.3.1)
- **flexible Dichtungsschlämmen** (Kapitel 3.3.2)
- **hybride pastöse Abdichtungen** (Kapitel 3.3.3)
- **Bitumenbahnen** (Kapitel 3.3.4)
- **Abdichtungsbahnen aus Kunststoff-Bitumen-Gemischen** (Kapitel 3.3.5)
- **flexible Abdichtungsbahnen und -platten** (Kapitel 3.3.6)

Alle Abdichtungen, insbesondere aber bituminöse Abdichtungen, sind bis zur Durchtrocknung **durch hinterlaufendes Wasser gefährdet**, z. B. durch an Fassaden herablaufendes Wasser aufgrund nicht verlängerter und abgeleiteter Regenrinnenrohre. Zur Vermeidung solcher Schäden stehen hier speziell für diesen Zweck produzierte Kunststoffschläuche zur Verfügung.

Hinweis

Die DIN 18533 stellt zusätzliche Anforderungen an die Rissüberbrückung je nach Wassereinwirkungsklasse. Die Eignung des verwendeten Materials für die Wassereinwirkungsklasse nach DIN/die Wasserbeanspruchung nach WTA-Merkblättern und die tatsächliche Trockenschichtdicke sowie die Arbeitsschritte sollten daher immer mit dem technischen Merkblatt des Herstellers abgeglichen werden. Die nachfolgenden Tabellen geben daher nur einen generellen Überblick.

Abb. 3.8: Bitumendickbeschichtung (schwarz) an einer Kelleraußenwand (Quelle: PCI Augsburg GmbH, Augsburg)

Abb. 3.9: Einbinden einer Gewebebewehrung in eine Bitumendickbeschichtung für die Wasserbeanspruchung drückendes Wasser (Quelle: PCI Augsburg GmbH, Augsburg)

3.3.1 Kunststoffmodifizierte Bitumendickbeschichtungen (PMBC)

Bitumen, ein Gemisch von Kohlenwasserstoffverbindungen, fällt in einigen Regionen der Erde natürlich an, wird überwiegend aber als Abfallprodukt bei der Erdöldestillation gewonnen. Neben Kohlenstoff und Wasserstoff enthält Bitumen u. a. auch Schwefel, Sauerstoff und Stickstoff (Frössel, 2005, S. 63).

Die übliche Verarbeitungsform von Bitumen für Abdichtungszwecke ist die Bitumendickbeschichtung (Abb. 3.8). Durch den Zusatz von haftungsverbessernden Stoffen und Emulgatoren (Kunststoffmodifizierung) ist eine kalte und flüssige Verarbeitung des Bitumens möglich.

Bitumendickbeschichtungen können je nach Produkt nur auf trockenen oder nur auf leicht feuchten Untergründen verarbeitet werden. Die Verarbeitung bei Temperaturen unter 5 °C ist meist nicht möglich.

Bei der Verarbeitung von einkomponentigen Bitumendickbeschichtungen ist für einen Schutz vor Regen bis zur Durchtrocknung zu sorgen. Eine Abdeckung gegen Schlagregen empfiehlt sich ohnehin, denn in der Regel muss die Beschichtung mehrlagig aufgetragen werden.

Für die Wasserbeanspruchungen aufstauendes Sickerwasser und drückendes Wasser ist eine vollflächige Gewebebewehrung (Abb. 3.9), abgestimmt auf das System des Herstellers, zwingend erforderlich (WTA-Merkblatt 4-6 „Nachträgliches Abdichten erdberührter Bauteile“ [2014], S. 9). Nicht jede Dickbeschichtung ist auch für die höchste Wasserbeanspruchung bzw. die höchste Wassereinwirkungsklasse geeignet. Die Eignung sollte mithilfe der

Abb. 3.10: Verarbeitung einer Bitumendickbeschichtung mit einem Glätter in Handspachtelung (Quelle: PCI Augsburg GmbH, Augsburg)

Abb. 3.11: Sockelbereichsausbildung mit einer Bitumendickbeschichtung im Übergang der Fundamentplatte zur Wand (Quelle: PCI Augsburg GmbH, Augsburg)

Produktangaben des Herstellers kontrolliert werden. Die Anforderungen, eventuell nötige Gewebeeinlagen, Schichtdicken und erforderliche Lagenanzahl werden in der DIN 18533-2 und -3 detailliert geregelt.

Die Zulassung nach Wassereinwirkungsklassen/Wasserbeanspruchungen sowie Hinweise zur systemkonformen Verarbeitung können den Herstellerangaben entnommen werden. In der Regel bieten die Hersteller auch auf die jeweilige Dickbeschichtung abgestimmte Grundierungen und Voranstriche für unterschiedliche Untergründe an.

Eine schnellere Durchhärtung als bei einkomponentigen Dickbeschichtungen wird mit zweikomponentigen Dickbeschichtungen erreicht.

Bitumenbeschichtungen sind nur bedingt UV-beständig. Dies ist allerdings bei der Kellerabdichtung zu vernachlässigen, da die Bitumenbeschichtung durch das Anfüllen und Dämmen bzw. den Anfüllschutz bedeckt wird.

Bitumenbeschichtungen sind nicht überstreichbar. Daher werden im Spritzwasserbereich Dichtungsschlämmen verwendet.

Aufgetragen wird eine Bitumendickbeschichtung entweder im Spritzverfahren, das in der Regel größere und spezialisierte Betriebe einsetzen, oder als Spachtelung mit einem Glätter (Abb. 3.10, 3.11).

Alle bituminösen Beschichtungen und auch verschiedene Abdichtungsbahnen sind nicht für negativen Wasserdruck und von hinten durchfeuchtete Flächen wie im Fundament- und im Kelleraußenwandbereich geeignet. Daher muss wie in Kapitel 3.2.2 beschrieben vorangehend eine Abdichtung mit einem zweifachen Dichtungsschlämmenanstrich erfolgen.

Einer der Vorteile bei der Verarbeitung von Bitumendickbeschichtungen ist die einfache und sichere Abdichtung z. B. von Rohrdurchführungen.

Die empfindliche und weiche Oberfläche von Bitumendickbeschichtungen kann jedoch leicht beschädigt werden. Bis zum Anbringen einer Dämmung oder eines Anfüllschutzes muss daher sehr vorsichtig gearbeitet werden.

Tabelle 3.3 gibt einen Überblick über die erforderlichen Schichtstärken und Arbeitsgänge bei Bitumendickbeschichtungen.

Tabelle 3.3: Mindesttrockenschichtdicken von kunststoffmodifizierten Bitumendickbeschichtungen (nach WTA-Merkblatt 4-6 [2014], S. 6)

Wasserbeanspruchung (Wassereinwirkungsklasse)	**Mindesttrockenschichtdicke**	**Arbeitsgänge**
Bodenfeuchte und nicht stauendes Sickerwasser (W1-E)	3 mm	2[1)]
nicht drückendes Wasser auf Deckenflächen (W1.1.-E, W.1.2-E)	3 mm	2[2)]
aufstauendes Sickerwasser und drückendes Wasser (W2.1-E, W2.2-E)	4 mm	2[3)]
1) Die Arbeitsgänge können frisch in frisch erfolgen. 2) mit Verstärkungseinlage an allen Innen- und Außenecken 3) vollflächige Bewehrungseinlage erforderlich		

3.3.2 Flexible Dichtungsschlämmen (MDS)

Dichtungsschlämmen sind zementgebundene Schlämmen. Durch die Zugabe von Kunststoffvergütungen ist es möglich, aus der eigentlich starren Dichtungsschlämme eine flexible Dichtungsschlämme zu erzeugen (Frössel, 2005, S. 89 f.).

Dichtungsschlämmen können als vertikale Abdichtung von Kelleraußenwänden nur auf mineralischen Untergründen wie Stein oder Putz verwendet werden. Dort bieten sie allerdings den Vorteil, auch auf mattfeuchten Untergründen eingesetzt werden zu können. Dies spart Zeit, insbesondere bei frisch verputztem Mauerwerk, denn die Schlämmen können in der Erstarrungsphase des frischen Putzes bereits am nächsten Tag aufgetragen werden. Sie bilden eine relativ unempfindliche Oberfläche aus.

Dichtungsschlämmen auf mineralischen Untergründen zu verwenden, hat darüber hinaus den Vorteil, dass ein separates Schlämmen von Sockelbereich und Spritzwasserbereich oft nicht erforderlich ist und in 1 Arbeitsgang gearbeitet werden kann.

Dichtungsschlämmen sind zudem auch für den Einsatz bei rückseitigem und negativem Wasserdruck geeignet.

Abb. 3.12: Verarbeitung einer Dichtungsschlämme im Spachtelverfahren (Quelle: Saint-Gobain Weber GmbH, Düsseldorf)

Die Abdichtung von Rohrdurchführungen ist mit Dichtungsschlämmen einfach auszuführen. Die Rohre sollten abklebt werden, damit kein Schlämme anhaftet. Nach der Trocknung der Schlämme werden sie mit einer Bitumenhohlkehle versehen.

Dichtungsschlämmen sind für die Wasserbeanspruchung drückendes Wasser geeignet.

Die Verarbeitung erfolgt im mehreren Schichten, meist mit einer Vor- und Zwischengrundierung auf Kieselsäurebasis. Gearbeitet wird im Streichverfahren oder im Spachtelverfahren (Abb. 3.12).

Bei der Verarbeitung im Spachtelverfahren empfiehlt sich vorangehend ein Aufzug mit einer Zahnkelle, um eine gleichmäßig Schichtdicke zu erzielen. Auch maschinelle Spritzverfahren werden eingesetzt.

Als Nachteil beim Einsatz von Dichtungsschlämmen auf Kellermauerwerk ist aufgrund von Bewegungen und Setzungen des Mauerwerks mit kleineren Setzungen und Rissen zu rechnen. Von der Verwendung der kostengünstigeren starren Dichtungsschlämmen ist daher abzuraten.

Doch auch flexible Dichtungsschlämmen erreichen nicht annähernd die Rissüberbrückungs- und Zugfestigkeitswerte wie z. B. Bitumenbahnen. Selbst eine qualitativ gute zweikomponentige flexible Dichtungsschlämme erreicht nur eine Rissüberbrückung von etwas über 1 mm (vgl. Technisches Merkblatt weber.tec Superflex D 2. Flex Dichtungsschlämme, 2014) gegenüber mindestens 5 mm einer kaltselbstklebenden Abdichtungsbahn aus Elastomer (vgl. DIN 18533-3).

Flexible Dichtungsschlämmen **können** eine sinnvolle Wahl für eine Abdichtung darstellen, sind aber nur für offensichtlich nicht in der Substanz geschädigtes Kellermauerwerk geeignet. Auch sollte das Gebäude keine Setzrisse und anderen konstruktiven Risse aufweisen (siehe Kapitel 2.4.1).

Aufgrund der geringen Rissüberbrückung sind gemäß DIN 18533-3 mineralische Dichtschlämmen lediglich für geringe Wassereinwirkungsklassen und auf Betonuntergründen wie einer Weißen Wanne anwendbar (vgl. DIN 18533-3, S. 21, Tabelle 7). Das WTA-Merkblatt 4-6 sieht diese Einschränkung nicht, wie Tabelle 3.4 zeigt. Im Zweifelsfall – auch um als Verarbeiter im Reklamationsfall Rechtssicherheit zu haben – sollte für die Kellersanierung auf ein anderes Material zurückgegriffen werden, wenn eine flexible Dichtschlämme die alleinige vertikale Abdichtung von außen darstellt. Die Anwendung als alleinige vertikale Abdichtung von außen sollte auf untergeordnete Bauteile beschränkt bleiben.

Tabelle 3.4: Mindesttrockenschichtdicken von mineralischen Dichtschlämmen (MDS) (nach WTA-Merkblatt 4-6 [2014], S. 9)

Wasserbeanspruchung (Wassereinwirkungsklasse)	Mindesttrocken-schichtdicke	Arbeitsgänge
Bodenfeuchte und nicht stauendes Sickerwasser (W1-E)	2 mm	2
nicht drückendes Wasser auf Deckenflächen (W1.1-E, W1.2-E)	3 mm	2
aufstauendes Sickerwasser und drückendes Wasser (W2.1-E, W2.2-E)	3 mm	2[1)]
1) Das Abdichtungssystem muss der gegebenenfalls auftretenden rückseitigen Wasserbelastung standhalten.		

3.3.3 Pastöse hybride Abdichtungen

Eine neuere Entwicklung stellen hybride Abdichtungsstoffe dar, die Vorteile von Bitumendickbeschichtungen und flexiblen Dichtungsschlämmen vereinen.

Für viele Wandzustände kann die Verarbeitung solcher Abdichtungen eine wirtschaftliche Lösung darstellen, da kostenintensive Arbeitsschritte entfallen. Hybride pastöse Abdichtungen sind

- überstreichbar,
- mineralisch aufgebaut und daher für den Einsatz bei negativem Wasserdruck geeignet,
- auch auf vorhandene feste Bitumenbeschichtungen auftragbar,
- auf mattfeuchten Untergründen anwendbar,
- für die Ausbildung von Hohlkehlen auf den meisten Rohrmaterialien bei Durchdringungen geeignet und
- meist ohne vorangehende Grundierung zu verarbeitbar.

Die Rissüberbrückung dieser Abdichtungsstoffe liegt meist bei etwa 2 mm. Die genauen Werte sollte man in den Produkteigenschaften der jeweiligen Hersteller überprüfen. Dieser Wert liegt also zwischen dem der flexiblen Dichtschlämme und einer Bitumendickbeschichtung. Eine Verwendung auf rissgefährdeten Untergründen ist damit nicht anzuraten.

Nach eigenen Bauleitererfahrungen mit diesen Materialien ist die Haftung auf alten Bitumenbeschichtungen auch bei vorheriger Grundierung schlechter als bei der Zusatzbeschichtung eines solchen Untergrunds mit einer kunststoffmodifizierten Bitumendickbeschichtung (vgl. Abb. 3.13).

Abb. 3.13: Reaktivabdichtung als Abdichtung eines Kellermauerwerks im Bestand

Diese neuen Abdichtungsstoffe sind als „Reaktivabdichtungen" im Handel. Eine eigene Klassifizierung in der DIN 18533 fehlt bisher. Für die Anwendung bei den unterschiedlichen Wasserbeanspruchungen und für die Auftragsstärke muss daher auf die Herstellerangaben und Klassifizierungen in den technischen Merkblättern zurückgegriffen werden.

3.3.4 Bitumenbahnen

Bitumenbahnen sind Verbundstoffe, die aus einem bitumengetränkten Trägermaterial bestehen, das anschließend beschichtet wird. Als Trägermaterialien dienen Rohfilzpappen, Glasvlies, Glasgewebe, Jutegewebe, Polyestergewebe, Folien aus Polyethylenterephthalat und Metallbänder. Bitumenbahnen mit verrottbarem Trägermaterial wie Rohfilz oder Jute sollten für Kellerabdichtungen jedoch nicht verwendet werden.

Durch die Trägereinlage hat eine Bitumenbahn eine höhere Zugfestigkeit und bessere rissüberbrückende Eigenschaften als Bitumendickbeschichtungen und die meisten anderen pastösen Abdichtungsstoffe. Bitumenbahnen sind in der Regel auch für die höchste Wasserbeanspruchung, drückendes Wasser, zugelassen.

Je nach Einlage haben Bitumenbahnen Zugfestigkeiten von 300 N bis über 600 N und eine Dehnfähigkeit von 2 % bis über 5 %. Die Oberfläche von Bitumenbahnen ist zudem weniger empfindlich als die von Bitumendickbeschichtungen.

Abb. 3.14: Vor Aufbringen der Bitumenbahn an Ecken und Kanten angebrachte horizontale und vertikale Verstärkungsstreifen

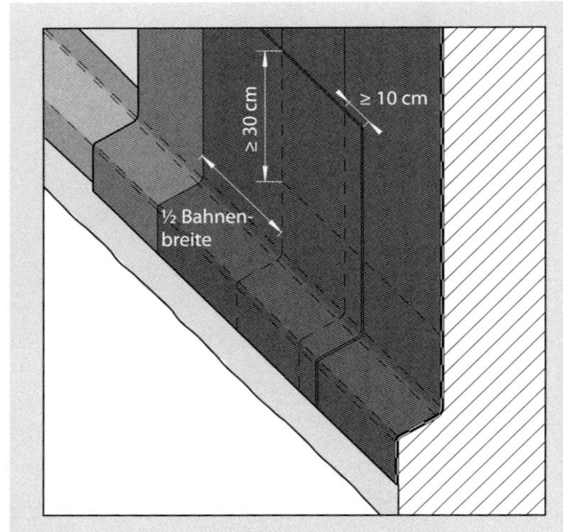

Abb. 3.15: Überlappende Verklebung von Bitumenbahnen (zwei Lagen)

Bitumenbahnen sind allerdings relativ dick, meist ca. 3 mm pro Lage, sowie steif und schwer. Auch erfordert die Verarbeitung mehr Erfahrung als die Verarbeitung der meisten anderen Abdichtungsstoffe, zudem werden für die Verarbeitung in der Regel 2 Personen benötigt.

Die Anforderungen an den Untergrund sind beim Einsatz von Abdichtungsbahnen ebenfalls höher als bei pastösen Abdichtungen. Er muss daher trocken, lunkerfrei und eben sein.

Bitumenbahnen erfordern einen vorangehenden Anstrich (Schwarzanstrich), der von Hand, aber auch im Sprühverfahren aufgebracht werden kann. Die systembedingten Trocknungszeiten des Voranstrichs müssen vor der eigentlichen Verklebung eingehalten werden.

Die Verklebung ist kaltselbstklebend, aber auch im Flämm- oder Schweißverfahren möglich. Hierfür geeignete Bitumenbahnen werden als **Schweißbahnen** bezeichnet. Eine kalt verklebte Bitumenbahn ist in der Regel deutlich dünner als eine Schweißbahn. Da solche dünneren Bahnen nicht die Reißfestigkeit und Rissüberbrückungsfähigkeit wie die schwereren Qualitäten erreichen, sind sie nicht für die Wasserbeanspruchung drückendes Wasser geeignet. Hersteller- und verfahrensabhängig können Bitumenbahnen teilweise bei Temperaturen unter 0 °C verarbeitet werden.

Kanten und Hohlkehlen sowie Innen- und Außenecken sollten vor dem Aufbringen der Bitumenbahn einen ca. 20 cm breiten Verstärkungsstreifen aus demselben Material erhalten (Abb. 3.14; diese Vorgabe ist in der aktuellen Fassung des WTA-Merkblatts 4-6 von 2014 gegenüber der vorherigen Fassung 4-9-98 von 1998 [S. 7] allerdings nicht mehr enthalten).

Für die meisten Wasserbeanspruchungen erfolgt die Verklebung einlagig als kaltselbstklebende Bahn. Bei der Wasserbeanspruchung drückendes Wasser soll mehrlagig gearbeitet werden. Anschließend wird auf eine kalt verklebte

Bitumenbahn vollflächig eine zweite, heiß verklebte verschweißt. Dabei werden mindestens 2 Bahnenlagen verklebt, wobei die Bahnen sich an den Stößen in jeder Lage mindestens 10 cm überdecken sollen (vgl. Schwachstellen, 1980, S. 73). Die Bahnen der ersten und der zweiten Lage sollen dabei um eine halbe Bahn versetzt aufgebracht werden und Querstöße mindestens 30 cm versetzt angeordnet sein (Abb. 3.15).

Die je nach Wasserbeanspruchung erforderliche Zahl der Lagen ist beim Hersteller zu erfragen.

Problematisch beim Einsatz von Abdichtungsbahnen ist stets das Abdichten von Rohrdurchführungen. Die Verklebung von überlappenden Formstücken ist bei größeren Durchmessern wie bei Abflussrohren zwar mit entsprechend hohem Aufwand möglich, bei kleineren Durchmessern, wie z. B. bei Erdleitungen, ist eine dichte Verklebung mit Formstücken aber kaum zu realisieren. In diesen Fällen sollte stattdessen nach der Verklebung der Bahnen eine Hohlkehle mit zweikomponentiger Bitumendickbeschichtung ausgebildet werden (siehe Kapitel 2.2.10, Abb. 2.22). Hierzu muss die Oberfläche der verwendeten Bahn allerdings unbeschichtet sein.

3.3.5 Abdichtungsbahnen aus Kunststoff-Bitumen-Gemischen

Als Alternative zu den reinen Bitumenbahnen werden Abdichtungsbahnen aus Mischungen unterschiedlicher Kunststoffe mit Bitumen angeboten. Hierzu zählen z. B. Bahnen mit oder ohne Einlage aus thermoplastischen oder elastischen Polymerbahnen, aus Ethylen-Copolymerisat-Bitumen, aus Ethylen-Vinylacetat-Terpolymer oder aus Polyisobutylen.

Dehnfähigkeit und Rissüberbrückungsfähigkeit der Bahnen aus Kunststoff-Bitumen-Gemischen variieren stark. Die Daten sollten daher jeweils beim Hersteller erfragt werden.

Die Bahnen können meist auch bei Temperaturen unter 0 °C verklebt werden. Sie benötigen einen abgestimmten Voranstrich. Das Anbringen der Verstärkungsstreifen entspricht dem Vorgehen bei der Verarbeitung der Bitumenbahnen (Kapitel 3.3.4). Die Verklebung erfolgt üblicherweise einlagig mit Überlappung. Die Bahnen sind mit einer Abziehfolie versehen, unter der sich die Klebeschicht befindet. Sie werden an dem oberen Abschluss angesetzt und unter langsamem Abziehen der Folie angedrückt und abgerollt (Abb. 3.16).

Abdichtungsbahnen aus Kunststoff-Bitumen-Gemischen sind in der Regel dünner als reine Bitumenbahnen und daher leichter zu verarbeiten. Für Wasserbeanspruchungen wie drückendes Wasser sind sie jedoch nicht zugelassen (Frössel, 2005, S. 9 f.).

Für die Herstellung von Rohr- und Durchbruchsabdichtungen sollte eine bitumenverträgliche Abdichtungsbahn aus Kunststoff-Bitumen-Gemischen mit geeigneter Oberfläche gewählt werden, um die Anschlüsse sicher mit zweikomponentiger Bitumendickbeschichtung abdichten zu können.

Hinweis

Bitumenverträgliche Abdichtungsbahnen aus Kunststoff-Bitumen-Gemischen sind schwarz eingefärbt.

Abb. 3.16: Anbringen einer kaltselbstklebenden Abdichtungsbahn aus einem Kunststoff-Bitumen-Gemisch (Quelle: Georg Börner Chemisches Werk für Dach- und Bautenschutz GmbH & Co. KG, Bad Hersfeld)

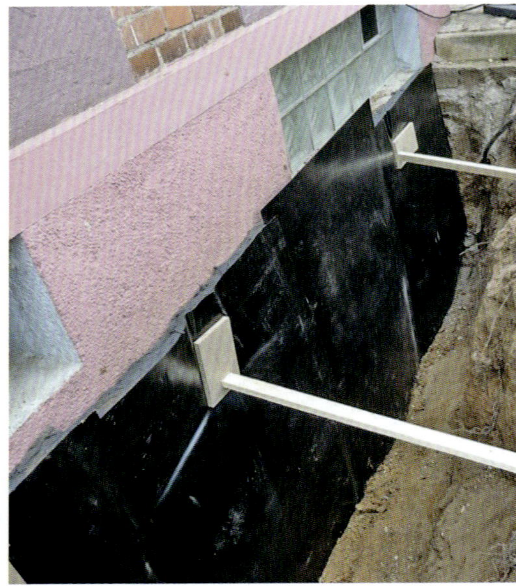

Abb. 3.17: Flexible Abdichtungsbahnen (schwarz) auf einer Kelleraußenwand (Quelle: Odenwald-Chemie GmbH, Schönau bei Heidelberg)

3.3.6 Flexible Abdichtungsbahnen und -platten

Flexible Abdichtungsbahnen (Abb. 3.17) und -platten werden seit Anfang der 1990er-Jahre angeboten (Frössel, 2005, S. 138). Sie bestehen aus einer 2 mm dicken ECB-(Ethylen-Copolymer-Bitumen-)Kunststoffabdichtungsbahn oder aus einer entsprechenden Platte und einer Kaschierung aus flexiblem, verrottungsfestem Polyurethanweichschaumstoff, der auch als Perimeterdämmung fungiert. Diese Kaschierung wird beim Anfüllen komprimiert und passt sich so dem Untergrund an. Dadurch entfallen Arbeitsschritte wie das Entfernen alter Teeranstriche, das Grundieren und das Egalisieren des Untergrunds. Weil die flexiblen Abdichtungsbahnen und -platten nicht mit dem Untergrund verbunden werden, ist eine Verlegung auch auf feuchten Kellerwänden möglich.

Die flexiblen Abdichtungsbahnen und -platten werden in unterschiedlichen Längen angeboten. Beim Verlegen werden sie mit Lattenstücken fixiert und anschließend mit Heißluft an den Nähten verschweißt.

Die Abdichtung und Befestigung im Sockelbereich erfolgt nach den örtlichen Gegebenheiten, die obere Befestigung wird standardmäßig durch eine Wandanschlussschiene erreicht. Die dämmende Kaschierung der Bahnen bzw. Platten bleibt durch die außen liegende Abdichtung im trockenen Bereich. Sie wird in der Dicke von 50 mm angeboten und hat eine Wärmeleitfähigkeit λ von 0,035 W/(m · K) (Wärmeleitfähigkeitsstufe [WLS] 035). Durch das Verschweißen sind flexible Abdichtungsbahnen auch für die Wasserbeanspruchung kurzfristig aufstauendes Sickerwasser geeignet. Für drückendes

Wasser muss hingegen ein dichter, verschweißter Anschluss an eine vorhandene horizontale Abdichtung erfolgen. Dies wird in der Sanierung von Bestandsgebäuden allerdings kaum möglich sein.

Für die Ausbildung von Verstärkungsstreifen und für die Manschetten um Rohrdurchführungen wird vorgeschnittenes Streifenmaterial angeboten.

Die Verlegung kostet einschließlich Material netto 85 bis 90 €/lfm. Ob eine flexible Abdichtungsbahn wirtschaftlich sinnvoll ist, hängt daher von den Kosten einzusparender Arbeitsschritte und der Einsparung einer zusätzlichen Perimeterdämmung ab. Wirtschaftlich sinnvoll kann eine solche Bahn insbesondere dann werden, wenn die Kellerwandflächen im traditionellen Verfahren neu verputzt werden oder ein alter Teeranstrich vorhanden ist.

Zu Details sollte der Hersteller kontaktiert werden.

Tabelle 3.5 zeigt eine vereinfachte Darstellung der verschiedenen Bahnen und ihrer Verarbeitung nach DIN 18533-3. Verarbeitungstabellen für Bahnenware fehlen im WTA-Merkblatt 4-6-14/D „Nachträgliches Abdichten erdberührter Bauteile" (2014).

Tabelle 3.5: Mindestlagenanzahl für Abdichtungsbahnen nach DIN 18533-3, S. 20 f.

Bahnen	**Mindestlagenanzahl**	
	Wassereinwirkungsklasse W1.1 -E, W1.2-E	**Wassereinwirkungsklasse W2.1-E**
Polymerbitumenschweißbahnen	1	1
Bitumen/Polymerbitumendachdichtungsbahnen	1	2
Bitumenschweißbahnen	1	2
Bitumendachdichtungsbahnen	1	2
Polymerbitumendachdichtungsbahnen	1	2
kaltselbstklebende Polymerbitumenbahnen mit Trägereinlage	1	2[1)]
kaltselbstklebende Bitumendichtungsbahnen mit HDPE(Glasvlies-)Trägerfolie	1	2[2)]
Glasvlies-Bitumendachbahnen	1	keine Angaben
Polymerbitumenschweißbahnen	1	2
Bitumendichtungsbahnen	1	keine Angaben

1) nur zulässig als erste Abdichtungsbahn, wenn mindestens eine zweite Lage als Polymerbitumenschweißbahn erfolgt
2) nur zulässig als erste Abdichtungsbahn, wenn mindestens eine zweite Lage als Bitumenschweißbahn erfolgt

3.3.7 Vergleich der Abdichtungsstoffe

Kosten

In Tabelle 3.6 sind Kosten für Abdichtungsarbeiten mit verschiedenen Abdichtungsstoffen zusammengestellt.

Tabelle 3.6: Kosten von Abdichtarbeiten. Stand: Februar 2022 (nach SIRADOS Kalkulationsatlas für Roh- und Ausbau im Altbau [2021] und nach eigenen Recherchen)

Leistung	Ca.-Kosten (netto, inkl. Material)
Abdichtung gegen nicht drückendes Wasser (W1-E) mit kunststoffmodifizierter Bitumendickbeschichtung (PMBC) als Spachtelmasse in 2 Arbeitsgängen und Voranstrich	24,20 €/m²
Abdichtung der Wand- und Sockelflächen gegen Bodenfeuchte (W1-E) durch einlagige Bitumenbahn	17,10 €/m²
nachträgliche Abdichtung der Kellerwände mit elastischer mineralischer Dichtschlämme mit hohem Sulfatwiderstand gegen aufstauendes Sickerwasser und nicht drückendes Wasser (W1-E) in mindestens 2 Arbeitsgängen	24,80 €/m²
Abdichtung der Kellerwände gegen mäßig drückendes Wasser (W 2.1-E) mit Dachdichtungsbahnen, zweilagig auf vorhandenem Voranstrich, inkl. Deckaufstrich	24,80 €/m²
Abdichtung gegen drückendes Wasser (W2.2-E) mit kunststoffmodifizierter, hochflexibler 2-komponentiger Bitumendickbeschichtung (PMBC) als Spachtelmasse in 2 Arbeitsgängen mit eingebetteter Verstärkungslage und Voranstrich	31,40 €/m²
Abdichtung gegen drückendes Wasser mit hybrider Bauwerksabdichtung (vereint die Eigenschaften von MDS [mineralischen Dichtschlämmen] und Bitumendickbeschichtungen [PMBC]), 2-lagig im Spachtelverfahren	24,80 €/m²

Standzeiten

Die Standzeit wird für alle Abdichtungsstoffe bei korrekter Verarbeitung jeweils mit 40 Jahren angegeben, sodass dieser Aspekt für die Wahl des Abdichtungsstoffs nicht von Bedeutung ist.

Bewertung nach weiteren Kriterien

Für die Wahl des am besten geeigneten Verfahrens sollten neben den Kosten noch folgende Faktoren in die Bewertung einfließen:

- Eignung für unterschiedliche Untergründe
- Verarbeitbarkeit bei niedrigen Temperaturen
- Rissüberbrückungsfähigkeit
- Unempfindlichkeit der Oberfläche
- für die Verarbeitung erforderlicher Zeitaufwand
- Eignung für die Wasserbeanspruchung drückendes Wasser
- Möglichkeit der visuellen Ausführungskontrolle

Tabelle 3.7: Bewertung der Abdichtungsstoffe im Vergleich

Abdichtungsstoff	Eignung für unterschiedliche Untergründe			Verarbeitbarkeit bei niedrigen Temperaturen	Rissüberbrückungsfähigkeit	Unempfindlichkeit der Oberfläche	für die Verarbeitung erforderlicher Zeitaufwand	Eignung für die Wasserbeanspruchung drückendes Wasser/Wassereinwirkungsklasse W2-E	Möglichkeit der visuellen Ausführungskontrolle
	bituminös	mineralisch	mattfeucht						
Bitumendickbeschichtung	+	+	–	–	+	–	±	±1)	–
flexible Dichtungsschlämme	–	+	+	–	±	+	+2)	+	–
hybride pastöse Abdichtung	+	+	+	–	±	+	++3)	+	–
Bitumenbahn	+	+	–	+	++4)	±	–5)	+	+
kaltselbstklebende kunststoffmodifizierte oder reine Bitumenbahn	+	+	–	+	++4)	±	–5)	–	+
flexible Abdichtungsbahn/-platte	+	+	+	++	++	++	++	–6)	+

++ sehr gut geeignet
\+ gut geeignet
± bedingt geeignet (Eignung ist von den spezifischen Gegebenheiten abhängig)
– nicht geeignet

1) nur mit Gewebebewehrung geeignet
2) kann das Vorschlämmen von Spritzwasserbereich und Sockelanschluss ersparen
3) kann das Vorschlämmen von Spritzwasserbereich und Sockelanschluss und das Grundieren ersparen
4) materialabhängige Werte
5) hohe Anforderungen an den Untergrund, teilweise Probleme bei Durchdringungen
6) bei nachträglicher Sanierung nicht geeignet

In Tabelle 3.7 sind Bewertungen der Abdichtungsstoffe nach diesen Faktoren im Überblick zusammengestellt.

Der in der Tabelle 3.7 aufgeführte Faktor der **Rissüberbrückungsfähigkeit** ist in der DIN 18533-1 dergestalt aufgenommen, dass den Wassereinwirkungsklassen/Wasserbeanspruchungen (vgl. Abschnitt 2.5.5) Rissüberbrückungsklassen – RÜ genannt – zugeordnet sind. Diese sollen – sofern der Untergrund nicht eine höhere Rissüberbrückungsklasse erforderlich macht – verwendet werden. Auf Dauer ist zu erwarten, dass die Hersteller diese Klassen als Kürzel auf ihren Produkten oder Produktmerkblättern verwenden, was die Auswahl vereinfachen sollte.

Die Rissklassen nach der neuen Norm werden wie folgt unterschieden:

- RÜ1-E: geringe Rissüberbrückung ≤ 0,2 mm
- RÜ2-E: mäßige Rissüberbrückung ≤ 0,5 mm
- RÜ3-E: hohe Rissüberbrückung ≤ 1,0 mm, mit einem Rissversatz ≤ 0,5 mm
- RÜ4-E: sehr hohe Rissüberbrückung ≤ 5,0 mm, mit einem Rissversatz ≤ 2,0 mm

Je nach Wasserbeanspruchung/Wassereinwirkung sollten die in der Tabelle 3.8 angegebenen Rissüberbrückungsklassen verwendet werden.

Tabelle 3.8: Rissüberbrückungsklasse der Abdichtungsbauart in Abhängigkeit von der Wassereinwirkung nach DIN 18533-1, Tabelle 3

Wassereinwirkung	Rissüberbrückungsklassen
W1-E	mind. RÜ1-E
W2.1-E und W3-E	mind. RÜ3-E
W2.2-E	mind. RÜ4-E
W4-E	mind. RÜ1-E

Neben der Rissgefährdung ist der vielleicht wichtigste Faktor bei der Auswahl der Ausführung einer nachträglichen Abdichtung die Anforderungen an die Dichtheit derselben: Die Anforderungen an die Trockenheit der Wände und damit (über die Ausgleichsfeuchte) an die Raumluft sind bei einen nur als Tiefgarage oder Lagerraum genutzten Keller weniger hoch als bei einem Keller, der als Wohnraum genutzt werden soll.

Die DIN 18533-1 hat dies entsprechend in **Raumnutzungsklassen** definiert:

- RN1-E: geringe Anforderungen an die Trockenheit der Raumluft, Nutzung als Lagerraum, Tiefgarage usw.
- RN2-E: übliche Anforderung, beispielsweise die Lagerung von feuchteempfindlichen Gütern, Kellernutzung als Wasch- und Trocknungsraum usw.
- RN3-E: hohe Anforderung an die Trockenheit der Raumluft, Nutzung als Wohnraum, aber auch als Lagerraum für unersetzliche Kulturgüter oder als Standort des Zentralrechners.

Im Zusammenhang mit der Raumnutzungsklasse sind Faktoren wie die lange Standzeit einer nachträglichen Abdichtung und ihre Unempfindlichkeit der Oberfläche gegen mechanische Einwirkungen (vgl. Tabelle 3.7) natürlich umso wichtiger, je höher die Raumnutzungsklasse ist. In der DIN 18533-1 wird in diesem Zusammenhang von „Zuverlässigkeit" gesprochen.

3.4 Ausführung von Details

3.4.1 Durchdringungen

Die Abdichtung von Durchdringungen und Rohrdurchführungen ist bei der Verwendung von Abdichtungsbahnen mit Formstücken nur mit hohem Aufwand zu bewältigen. Zu empfehlen ist daher die Ausführung als Hohl-

Abb. 3.18: Flanschformteil (blau) zur Abdichtung an Rohrdurchführungen und angeschweißte Bitumenbahn mit Gewebebewehrung (schwarz) (Quelle: Remmers Baustofftechnik GmbH, Löningen)

Abb. 3.19: Die Übergänge der abgerissenen Lichtschächte sollten vor dem Aufbringen der Abdichtung geglättet werden.

kehle mit Gewebebewehrung und einer zweikomponentigen Bitumendickbeschichtung (vgl. Kapitel 2.2.10).

Rohre sollten vor der Beschichtung mit Schleifpapier oder einer Drahtbürste aufgeraut werden. Bei mineralischen Untergründen ist die Ausbildung der Hohlkehle mit einem Hohlkehlenmörtel und nach dem Durchtrocknen des Mörtels die Beschichtung mit einer Bitumendickbeschichtung zu empfehlen.

Geteilte Formstücke, die als Flansch um bestehende Rohre verklebt werden können, vereinfachen die Abdichtungsarbeit (Abb. 3.18).

3.4.2 Lichtschächte

Gemauerte Lichtschächte können in die Abdichtung eingebunden werden und erhalten bleiben, wenn ihr Zustand dies vertretbar erscheinen lässt. Diese Lösung ist allerdings meist aufwendiger als der Abbruch der alten Lichtschächte (vgl. Abb. 3.19).

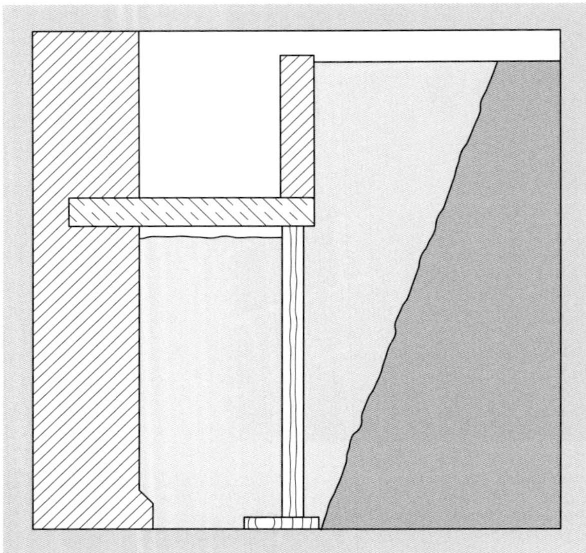

Abb. 3.20: Eine Unterstützung des gemauerten Lichtschachts ist anzuraten.

Entscheidet man sich für den Erhalt der Lichtschächte, dann sollte der Lichtschacht nach dem Ausschachten durch ein Kantholz unterstützt werden. Oft kann nicht mit Sicherheit die durchgehende tragfähige Sohle und die Verzahnung mit dem Außenmauerwerk des Kellers vorausgesetzt werden. Deshalb sollte man sowohl einer Gefährdung der Arbeiter als auch eventuellen Rissschäden vorbeugen.

Im Gegensatz zu der sich nach unten verjüngenden Form fertiger Lichtschächte aus Kunststoff sind die gemauerten Schächte rechteckig. Daher ist eine ausreichende Verdichtung des angefüllten Materials unter dem alten Lichtschacht kaum zu erreichen. Hier ist mit einem Hohlraum und dem Nachsacken des Füllmaterials durch Regen etc. zu rechnen. Dies sollte bei der Planung einer Pflasterung berücksichtigt werden. Die Unterstützung zu belassen und mit zu verfüllen kann daher bei weniger gut erhaltenen Lichtschächten angeraten sein, um den Lichtschacht zu unterstützen, bis genügend Erdreich nachgesackt ist (Abb. 3.20).

Bei Verwendung von bituminösen Abdichtungen und Abdichtungsbahnen wird der Bereich innerhalb des Lichtschachts zunächst mit einer Dichtungsschlämme abgedichtet und neu verputzt, um anschließend den neuen Lichtschacht zu montieren.

Einige Hersteller von Lichtschächten bieten spezielle Abdichtungen des Wandanschlusses an. Falls diese abgestimmten Abdichtungen nicht zur Verfügung stehen, muss der Materialübergang zwischen Mauerwerk und Lichtschacht bei Bahnenware mit Verstärkungsstreifen eingefasst werden, bei Bitumendickbeschichtungen muss er eine Hohlkehle erhalten. Bei Dichtungsschlämmen können im Übergang zum Mauerwerk zweikomponentige Dickbeschichtungen mit Gewebeeinlage oder Zuschnitte aus Bahnenware verwendet werden. Die neueren hybriden pastösen Abdichtungen (Kapi-

Abb. 3.21: Anbringen eines Fugenbands (Quelle: PCI Augsburg GmbH, Augsburg)

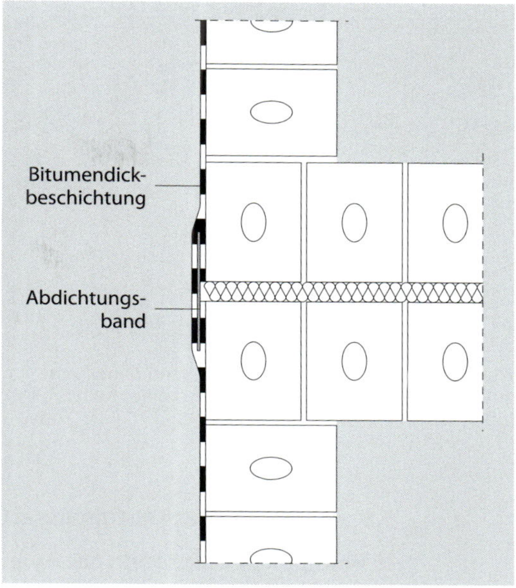

Abb. 3.22: Abdichtung einer Bewegungsfuge mit einem Fugenband (nach WTA-Merkblatt 4-6 [2014], S. 24)

tel 3.3.3) sollten wie Abdichtungen mit Dichtungsschlämmen behandelt werden. Auch wenn die hybriden pastösen Abdichtungen für eine Beschichtung auf Kunststoff geeignet sind, führt die Ausformung einer Hohlkehle mit diesen Materialen hier zu Schwundrissen.

Wenn eine Wärmedämmung des Kellermauerwerks erfolgen soll, wird die Abdichtung standardmäßig bis zu den Fenstern geführt, wobei die Innenseiten der Laibungen ausgelassen werden können, und anschließend die Dämmung unter Einbeziehung der Laibungen montiert. Im sichtbaren Bereich wird sie mit einer bei Wärmedämm-Verbundsystemen gebräuchlichen Beschichtung versehen und der Lichtschacht vor die Dämmschicht montiert (vgl. Kapitel 3.7.2.4, Abb. 3.34).

3.4.3 Risse und Bewegungsfugen

Arbeitende Risse, die sich nicht sicher beheben lassen, und Bewegungsfugen im Mauerwerk sollten mit einem Riss- oder Fugenband überbrückt werden (Abb. 3.21). Bei drückendem Wasser ist eine Flanschkonstruktion vorgeschrieben, die im Nachhinein aber nur mit hohem Aufwand zu realisieren ist. Die Hersteller bieten teilweise spezielle Dichtbänder an, die an den Seiten verklebt werden und im Rissbereich arbeiten können. An diese wird dann überlappend die Abdichtung angeschlossen (Abb. 3.22).

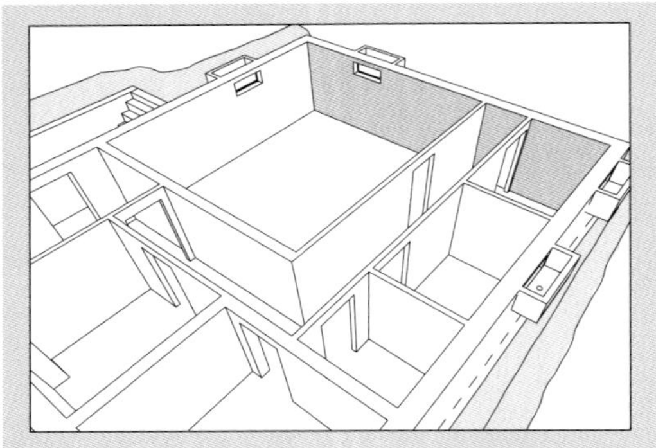

Abb. 3.23: Eine nicht aufgrabbare und daher von außen nicht abdichtbare Außenwand eines Kellers (oben rechts)

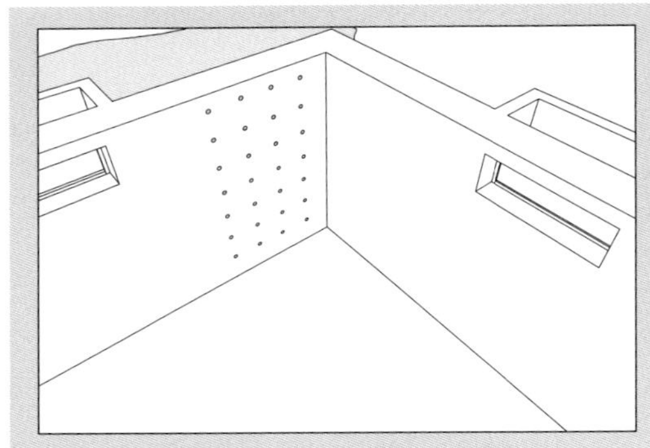

Abb. 3.24: Rasterförmige Anordnung der Bohrlöcher für die Flächeninjektion von innen im Übergangsbereich vor den Ecken zu einer von außen nicht abdichtbaren Kelleraußenwand

3.5 Unterbrochene Abdichtung außen

In bestimmten Fällen kann das Aufgraben einer Gebäudeseite nicht möglich sein (Abb. 3.23). Eine solche Situation besteht z. B., wenn ein Gebäude unmittelbar an einer viel befahrenen Straße steht, an der unter einem Gehweg Kanal- und Versorgungsleitungen verlaufen, oder wenn sich in zu geringem Abstand eine Bebauung befindet (siehe auch Kapitel 3.1.2).

In einem solchen Fall wird der Bereich, in dem die Abdichtung von außen unterbrochen ist, innen mit einer Dichtungsschlämme abgedichtet und der Übergangsbereich mit einer **Flächenabdichtung im Injektionsverfahren** versehen und die Abdichtung so in dem betreffenden Bereich geschlossen.

Hierzu sind die Wände in einem Übergangsbereich von ca. 100 cm vor jeder der beiden Ecken zu der Wand, die von außen nicht abgedichtet werden kann, mit rasterförmigen Bohrungen zu versehen (Abb. 3.24). Die Bohrungen werden je nach Mauerwerksbeschaffenheit mit einem Neigungswinkel nach unten von ca. 15° bis in eine Tiefe von 2/3 der Wanddicke geführt. In die Bohrlöcher wird dann eine Mauerwerksinjektion eingebracht. Da die Wirkung einer Injektion stark vom Durchfeuchtungsgrad des Mauerwerks abhängt, ist zur Festlegung des geeigneten Injektionsverfahrens zuvor eine Bohrkernanalyse erforderlich (zu Injektionsverfahren allgemein siehe Kapitel 5.3.2, zu den geeigneten Injektionsstoffen Kapitel 5.3.2.1, Tabelle 5.1).

Ist das Mauerwerk gesättigt, können die Bohrlöcher verfüllt und der injizierte Bereich in die Dichtungsschlämme von innen einbezogen werden (vgl. hierzu auch Kapitel 4.1.4). Um Ettringit- oder Thaumasitbildung zu vermeiden, ist bei der Verfüllung der Bohrlöcher darauf zu achten, dass bei älterem Mauerwerk kein Zementmörtel verwendet wird (vgl. Kapitel 2.5.3).

Die Wandfläche und der rasterinjizierte Übergangsbereich werden mit einem Sperrputz versehen (Abb. 3.25). Wenn der Keller als Wohnraum genutzt werden soll, muss die Innendämmung, für die Calciumsilicat- oder Mineraldämmplatten verwendet werden sollten, mit der Außendämmung überlappend in den injizierten Bereich hinein verklebt werden.

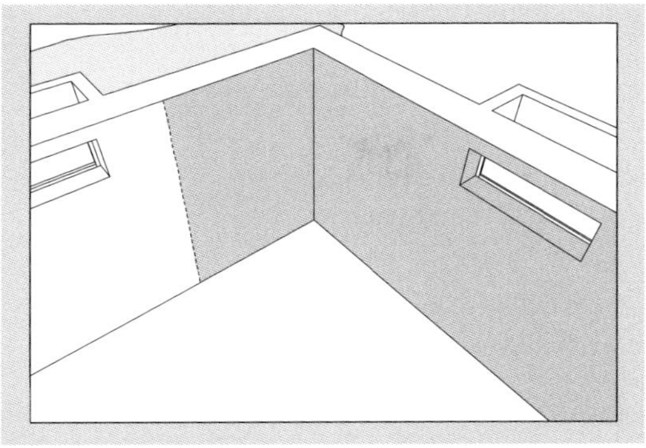

Abb. 3.25: Die grau hinterlegte Fläche, die nicht von außen abgedichtete Wand und der injizierte Übergangsbereich werden mit einem Sperrputz versehen.

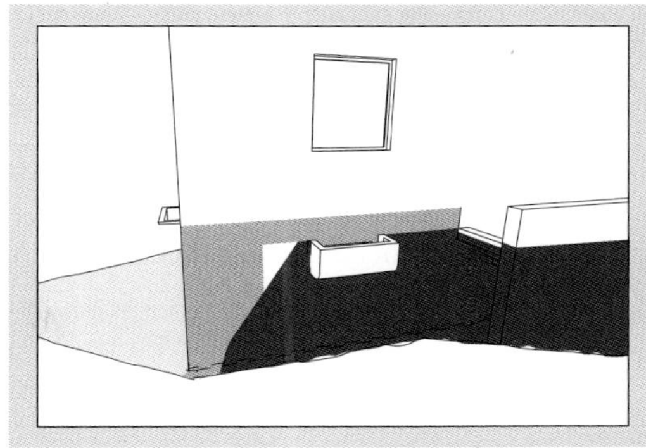

Abb. 3.26: Der Übergangsbereich sollte von außen, vor dem Aufbringen der bituminösen Abdichtung, mit einer Dichtungsschlämme gegen rückseitige Feuchte behandelt werden.

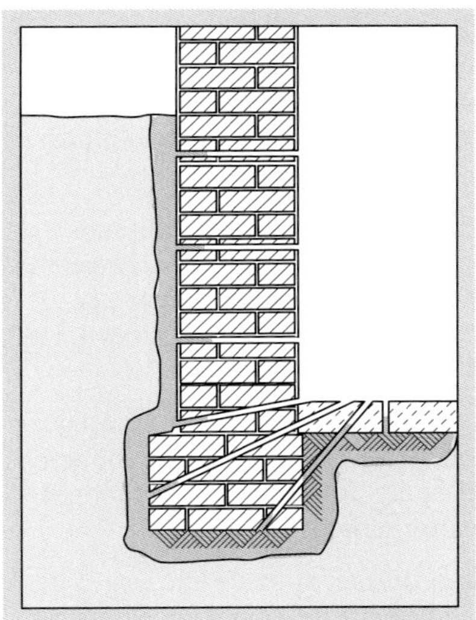

Abb. 3.27: Schema einer Schleierinjektion des Baugrunds um das Kellermauerwerk

Falls die endgültige Abdichtung außen nicht ohnehin mit einer flexiblen Dichtungsschlämme erfolgt, ist der Übergangsbereich vor dem eigentlichen Abdichten zweifach mit einer Dichtungsschlämme zu schlämmen, um eine Belastung der Abdichtung durch rückseitige Feuchte zu verhindern (Abb. 3.26).

3.6 Alternative Verfahren der Abdichtung von außen

Als Alternative Verfahren zur traditionellen Abdichtung von außen werden die **Schleierinjektion** und das **Erdschlitzverfahren** angeboten.

3.6.1 Schleierinjektion

Bei der Schleierinjektion werden von innen rasterförmige Bohrungen durch die Kelleraußenwand hindurch erstellt. Durch diese wird mittels Injektionen mit Niederdruck eine abdichtende Gelschicht zwischen Erdreich und Bauteil erzeugt (Abb. 3.27).

Um abschätzen zu können, ob ein flächiger Injektionsschleier ausgebildet werden kann, sollte eine Probeinjektion vorgenommen werden. Probleme wie ein inhomogener Baugrund (z. B. das Vorhandensein von Hohlräumen) können so erkannt werden.

Der **Abdichtungsgrad** des Verfahrens soll nach Angaben ausführender Firmen bei nahezu 100 % liegen und eine Einschränkung nach Wasserbeanspruchungen nicht gegeben sein.

Das Ergebnis einer Schleierinjektion des Erdreichs ist allerdings nicht unmittelbar kontrollierbar. Die Firmen, die das Verfahren ausführen, bieten im Regelfall eine kostenfreie Begutachtung vor Ort und eine Dichtheitsgarantie. Wenn feuchte Fehlstellen auftreten, wird eine kostenfreie Nachinjektion dieser Stellen vorgenommen.

Die Standzeit der abdichtenden Gelschicht ist allerdings schwer einschätzbar, da sie durch Bewegungen und Setzungen des Erdreichs beschädigt werden kann.

Es muss sichergestellt sein, dass die verwendeten Injektionsstoffe nicht mit dem Grund- oder Sickerwasser in Kontakt treten. Gegebenenfalls muss hierüber ein Nachweis geführt werden. Der verwendete Injektionsstoff, Packer, Packerabstand, Temperatur von Injektionsstoff und Baugrund, Injektionsdruck und Injektionsgerät sollten dokumentiert werden.

Soll eine Schleierinjektion für einen beschränkten Bereich, z. B. für eine Kelleraußenwand, die von außen nicht aufgegraben werden kann, eingesetzt werden, ist dennoch im Übergangsbereich innen eine Flächeninjektion durchzuführen und dort außen eine Dichtungsschlämme aufzubringen. Lediglich die Sperrschicht innen würde entfallen.

Der **Vorteil** des Einsatzes einer Schleierinjektion wäre hier, dass das Mauerwerk bedeutend weniger durchfeuchtet würde. Dies bedeutet einen höheren Wärmedämmwert und eine geringere Belastung des Mauerwerks durch Salze. Außerdem sind keine Außenarbeiten erforderlich.

Der **Nachteil** wären die wesentlich höheren Kosten. Hinzu käme wegen der Wahrscheinlichkeit einer hygroskopischen Feuchteaufnahme die Notwendigkeit eines Sanierputzes als Deckschicht innen.

Die **Kosten** einer Schleierinjektion sind vor allem von der Bodenbeschaffenheit abhängig. Sie betragen netto zwischen 250 und 500 €/m^2.

3.6.2 Erdschlitzverfahren

Beim Erdschlitzverfahren (Abb. 3.28) wird ein ca. 20 cm breiter Erdstreifen vor der Kelleraußenwand mit einem Spezialsauger abgesaugt oder mit einem Mikrobagger ausgeschachtet. Anschließend wird eine Perimeterdämmung mit Abstandhaltern zur Wandseite vor die Wand gestellt und die abgesaugte bzw. ausgeschachtete Erde wieder angefüllt.

Der verbleibende Spalt zwischen Perimeterdämmung und Kelleraußenwand wird mit einer speziellen, als Aktivkristallisation bezeichneten Abdichtungsmasse gefüllt und der Anschlussbereich von Dämmung, Abdichtung und Wand versiegelt.

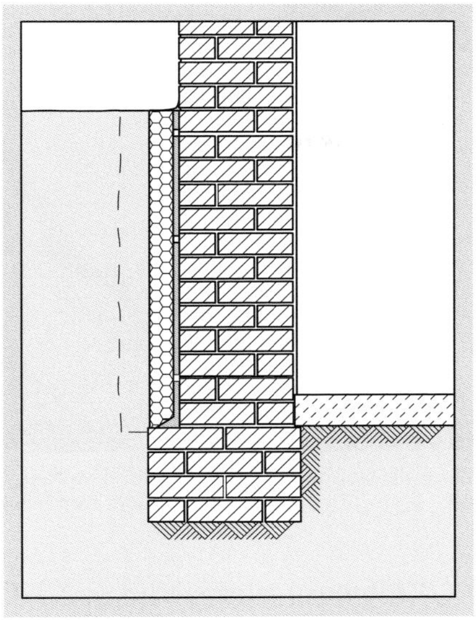

Abb. 3.28: Schema des Erdschlitzverfahrens (gestrichelte Linie: Bereich der schlitzförmigen Ausschachtung)

Auch ein Untersaugen und Abdichten von Lichtschächten ist mit diesem Verfahren möglich.

Dichtheit gegen Druckwasser wird für 10 Jahre garantiert.

Ein **Vorteil** dieses Verfahrens besteht darin, dass mit der Abdichtung zugleich eine Dämmung erfolgt. Zudem sind im Vergleich zum traditionellen Ausschachten keine statischen Probleme zu erwarten. Da die Arbeiten wenig zeitaufwendig sind, ist auch keine lange Lagerung von Erdaushub nötig ist, sodass die Einschränkungen für die Bewohner während der Baumaßnahme gering gehalten werden können. In dieser Hinsicht ist das Erdschlitzverfahren mit der in Kapitel 3.6.1 beschriebenen Schleierinjektion vergleichbar.

Ein **Nachteil** des Verfahrens ist, dass die Dämmplatten von oben in den Erdschlitz eingestellt werden und daher Rohr- und Leitungsdurchführungen nicht umlaufend fehlstellenfrei abgedichtet und gedämmt werden können. Dies gilt auch für den Bereich unter den Stufen einer Kelleraußentreppe.

Die **Kosten** des Erdschlitzverfahrens betragen netto ca. 300 €/m^2 für Abdichtung und Dämmung einschließlich Rückbau und Wiederherstellung einer Pflasterung.

3.7 Anfüllschutz und Dämmung

3.7.1 Anfüllschutz

Die Abdichtung muss vor dem Anfüllen gegen mechanische Beschädigungen geschützt werden. Wird die Kelleraußenwand zusätzlich gedämmt, kann die Dämmung je nach Oberflächeneigenschaften die Schutzfunktion übernehmen und es kann auf einen zusätzlichen Schutz verzichtet werden. Einige Dämmmaterialien erfordern jedoch eine zusätzlichen Anfüllschutz, der vor dem Anfüllen an der dem Erdreich zugewandten Seite der Dämmung angebracht wird.

Abb. 3.29: Anfüllschutz: Bitumenwellpappe

Abb. 3.30: Anfüllschutz: Noppenbahn aus Kunststoff

Abb. 3.31: Empfohlene mehrlagige Noppenbahn zum Schutz der Abdichtung

Ein kostengünstiger Anfüllschutz sind z. B. **Bitumenwellpappen** (Abb. 3.29), die an die Wand gelehnt und durch das Anfüllen angepresst werden. Die Fixierung beim Anfüllen erfolgt mit Lattenstücken. Den oberen Abschluss bilden meist zum Dämmsystem gehörende Profile.

Der gebräuchlichste Anfüllschutz sind **Noppenbahnen aus Kunststoff**. Diese Bahnen können einfach geknickt und zugeschnitten werden. Bei der einfachsten einlagigen Form einer solchen Noppenbahn (Abb. 3.30) erfolgt die Verlegung mit den Kegelstümpfen der Noppen zur Abdichtung/Perimeterdämmung hin. Dies soll beim Anfüllen durch die entstehende Luftschicht und die relativ glatte Seite der Noppenbahn nach außen Beschädigungen durch den Rüttler etc. verhindern. Zusätzlich erleichtert die entstehende Luftschicht ein Abfließen von Wasser und bildet eine – wenn auch geringe – zusätzliche Dämmung.

Die Kegelstümpfe einer solchen einlagigen Noppenbahn können sich bei einer weichen Abdichtung, wie beispielsweise einer Bitumendickbeschichtung, bei entsprechendem Erddruck in die Abdichtung eindrücken und diese beschädigen. Daher kann die Verwendung einer einlagigen Noppenbahn bei weichen Abdichtungen nicht empfohlen werden.

Tatsächlich ist auch bei anderen Abdichtungsmaterialien eine höherwertige mehrlagige Noppenbahn anzuraten (vgl. Abb. 3.31), auch weil ein mehrlagiger Anfüllschutz zwar noch kein explizit geforderter Bestandteil der diversen DIN-Normen und Merkblätter ist, aber als Stand der heutigen Technik angesehen werden muss.

Bei einer vorhandenen Perimeterdämmung kann man die Noppenbahn mit Plattennägeln fixieren, die durch Folie und Dämmung gestoßen werden. Um eine Beschädigung der Abdichtung zu vermeiden, ist hier darauf zu achten, dass die Nägel kürzer sind als die Dämmstärke. Als höherwertige Lösung bieten die Hersteller von Noppenbahnen spezielle Klebepads mit Nagelstiften an, die auch ohne Beschädigung auf die Abdichtung geklebt werden können und an denen man den Anfüllschutz fixieren kann.

Die spätere endgültige saubere Befestigung des oberen Abschlusses kann in der Regel mit speziellen Profilen der Hersteller erfolgen.

Noppenbahnen bieten neben dem Schutz der Abdichtung den weiteren Vorteil, dass an der Oberfläche der Bahn durch die Noppen Kanäle entstehen, in denen Luft zirkuliert und eindringendes Wasser nach unten ablaufen kann. Außerdem hat die Noppenbahn einen zusätzlichen wärmedämmenden Effekt.

Als Anfüllschutz werden auch Materialien für gesonderte Anforderungen angeboten. So können z. B. **Schutzmatten** eingesetzt werden, die mit einer speziellen Geotextilschicht versehen sind und so als Dränmatte anfallendes Wasser besser einer verlegten Dränage zuführen (Abb. 3.31).

3.7.2 Dämmung der Kelleraußenwände

Die Dämmung der Kelleraußenwände wird als Dämmung von Bauteilen mit Kontakt zum Erdreich **Perimeterdämmung** genannt.

Die Anforderungen an eine solche Dämmung sind wesentlich höher als an eine Innendämmung oder an die Dämmung eines Wärmedämm-Verbundsystems.

Eine Perimeterdämmung

- muss dem Erddruck standhalten,
- darf sich nicht mit Wasser vollsaugen,
- muss anfallende Verkehrslasten aufnehmen können,
- frostbeständig sein und
- den angestrebten Wärmedämmwert erreichen.

3.7.2.1 Beständigkeit gegen Erddruck

Das anliegende Erdreich übt auf eine Perimeterdämmung Druck aus, der je nach Boden und Einbautiefe zu unterschiedlichen Dauerdruckbeanspruchungen führt, denen nicht jeder Dämmstoff gewachsen ist.

Tabelle 3.9 gibt Anhaltspunkte zur Abschätzung der erforderlichen Druckbeständigkeit.

Tabelle 3.9: Erdruhedruck e_0 bei verschiedenen Bodenarten in Abhängigkeit von der Einbautiefe (nach Merkblatt für den Wärmeschutz erdberührter Bauteile)

Einbautiefe unter Geländeniveau	Erdruhedruck e_0 in kN/m²		
	Ton, Schluff	Kies (Sand)	Kies (Geröll)
3 m	39	36	23
6 m	75	69	44
9 m	112	102	66
12 m	148	135	87
15 m	184	168	108

3.7.2.2 Eignung für verschiedene Wasserbeanspruchungen und Verkehrslasten

Die Beanspruchung einer Perimeterdämmung durch eindringendes Wasser ist je nach Art der Wasserbeanspruchung unterschiedlich. Nicht jeder Materialtyp ist für die höchste Wasserbeanspruchung, drückendes Wasser, und für die auftretenden Verkehrslasten zugelassen. Tabelle 3.10 gibt eine Übersicht über die Eignung verschiedener als Perimeterdämmung eingesetzter Materialien.

Tabelle 3.10: Anforderungen an die Einbausituation von Materialien, die als Perimeterdämmung eingesetzt werden (nach Merkblatt für den Wärmeschutz erdberührter Bauteile)

Material	zulässige Einbautiefe	Anforderungen an den anstehenden Boden	Abstand von Verkehrslasten > 5 kN/m²	Einbau im Kapillarsaum des Grundwassers	Wasserbeanspruchung drückendes Wasser
EPS	3 m	gute Wasserdurchlässigkeit	3 m	nicht zugelassen	nicht zugelassen
EPS, hydrophobiert	3–6 m	gute Wasserdurchlässigkeit	keine Anforderung	nicht zugelassen	nicht zugelassen
PUR	3 m	gute Wasserdurchlässigkeit	3 m	nicht zugelassen	nicht zugelassen
XPS	keine Beschränkung	keine Anforderung	keine Anforderung	zugelassen	bis 3,5 m unter Oberkante Fußboden

EPS expandiertes Polystyrol
PUR Polyurethan
XPS extrudiertes Polystyrol

3.7.2.3 Bemessung der Perimeterdämmung

Die ausgeführte Perimeterdämmung sollte zusammen mit der Kelleraußenwand einen Wärmedämmwert haben, wie er für heutige Wohngebäude Standard ist. So besteht die Möglichkeit, auch Kellerräume als Wohnraum zu nutzen.

Tabelle 3.11 zeigt die erforderlichen Dämmstoffdicken der Perimeterdämmung für einige Kellermauerwerksbaustoffe bei bestimmten Dicken des Mauerwerks der Kelleraußenwand, um einen heutigen Anforderungen genügenden Wärmedurchgangskoeffizienten (U-Wert) von 0,30 W/(m² · K) zu erreichen.

Tabelle 3.11: Zur Erzielung eines *U*-Wertes von 0,30 W/(m² · K) erforderliche Dämmstoffdicken der Perimeterdämmung in Abhängigkeit von Material und Dicke des Mauerwerks der Kelleraußenwand (nach Merkblatt für den Wärmeschutz erdberührter Bauteile)

Baustoff des Mauerwerks der Kelleraußenwand	Mauerwerksdicke in mm	Bemessungswert der Wärmeleitfähigkeit λ in W/(m · K)	Wärmedurchlasswiderstand *R* in m² · K/W	erforderliche Dämmstoffdicke für *U* = 0,3 W/(m² · K) in mm Wärmeleitfähigkeit λ des Dämmstoffs	
				0,035 W/(m · K)	0,040 W/(m · K)
Stahlbeton	250	2,1	0,119	120	140
Kalksandstein	300	0,99	0,303	100	120
Hohlblocksteine	300	0,92	0,326	100	120
Porenbeton	300	0,29	1,034	80	100

Abb. 3.32: Verlegung von Platten einer Perimeterdämmung ohne Kreuzfugen (Quelle: Fachvereinigung Polystyrol-Extruderschaumstoff [FPX], Roßdorf bei Darmstadt)

Abb. 3.33: Vollflächige Verklebung einer Perimeterdämmung (Quelle: Fachvereinigung Polystyrol-Extruderschaumstoff [FPX], Roßdorf bei Darmstadt)

3.7.2.4 Verlegung

Die Dämmplatten der Perimeterdämmung sollen ohne Kreuzfugen verlegt werden (Abb. 3.32). Eine einlagige Verlegung ist zulässig, doch gewährleistet eine zweilagige Verlegung eine lückenfreiere Ausführung der Dämmung. Hierauf ist insbesondere an Ecken und Durchdringungen zu achten.

Hinweis

> Liegt die Wasserbeanspruchung drückendes Wasser vor, muss die verwendete Dämmung vollflächig mit der abgedichteten Wand verklebt werden (Abb. 3.33), um ein Aufschwimmen der Dämmung zu verhindern. Liegen andere Wasserbeanspruchungen vor, ist eine punktuelle Verklebung ausreichend.

Abb. 3.34: Montierter Lichtschacht (Quelle: Fachvereinigung Polystyrol-Extruderschaumstoff [FPX], Roßdorf bei Darmstadt)

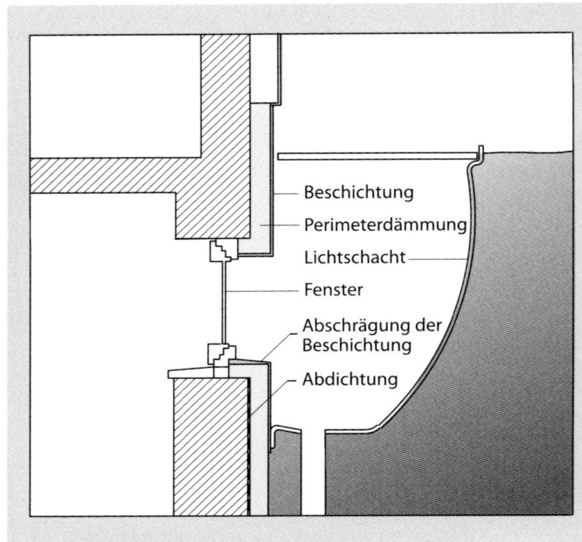

Abb. 3.35: Montageschema eines Kellerfensters mit Perimeterdämmung und Lichtschacht

Bei Bitumendickbeschichtungen wird zum Verkleben die verwendete Dickbeschichtung selbst verwendet, bei mineralischen Dichtungsschlämmen kann auch ein geeigneter mineralischer Klebstoff eingesetzt werden. Angaben zu den Materialien, die mit der geplanten Abdichtung und der gewählten Dämmplatte der Perimeterdämmung kombiniert werden können, sind jeweils beim Hersteller zu erfragen.

Auch Fenster müssen in die Perimeterdämmung einbezogen werden. Laibungen müssen gedämmt werden, um Wärmebrücken und damit Tauwasserbildung zu verhindern. Bestehende Kellerfenster sind jedoch vielfach nur einfach verglast und haben eine nur geringe Rahmenhöhe, sodass die Dämmplatten aufgrund ihrer Dicke über die Höhe des Rahmens hinausragen.

In diesem Fall sind neue Fenster mit Doppel- oder Mehrfachverglasung einzubauen, um eine lückenlose Dämmung zu ermöglichen. Es empfiehlt sich dabei, die Fensterausschnitte zu vergrößern und größere Fenster einzusetzen, um mehr Licht in die Räume zu bringen und bessere Belüftungsmöglichkeiten zu schaffen.

Um kostenaufwendige Abböschungen zu vermeiden, kann die Fenstergröße auf gängige Größen von Lichtschächten für gedämmte Kelleraußenwände abgestimmt werden. Die Lichtschächte werden in diesem Fall nachträglich montiert (Abb. 3.34, 3.35).

Abb. 3.36: An einen Spülschacht angeschlossenes Dränrohr (Quelle: Fränkische Rohrwerke Gebr. Kirchner GmbH & Co. KG, Königsberg/Bayern)

3.8 Dränagen

3.8.1 Aufbau

Eine Dränung ist das unterirdische Abführen von Waser. Um Wasser bei einer nachträglichen Abdichtung von den Kellerwänden abzuleiten, wird eine einfache Form einer Dränage, eine Ringdränage, eingesetzt.

Als **Dränrohre** werden außen gewellte und innen glatte Kunststoffrohre verwendet. Die äußere Wellenstruktur gewährleistet Stabilität, während die innere glatte Wandung das Ablaufen des Wassers begünstigt. Diese Rohre sind gelocht oder geschlitzt, sodass das Wasser eintreten kann. Um das Wasser sicher abzuführen, schreibt DIN 4095 ein **Mindestgefälle** von 0,5 % vor. In der Praxis bewährt ist ein Gefälle von 1 bis 2 %. Um das Entstehen von Bereichen mit Kontergefälle zu vermeiden, ist beim Anlegen des Gefälles für eine Dränage große Sorgfalt geboten. Eine Delle in einer Dränage kann aber auch durch ungleichmäßiges Verdichten beim Anfüllen oder durch das Arbeiten des Bodens entstehen. Darum sollten die starreren Dränrohre (Abb. 3.36) den flexiblen Dränschläuchen vorgezogen werden. Die Rohrverlegung ist zwar aufwendiger, die korrekte Gefällelage jedoch besser einzuhalten.

Durch die Lochungen oder Schlitze, durch die Wasser eindringen kann, gelangen auch Schwebstoffe im Wasser in die Dränrohre, die eine Verschlammung der Dränage verursachen können. Daher ist sie mit einer **Sicker- und Filterschicht** zu umgeben. Diese Schicht besteht aus einer die Dränage um-

Abb. 3.37: Filtervlies

schließenden Kiespackung und einer zusätzlichen **Feinfilterung**. Als Feinfilterung dienen

- Vliesgewebe (Abb. 3.37) um die Kiesschüttung,
- Gewebestrümpfe, die über die Dränrohre gezogen werden, oder
- Kokosfaserummantelungen der Dränrohre (Kokosfaserummantelungen sind allerdings nicht verrottungsfest).

Als das Dränrohr umschließende Kiespackung wird entweder spezieller Sickerkies oder Kies der Körnung 8/16 eingesetzt. Bei Verwendung dieses Kieses muss die Kiespackung komplett mit Filtervlies eingeschlagen werden. Bei Kies der Körnung 0/32 der Sieblinie B nach DIN 4095 ist dies nicht erforderlich. Der Kies sollte das Dränrohr von allen Seiten in einer mindestens 10 cm dicken Schicht umgeben. Die Kiespackung sollte außerdem mindestens 30 cm an der Kelleraußenwand über den Sockelbereich hochgeführt werden (Abb. 3.38). Wenn die Feinfilterung mit einem Filtervlies erfolgen soll, sollte dieses so unter der Kiespackung verlegt werden, dass die Vliesmatten die Kiespackung nach Einbringen des Kieses mit 10 cm Überdeckung ummanteln. Eine Noppenbahn als Anfüllschutz (vgl. Kapitel 3.7.1) kann als vertikale Dränschicht zur Wasserführung eventuell ausreichen, sicherer ist jedoch die Verwendung einer speziellen Dränbahn oder zusätzlicher Sickerplatten.

Die Dränage sollte im Scheitelbereich, also dem höchsten Punkt des Dränrohrs, nicht höher als die Fundamentoberkante liegen (Abb. 3.38). Dies wird sich allerdings nicht immer verwirklichen lassen, denn es sollten auch mindestens 10 cm Erdreich zur Fundamentunterkante stehen bleiben.

Um auf Dauer funktionsfähig zu bleiben, benötigt eine Dränage Spülmöglichkeiten. Hierzu müssen an jeder Außen- und Innenecke Spülschächte (Abb. 3.36) – auch Sammelschächte oder Kontrollschächte genannt – in die Dränage integriert werden. Sie werden bis zur späteren Kiesschüttung hochgeführt und mit trittfesten Deckeln abgeschlossen. Über diese Schächte kann die Dränage später gespült und der eingetragene Sand abgesaugt werden.

Ein Verlegeschema für eine Ringdränage um einen Keller zeigt Abb. 3.39.

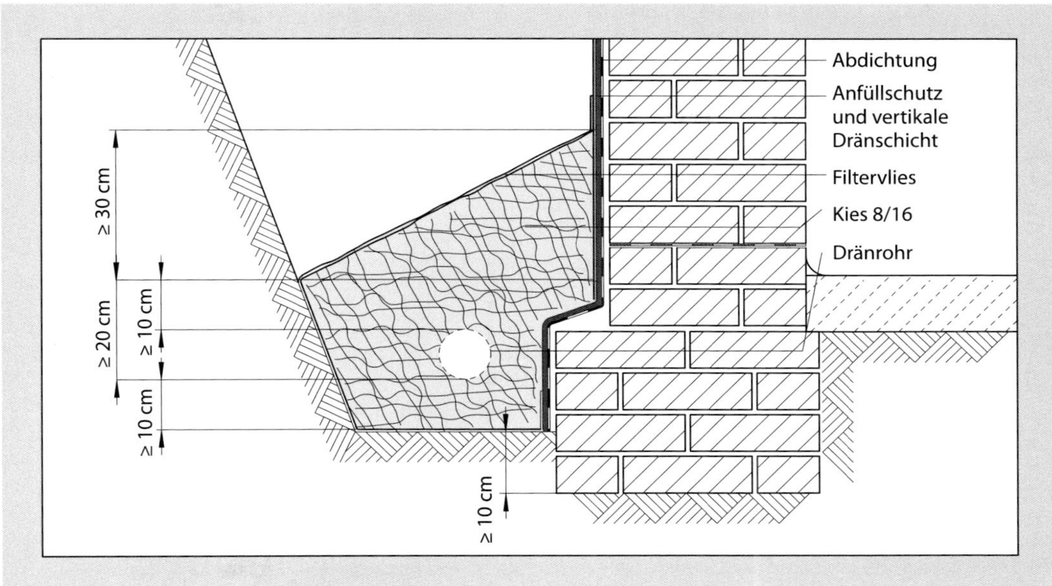

Abb. 3.38: Dränage: Lage von Dränrohr und Dränschicht

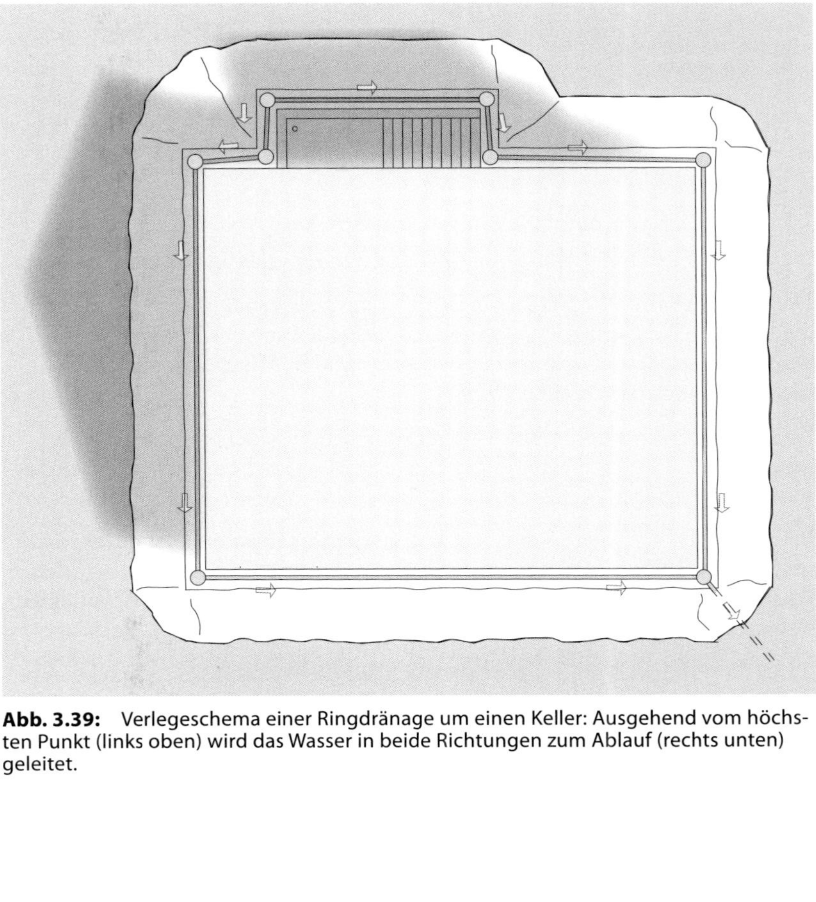

Abb. 3.39: Verlegeschema einer Ringdränage um einen Keller: Ausgehend vom höchsten Punkt (links oben) wird das Wasser in beide Richtungen zum Ablauf (rechts unten) geleitet.

3.8.2 Bemessung der Dränrohre

Für die Bemessung des Rohrdurchmessers einer Dränage ist die Gesamtrohrlänge der Dränage und die Menge des anfallenden Wassers entscheidend (zur Abschätzung der erforderlichen Rohrdurchmesser siehe Tabelle 3.12). Für ein Einfamilienhaus z. B. reicht in der Regel ein 100er-Rohrdurchmesser. Bestehen Unsicherheiten bezüglich des Wasseranfalls, sollte ein größerer Rohrdurchmesser gewählt oder ein Fachmann zurate gezogen werden.

Tabelle 3.12: Erforderliche Dränrohrnennweiten nach Boden- und Wasserverhältnissen (nach opti-drän®-System, 2013, S. 7)

Bodenart und Bodenwasser (Beispiele)	**Wassermenge**	**Wasserzudrang in l/(s · m)**	**Länge der Dränage**			
			25 m	**50 m**	**75 m**	**100 m**
sehr schwach durchlässiger Boden ohne Stauwasser oder Oberflächenwasser	gering	0,05	DN 100	DN 100	DN 125	DN 125
schwach durchlässiger Boden mit Sickerwasser und ohne Oberflächenwasser	mittel	0,1	DN 100	DN 125	DN 160	DN 160
Boden mit Schicht- oder Stauwasser und wenig Oberflächenwasser	groß	0,2	DN 125	DN 160	DN 200	–[1)]
		0,3	DN 160	DN 200	–[1)]	–[1)]

1) keine Daten verfügbar

3.8.3 Ableitung des Wassers

Das in einer Dränage anfallende Wasser muss zuverlässig abgeleitet werden.

Der Anschluss von Dränagen an den Regenwasserkanal ist jedoch in fast allen Städten und Gemeinden verboten. Die Einleitung des Wassers in den Schmutzwasserkanal ist ohnehin untersagt und in Mischwasserkanäle ist dies nur in Ausnahmefällen zulässig.

Da Entwässerungsrecht Ortsrecht ist, kann dies in jeder Kommune anders geregelt sein. Die jeweils geltende Regelung ist daher beim zuständigen Tiefbauamt zu erfragen.

Wer eine Dränage ohne Genehmigung an die Kanalisation anschließt, wird gegebenenfalls als Handlungsstörer haftbar gemacht. Je nachdem, wer den Anschluss angeordnet hat, kann dies den Bauunternehmer, den Architekten oder den Hauseigentümer treffen.

Kann der Nachweis einer Unumgänglichkeit des Anschlusses erbracht werden, ist gelegentlich die Erteilung einer Ausnahmegenehmigung möglich. In diesem Fall ist mit zusätzlichen Kosten für einen Sammelschacht, eine Pumpe, eine Rückstausicherung und einen Wasserzähler sowie mit Gebühren je eingeleiteten Kubikmeter Wasser zu rechnen.

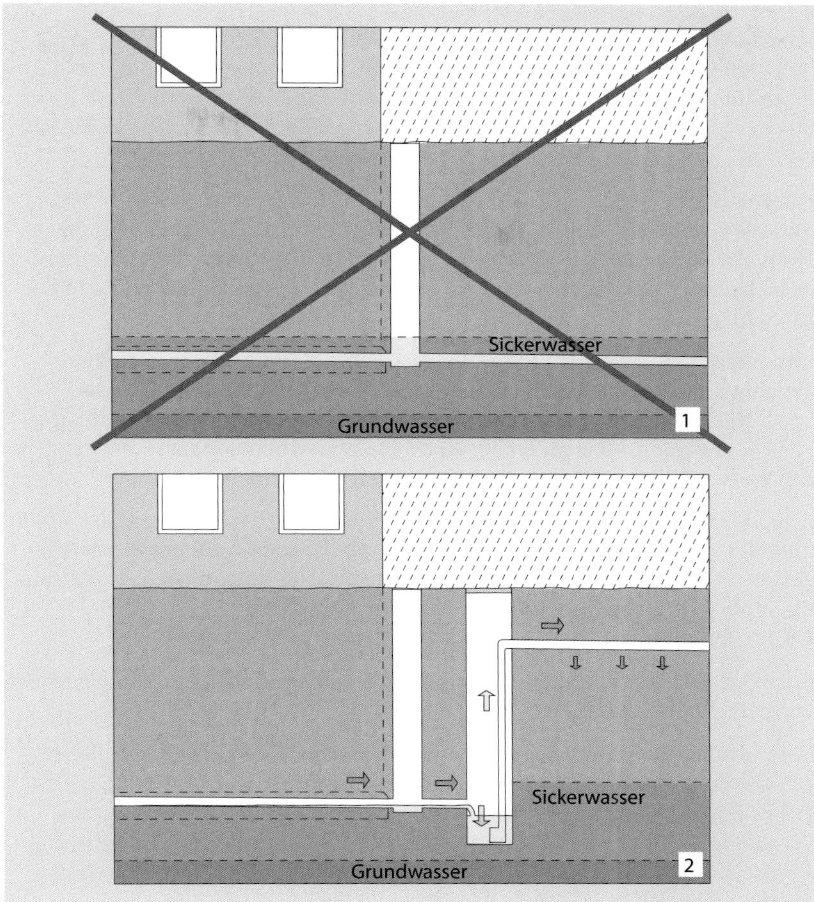

Abb. 3.40: Ableitung des Dränwassers ins Gelände: reines Versickern bei fehlender Ableitung (1), Wasserführung in einen höher gelegen Bereich über einen Pumpenschacht (2)

Hinweis

> Auch wenn dies gestattet sein sollte, ist von einer Ableitung des Dränwassers in Mischwasserkanäle abzuraten: Mischwasserkanäle stauen sich bei starken Niederschlägen bis auf Geländeniveau auf, sodass die Dränage ohne Rückstausicherung in Innendruck geraten und sich die Fließrichtung umkehren kann.

Da ein Kanalanschluss praktisch nicht möglich ist, muss in der Regel eine Versickerung des Dränwassers im Gelände erfolgen.

Ein Weiterführen der Dränage mit Gefälle, z. B. in den Garten, ist allerdings nicht funktional. Der als Versickerung geplante Rohrbereich würde bei Niederschlägen tiefer als der übrige Teil der Dränage und damit noch tiefer im Bereich des aufstauenden Sickerwassers liegen. Damit wäre die Dränage gerade dann funktionslos, wenn ihre Leistung benötigt wird (Abb. 3.40, Bild 1).

Eine Versickerung im Gelände setzt daher einen zusätzlichen Pumpenschacht voraus, durch den das sich sammelnde Wasser in eine höher gelegene Dränage geführt wird, um dort versickern zu können (Abb. 3.40, Bild 2). Auch für die obere Versickerungsebene sollte dabei eine Mindesttiefe von 60 cm eingehalten werden, um eine Frostfreiheit des Systems zu gewährleisten.

Alternativ ist ein Sickerschacht bis auf Grundwasserniveau möglich, sofern dieser die anfallende Wassermenge aufnehmen kann. Dies hängt von der Höhe der zuleitenden Dränage ab. Im Zweifelsfall muss auch hier ein Pumpenschacht zwischengeschaltet werden, um das Wasser auf eine höhere Ebene zu bringen.

Eine Versickerung kann auch zu Folgeschäden führen: Die zusätzliche Feuchte kann das Gelände versumpfen lassen oder zu Quellwasser und Feuchteschäden bei Nachbargebäuden führen, im ungünstigsten Fall sogar zu Gründungsproblemen. Daher sollte ein Wasserbaufachmann die anfallende Wassermenge und die Aufnahmefähigkeit des Bodens berechnen.

Angesichts der Probleme, die mit der Wartung einer Dränage und der Ableitung des anfallenden Wassers verbunden sein können, kann eine qualitativ bessere Abdichtung – sofern diese möglich ist – die sinnvollere Lösung sein.

3.9 Anfüllen

Nach Abschluss der Abdichtungsarbeiten an einem Keller ist die Baugrube sachgerecht anzufüllen.

Das Anfüllen geschieht lagenweise, wobei die einzelnen Lagen vor Einbringen der Folgelage jeweils verdichtet werden. Als Füllsand sind keine bindigen Böden und keine Sande mit Beimischungen von Steinen zugelassen. Verwendet werden kann allerdings speziell zugelassenes Recyclingmaterial, das meist kostengünstiger als reiner Füllsand, Splitt und reiner Sand ohne bindige Beimischungen ist.

Als Abschluss zur Hauskante ist ein mindestens 30 cm breiter Kiesstreifen anzulegen. Die Unterseite dieses Kiesstreifens sollte mit einem wasserdurchlässigen Vliesgewebe ausgelegt werden (Abb. 3.41).

3.10 Abdichtung des Sockelbereichs

Wasserschäden am Sockelbereich sind ein so häufig auftretender Bauschaden, dass dieser Problematik in der DIN 18533 eine eigene Wassereinwirkungsklasse zugeteilt wurde.

Folgende Ausführungsempfehlungen gibt die DIN 18533: Generell soll eine überlappende Abdichtung zwischen der Abdichtung des Kellers und einer Abdichtung gegen Spritzwasser eines mindestens 30 cm hohen Bereichs über dem Gelände ausgeführt werden. Dies bedeutet beispielsweise bei Wärmedämm-Verbundsystemen, dass die geschlossenporige Perimeterdämmung mindestens 30 cm über das Bodenniveau hochgeführt wird und einen Putzsockel aus einem wasserabweisenden Putz erhält. Bei Putzbauten sollte z. B. eine Dichtschlämme entsprechend bis mindestens 30 cm über Geländeober-

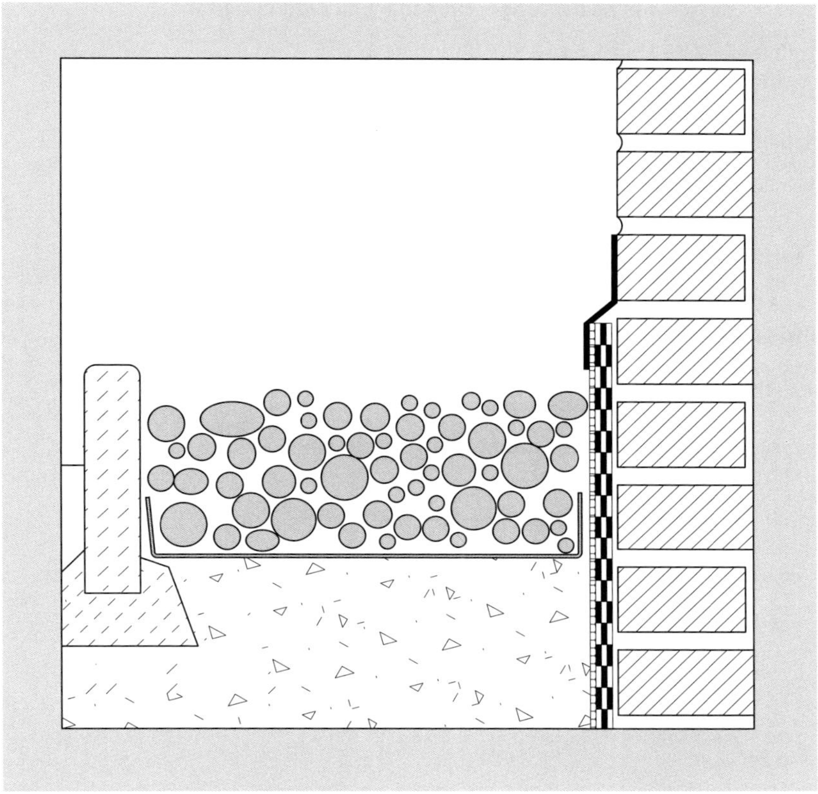

Abb. 3.41: Kiesbett auf einer angefüllten Baugrube

kante hochgeführt werden, die von der Kellerabdichtung überlappt wird, wobei der Übergang von einer Abschlussschiene kaschiert wird.

Bei einem vorhandenen sichtbaren Ziegelmauerwerk ist ein Sockelbereich von 30 cm aus einer Dichtschlämme oder Reaktivabdichtung optisch kaum zu vertreten. Hier kann als Alternative über eine vorherige farblose, wassersperrende Imprägnierung von Stein und Fuge – auch hier überlappend nach unten in die spätere Kellerabdichtung – nachgedacht werden.

3.11 Kosten von Abdichtungs-, Dränage- und Anfüllarbeiten

In Tabelle 3.13 sind Kosten zur Kalkulation von Abdichtungs-, Dränage- und Anfüllarbeiten zusammengestellt.

Tabelle 3.13: Kosten der Dränung, Dämm- und Anfüllarbeiten, Stand: Februar 2022 (nach SIRADOS Kalkulationsatlas für Roh- und Ausbau im Altbau [2021] und nach eigenen Recherchen)

Leistung	Ca.-Kosten (netto, inkl. Material)
Dränung	
Dränleitung aus Kunststoff-Teilsickerrohren DN 100 in Tunnelform mit glatter Fließsohle verlegen	8,30 €/lfm
Dränleitung aus flexiblen Kunststoff-Vollsickerrohren DN 100 verlegen	10,50 €/lfm
Dränleitung aus starren Kunststoffsickerrohren DN 100 verlegen	12,10 €/lfm
Erstellung einer Dränschicht aus Kiessand 8/16 mit Geotext	16,50 €/lfm
Verlegung von Filtervlies	9,40 €/lfm
Dränage-Kontrollschacht mit Bodenplatte, Schachtringen und Abdeckung setzen und anschließen	1.540,00 €/Stück
Setzen eines Drän-Spülschachts mit Sandfang DN 300 und Deckel	192,50 €/Stück
Dämm- und Anfüllschutzarbeiten	
Perimeterdämmung aus XPS 140 mm an Kelleraußenwand einlagig und dicht gestoßen punktweise verklebt anbringen	55,00 €/m^2
Perimeterdämmung aus XPS 200 mm an Kelleraußenwand einlagig und dicht gestoßen punktweise verklebt anbringen	71,50 €/m^2
Sickerschicht mit Noppenbahnen inkl. Eckausbildung als Anfüllschutz vor Kelleraußenwänden verlegen	12,10 €/m^2
Sickerplatten 50 mm senkrecht an verputzte Kelleraußenwände einbauen	31,90 €/m^2
Anfüllarbeiten	
lagenweises Verfüllen und Verdichten von Kelleraußenwänden und Fundament mit gelagertem Aushubmaterial	16,50 €/m^3
lagenweises Verfüllen und Verdichten von Kelleraußenwänden und Fundament mit Liefermaterial	33,00 €/m^3

PCI®
Für Bau-Profis
NICHTS KLEBT BESSER
UND LÄSST SICH BIS -5 °C
PROBLEMLOS VERARBEITEN.
PCI BT 21
PCI BT 21, die KSK-Dichtbahn „Allwetter“ mit modernster Abdichtungstechnik, schafft dauerhaft trockene Wohnkeller.
Beste Klebkraft – für dauerhaften Schutz vor Feuchtigkeit und eindringenden Radongasen aus dem Erdreich
Beste Formbarkeit – saubere, faltenfreie Verarbeitung an Ecken und Unebenheiten
Beste Sofortlösung – definierte Schichtdicke, schneller Arbeitsfortschritt, keine Trocknungszeiten
www.pci-augsburg.de
A brand of MBCC GROUP

4 Vertikale Abdichtung von innen

Aus bauphysikalischer Sicht hat eine Mauerwerksabdichtung von innen gegenüber einer Abdichtung von außen mehrere Nachteile. Vor allem bleibt die Belastung des Mauerwerks durch Feuchte, Frost und Salze auch nach einer Abdichtung von innen erhalten. Aufgrund der Feuchtegehalts des Mauerwerks ist zudem der Wärmedämmwert des Mauerwerks geringer als der eines trockenen Mauerwerks.

Doch kann eine Abdichtung von innen vor allem dann angebracht sein, wenn eine Abdichtung von außen nicht möglich ist (siehe hierzu Kapitel 3.5). Eine Abdichtung von innen kann ferner sinnvoll sein, wenn der Restwert und die Restlebensdauer eines Gebäudes eine Abdichtung von außen wirtschaftlich nicht mehr vertretbar erscheinen lassen, denn eine Abdichtung von außen kostet ca. das Dreifache einer Abdichtung von innen.

Im Folgenden werden die verschiedenen Verfahren der Innenabdichtung – Sperrputze (Kapitel 4.1), Abdichtung mit Bahnen (Kapitel 4.2) und Sanierputze (Kapitel 4.3) – sowie zusätzlich Aspekte der Innendämmung (Kapitel 4.4) erläutert.

4.1 Abdichtung mit Sperrputzen

Unter einer Abdichtung mit Sperrputzen ist eine Abdichtung der Wandflächen mit einer mineralischen Dichtungsschlämme zu verstehen. Diese kann im Schlämmverfahren oder als Spachtelung erfolgen. Je nach Wasserbeanspruchung (vgl. Kapitel 2.6.5) sind hierfür unterschiedliche Mindesttrockenschichtdicken und unterschiedlich viele Arbeitsgänge vorgeschrieben (Tabelle 4.1). Diese Vorgaben entsprechen denen für eine Dichtungsschlämme von außen, jedoch muss eine Abdichtung von innen einer rückseitigen Wasserbelastung von 1 bar standhalten; andernfalls ist für eine ausreichende Auflast zu sorgen. Letzteres gilt ebenso für Wand- und Bodenabdichtungen. Dichtungsschlämmen, die vom Hersteller für eine Abdichtung von innen auch für die Wasserbeanspruchung drückendes Wasser zugelassen sind und eine WTA-Zertifizierung besitzen, erfüllen diese Anforderungen.

Tabelle 4.1: Abhängigkeit der Mindesttrockenschichtdicken von Dichtungsschlämmen für eine Innenabdichtung von der Wasserbeanspruchung (nach WTA-Merkblatt 4-6 [2014], S. 17) bzw. der Wassereinwirkungsklasse nach DIN 18533

Wasserbeanspruchung (Wassereinwirkungsklasse)	Mindesttrockenschichtdicke	Arbeitsgänge
Bodenfeuchte und nicht stauendes Sickerwasser (W1-E)	2 mm	≥ 2
aufstauendes Sickerwasser und drückendes Wasser (W2-E)	3 mm	≥ 2

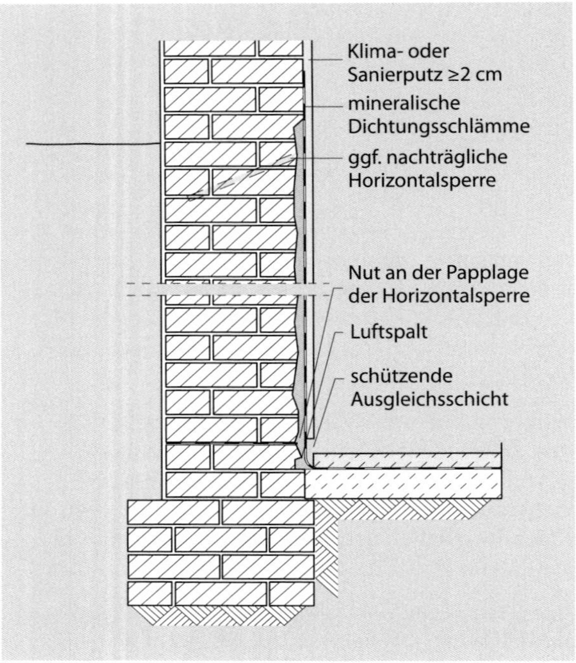

Abb. 4.1: Aufbau eines Sperrputzes einschließlich Deckputz mit Anschluss an eine mineralische Bodenabdichtung

4.1.1 Aufbau eines Sperrputzes

Der Aufbau eines Sperrputzes ist in Abb. 4.1 dargestellt. Bei der Ausführung ist nach WTA-Merkblatt 4-6 „Nachträgliches Abdichten erdberührter Bauteile“ (2014) Folgendes zu beachten:

- Der Bereich um die Pappe der Horizontalsperre sollte nutförmig eingestemmt, die Pappe abgeschnitten und mit einem Dichtungsmörtel vorgearbeitet werden.
- Hohlstellen und Ausbrüche, lose Fugen und andere Fehlstellen müssen vor dem Auftrag der Dichtungsschlämme egalisiert werden. Gestörter Fugenmörtel sollte 2 bis 3 cm tief ausgekratzt werden. Gegebenenfalls ist vorangehend das Aufbringen eines im Abdichtungssystem des Herstellers erhältlichen egalisierenden Putzes erforderlich.
- Außenecken sind zu brechen, Innenecken sollen eine Hohlkehle mit mindestens 3 cm Radius erhalten. Hierfür ist Dichtungsmörtel zu verwenden.
- Im Sockelbereich soll ebenfalls eine Hohlkehle mit Dichtungsmörtel ausgebildet werden.
- Gegebenenfalls **fehlende Horizontalsperren** müssen **vor** dem Schlämmen erstellt werden. Dies gilt insbesondere dann, wenn die obere Horizontalsperre fehlt. Diese muss dann im oberen Abschluss des Sperrputzes erstellt werden.

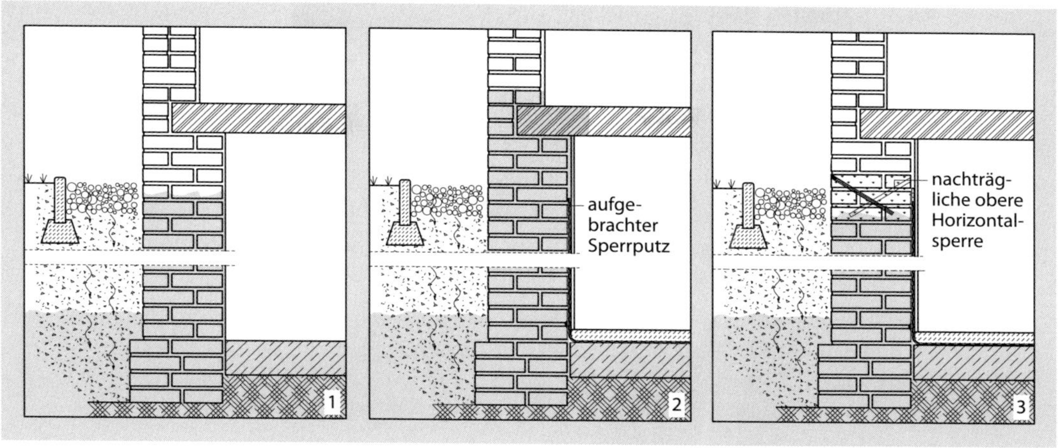

Abb. 4.2: Notwendigkeit zur Erstellung einer nachträglichen Horizontalsperre aufgrund höher aufsteigender Mauerwerksfeuchte nach Anbringung eines Sperrputzes im Keller: durchfeuchtetes Kellermauerwerk vor der Sanierung (1), bis in die Balkenlage und ins Erdgeschoss aufsteigende Feuchte nach Aufbringen eines Sperrputzes (2), Einbringen einer erforderlichen nachträglichen oberen Horizontalsperre (3)

- Eine Abdichtung von innen sollte mindestens 80 cm über den offensichtlich feuchten Bereich geführt werden. Die Abdichtung sollte die obere Horizontalsperre mindestens 30 cm überlappen.
- Nicht jeder Dichtungsmörtel und jede Dichtungsschlämme ist für stark salzbelastete Untergründe geeignet. Je nach Art der Salzbelastung werden spezielle Sanierungslösungen benötigt, die der Mauersalzverkapselung dienen. Um das richtige System wählen zu können, sollte hierfür der Salzgehalt des Mauerwerks bestimmt werden.
- Der abschließend aufgetragene Sanier- oder Klimaputz sollte nicht unmittelbar an den Boden anschließen, sondern eine Nut zum Boden aufweisen. Hierfür können Bretter verwendet werden, die nach dem Verputzen weggezogen werden. Die übliche Mindestdicke dieser Putze liegt bei 2 cm.

4.1.2 Notwendigkeit einer oberen Horizontalsperre

Bei der Ausführung von Dichtungsschlämmen wird oft nicht beachtet, dass bei Fehlen einer oberen Horizontalsperre diese vor dem Abdichten der Wände nachträglich erstellt werden muss.

Diese Maßnahme ist erforderlich, da durch die Abdichtung von innen Verdunstungsfläche fehlt und die Feuchte im Mauerwerk höher steigt und auch zuvor unbelastete Bereiche erreicht (Abb. 4.2, Bild 2). Hierdurch können neue Schäden im Sockelbereich des Erdgeschosses sowie – durch Korrosion – im Auflagerbereich von Stahlträgern der Kellerdecke entstehen (siehe hierzu auch Kapitel 2.4.3).

4.1.3 Arbeitsschritte

Ein Sperrputz benötigt einen **tragfähigen mineralischen Untergrund** (Abb. 4.3). Vorhandene, salzgeschädigte Putze müssen abgestemmt werden, ebenso müssen alte Farbschichten auf den Steinen des Kellermauerwerks z. B. mit speziellen Abbeizern entfernt werden.

Hinweis

Aus Gewährleistungsgründen sollten stets die aufeinander abgestimmten Produkte des jeweiligen Herstellers verwendet werden.

Der beim Abstemmen entstandene Staub sollte weitgehend abgefegt und die verbleibenden Staubreste durch eine **Grundierung** gebunden werden. Meist erfolgt die Grundierung und Verfestigung mit einem Produkt auf Kieselsäurebasis, mit dem oft auch die Zwischengrundierung zwischen dem Aufbringen der Schlämmschichten erfolgt.

Vor dem Aufbringen eines egalisierenden Dichtungsmörtels ist ein vollflächiger **Spritzbewurf** zu empfehlen. Die dadurch bedingte Oberflächenvergrößerung verbessert die Haftung. Bei einer Wand, die noch Staubreste enthält, ist zur Erzielung einer besseren Haftung ein deckender Spritzbewurf einem netzförmigen Spritzbewurf vorzuziehen. Der Spritzbewurf kann maschinell (Abb. 4.4) oder per Handanwurf erfolgen.

Für die **Egalisierung** der Flächen wird in der Regel ein Wasser abweisender Dichtputz aufgetragen (Abb. 4.5).

Anschließend erfolgt in 2 bis 3 Arbeitsgängen der Auftrag der eigentlichen **Dichtungsschlämme**. Der Auftrag kann im Schlämmverfahren mit einer Deckenbürste (Abb. 4.6), im maschinellen Spritzverfahren oder als Spachtelung erfolgen. Für diesen Arbeitsschritt ist ein weiterer Spritzbewurf als Haftbrücke nicht erforderlich. Bei den meisten Systemen erfolgt das Schlämmen mit Zwischenverkieselungen.

Auf der geschlämmten Oberfläche wird ein netzförmiger **Spritzbewurf** für den Oberputz aufgebracht (Abb. 4.7).

Nach Erhärten des Spritzbewurfs kann der **Oberputz** aufgetragen und geglättet werden (Abb. 4.8). Die Verwendung von Sanierputzen ist nicht unbedingt erforderlich. Stattdessen können auch spezielle Klimaputze, auch Luftporenputze genannt, verwendet werden. Sie tragen zudem später zu einem besseren Raumklima bei. Diese Spezialputze benötigen zur Wirksamkeit eine Mindestschichtdicke von 2 cm. Sie dienen als Zwischenspeicher für Tauwasser und sind in der Regel Bestandteil einer Innenabdichtung.

Um Anmischfehler zu vermeiden, sollten nur die von den Herstellern angebotenen fertigen Putzmischungen verwendet werden. Als Sanierputze sind nur WTA-zertifizierte Produkte auf Zementbasis zu empfehlen.

Eine Weiterbearbeitung der Fläche kann durch spezielle **Feinputze** und diffusionsoffene **Anstriche** (Silicatfarben für den Innenbereich sowie Kalk- und Kalkweißfarben) erfolgen.

Abb. 4.3: Für das Aufbringen eines Sperrputzes gereinigtes Mauerwerk (Quelle: PCI Augsburg GmbH, Augsburg)

Abb. 4.4: Maschinell ausgeführter Spritzbewurf (Quelle: PCI Augsburg GmbH, Augsburg)

Abb. 4.5: Egalisierung der Fläche mit einem Dichtputz (Quelle: PCI Augsburg GmbH, Augsburg)

Abb. 4.6: Dichtungsschlämmenauftrag (Quelle: PCI Augsburg GmbH, Augsburg)

Abb. 4.7: Netzförmiger Spritzbewurf für einen Oberputz (Quelle: PCI Augsburg GmbH, Augsburg)

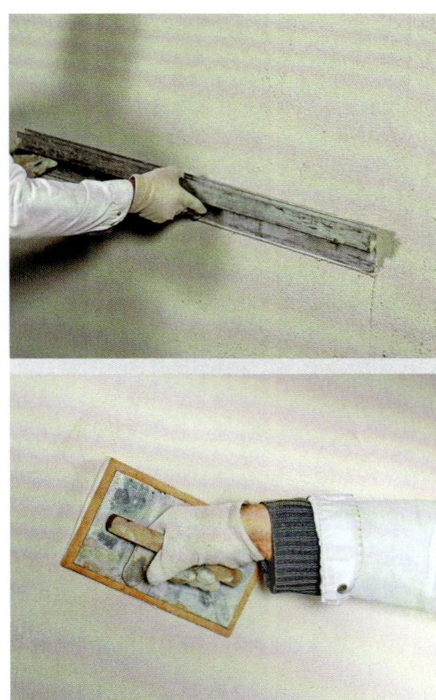

Abb. 4.8: Aufbringen (oben) und Glätten (unten) des Oberputzes (Quelle: PCI Augsburg GmbH, Augsburg)

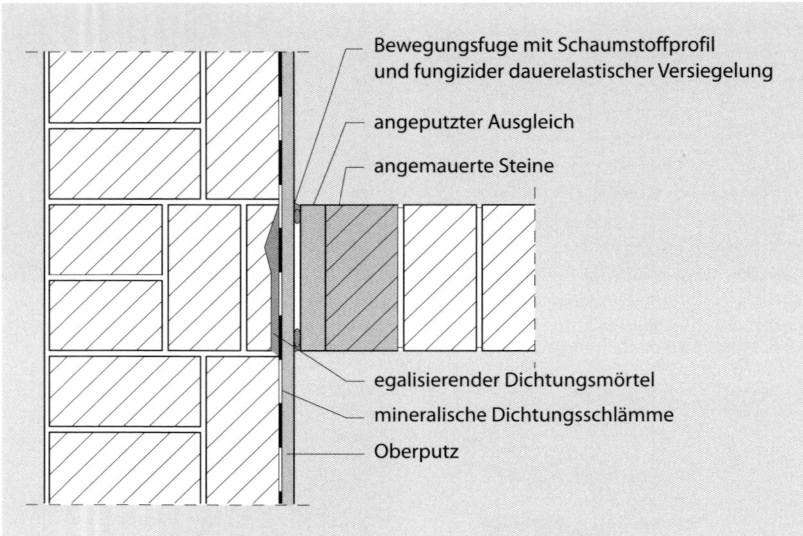

Abb. 4.9: Abdichtung einer Innenwandanbindung mit einer durchgehenden Dichtungsschlämme

4.1.4 Innenwandanbindung

Damit die anbindenden Kellerinnenwände die Abdichtung nicht unterbrechen, müssen sie in diese eingebunden werden. Dies kann mittels einer **durchgehenden Dichtungsschlämme** oder einer **Injektionsabdichtung** erfolgen.

Die am einfachsten auszuführende und am besten abdichtende Methode ist, die Anbindung der Wand in einem Schlitz aufzustemmen und eine zur Abdichtung der Außenwand durchgehende **Dichtungsschlämme** einzubringen. Anschließend wird der Schlitz wieder zugemauert. Dabei ist auf Anker oder auf eine Verzahnung mit der Innenwand zu achten, um eine Rissbildung zu vermeiden. Eine Verankerung im Außenmauerwerk kann in diesem Fall nicht erfolgen, denn diese würde die Abdichtung unterbrechen. Funktional ist, durch ein Brett, das nach dem Anmauern entfernt wird, oder durch einen dünnen Schaumstoffstreifen für eine Luftschicht im Anschlussbereich zu sorgen. So lässt sich eine Rissbildung in diesem Bereich vermeiden und eine Bewegungsfuge ausbilden (Abb. 4.9).

Falls Zweifel über die Standsicherheit einer Kellerinnenwand ohne Anbindung an das Außenmauerwerk bestehen, kann auch eine **Injektionsabdichtung** dieses Bereiches durchgeführt werden (Abb. 4.10). Die Ausführung entspricht dem in Kapitel 3.5 beschriebenen Vorgehen.

4.2 Abdichtung mit Bahnen oder Platten

Eine Alternative zu einer Abdichtung mit Vorbehandlung, Egalisieren und Schlämmen der Wand sind spezielle Abdichtungsbahnen und -platten für innen (Abb. 4.11), durch die viele Arbeitsschritte eingespart werden können.

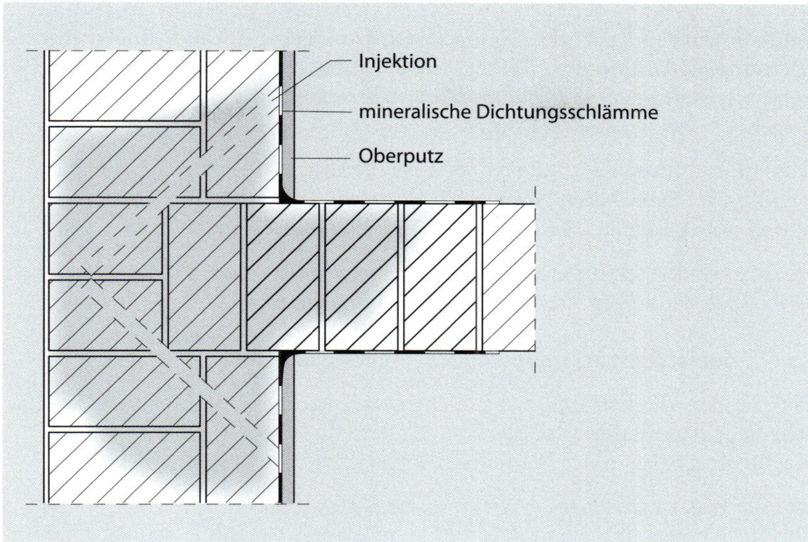

Abb. 4.10: Abdichtung einer Innenwandanbindung mittels Injektion

Abb. 4.11: Anbringen einer Abdichtungsplatte für innen (Quelle: Dörken GmbH & Co. KG, Herdecke)

Dabei handelt es sich um Noppenbahnen. Die Noppen werden zur Wand gelegt und eine gewebekaschierte Rückseite bildet den Putzträger. Vor der Befestigung der Noppenbahn mit Dübeln an der Wand wird ein spezielles Profil auf den Boden montiert, das im Zusammenwirken mit den Noppen für eine Belüftung der Wand sorgt. Der Oberputz oder ein Trockenputz kann dann ohne vorangehenden Spritzbewurf aufgebracht werden.

Bei stark salzhaltigen Wandoberflächen ist die Verwendung einer solchen Hinterlüftung jedoch nicht anzuraten, da das Mauerwerk durch die hygroskopische Wirkung der Salze über die Hinterlüftung weiterhin Feuchte aufnehmen würde (dies ließe sich nur durch vorangehendes Aufbringen einer Dichtungsschlämme verhindern; solche Vormaßnahmen stellen allerdings den wirtschaftlichen Vorteil gegenüber dem traditionellen Verfahren infrage).

Die Hinterlüftung durch die Noppen ist allerdings so gering, dass die Notwendigkeit einer oberen Horizontalsperre, wie sie auch beim Schlämmverfahren notwendig ist (siehe Kapitel 4.1.2), bestehen bleibt.

Die Materialkosten für eine Abdichtungsbahn oder -platte betragen einschließlich Montageschienen und Befestigungsmaterial netto 8 bis 10 €/m^2.

4.3 Sanierputze bei hygroskopischer Feuchteaufnahme

Bei Wänden, die von außen abgedichtet sind, kann eine starke hygroskopische Feuchteaufnahme auf der Wandinnenseite erfolgen. Verantwortlich hierfür sind Salze in der Wandoberfläche (vgl. Kapitel 2.2.12).

Um die Wasser anziehende Wirkung der Salze zu unterbinden, werden Sanierputze eingesetzt. Sie funktionieren im Prinzip wie ein Löschblatt, indem sie die Salze aufnehmen und so verhindern, dass diese an die Oberfläche gelangen und dort hygroskopisch wirken.

Um eine ausreichende Salzspeicherkapazität zu erreichen, benötigt ein Sanierputz eine Mindestschichtdicke von 2 cm.

Ein Sanierputz kann nicht unbegrenzt Salze einlagern. Wenn der Feuchte- und damit der Salztransport in das Mauerwerk nicht durch eine vorangegangene Abdichtung unterbrochen wurde, ist es möglich, dass der Sanierputz nach einigen Jahren wirkungslos wird und ausgetauscht werden muss. Für einen solchen Putzaustausch werden teilweise als „Opferputze“ bezeichnete Spezialputze eingesetzt.

Als Standard für Sanierputze haben sich die WTA-Sanierputze durchgesetzt. Bei diesen Putzen handelt es sich um zementbasierte Fertigmischungen, die durch spezielle Zuschläge ein günstiges Gesamtporenvolumen bei niedriger Kapillarität ausbilden und frostbeständig sind.

Ein Sanierputzsystem besteht aus mehreren abgestimmten Komponenten: einem Spritzbewurf, bei einigen Herstellern einem speziellen Grundputz, dem eigentlichen Sanierputz und in einigen Fällen einem abschließenden Feinputz.

Die Verarbeitung erfolgt ähnlich wie bei der Verwendung als Oberputz auf geschlämmten Flächen (vgl. WTA-Merkblatt 2-9-20/D „Sanierputzsysteme“ [2020], S. 6 f.):

- Der salzhaltige Putz muss bis mindestens 80 cm oberhalb der sichtbaren Schadensstelle entfernt werden. Der anfallende Bauschutt ist abzutransportieren, um eine Rückwanderung der Salze in das Mauerwerk zu verhindern.

Abb. 4.12: Aufkämmen einer frischen Putzfläche (Quelle: PCI Augsburg GmbH, Augsburg)

Abb. 4.13: Kantenausbildung durch Putzprofile bei Teilaustausch von Altputz gegen einen Sanierputz im Keller

- Mauerwerksfugen sollten mindestens 2 cm tief ausgekratzt werden. Dies ist erforderlich, da sich bis in diese Tiefe der Mörtelfuge in der Regel eine hohe Salzkonzentration befindet, die die Speicherfähigkeit des Putzes unnötig belasten würde.
- Nach einer eventuellen Grundierung wird ein meist netzförmiger Spritzbewurf aufgebracht.
- Anschließend erfolgt der Auftrag eines egalisierenden Grundputzes oder eines Sanierputzes.
- Wird mehrschichtig gearbeitet, so wird die Grundputz- oder Sanierputzfläche mit einem Putzkamm rasterförmig aufgekratzt (Abb. 4.12), um die Haftung der folgenden Schicht zu verbessern.
- Abschließend wird dann eine Sanierputzschicht aufgebracht.
- Die Nachbehandlung eines gegebenenfalls aufgebrachten zusätzlichen Feinputzes erfolgt mit einem Filzbrett.

Die Entfernung des gestörten, salzbelasteten Putzes und der Austausch gegen einen Sanierputz führt häufig zu einem „Putzsockel“. So bezeichnet man eine überstehenden Kante zwischen Altputz/Mauerwerk und dem Sanierputz in der höheren Schichtdicke, wenn der Sanierputz nicht raumhoch ausgeführt wird (Abb. 4.13).

Um eine saubere Kante und die notwendige Schichtdicke des Sanierputzes zu erreichen, bietet sich nachfolgender Arbeitsablauf an:

- Die Räume werden auf der Höhe des geplanten Sanierputzes (notwendige Höhe plus 5 cm Höhenzulage) ausnivelliert und markiert.
- Der Altputz wird entfernt und die Fugen ausgekratzt, aber eine Kante von 5 cm Altputz bis zur Höhenmarkierung wird stehengelassen.

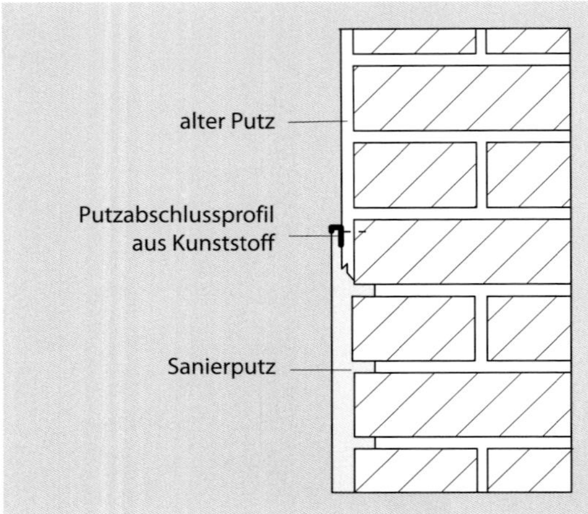

Abb. 4.14: Schema des Sanierputzaufbaus mit Putzkante zum Altputz

- Auf der markierten Höhe werden Putzabschlussprofile von etwa 12 mm, vorzugsweise aus Kunststoff, angedübelt.
- Nach dem Spritzbewurf, auch auf der Altputzkante, dient das Profil als Abschluss des neu aufgetragenen Sanierputzes und sichert die notwendige Schichtstärke (Abb. 4.14).

Hinweis

Wenn ein Sanierputz durch eine hohe Luftfeuchtigkeit im Keller zwar erhärtet, aber nicht austrocknet, kann dieser seine Hydrophobie nicht ausbilden. Dann können durch den noch vorhandenen durchgehenden Feuchtefilm von Mauerwerk und Putz Salze eindringen und an der Oberfläche des Sanierputzes ausblühen, was als Versagen der Sanierungsmaßnahme aufgefasst wird. Um diese Problematik zu verhindern, sollte nach dem Aufbringen des frischen Sanierputzes für eine längere Durchlüftung des Kellers gesorgt werden, damit die Austrocknung des Sanierputzes in dieser kritischen Phase unterstützt wird. Gegebenenfalls ist auch ein vorsichtiges Heizen oder der Einsatz von Entfeuchtern anzuraten (vgl. WTA-Merkblatt 2-9-20/D „Sanierputzsysteme", S. 14).

Wenn der Keller nur ein mäßiges Schadensbild durch Feuchte aufweist, besteht bei nicht als Wohnraum genutzten Kellern die Versuchung, auf den vorherigen Sperrputz und die damit verbundenen Arbeitsschritte und -kosten zu verzichten. Dann würde man nur den Sanierputz als Schutz vor hygroskopischer Feuchtigkeitsaufnahme und einen diffusionsoffenen Anstrich, wie etwa Kalkfarbe, als relativ ausblühsicheren Anstrich verwenden.

Durch den fehlenden Sperrputz auf der Wandinnenseite wäre allerdings der Feuchtetransport zur Luft des Kellers nicht unterbrochen. Durch die Abgabemöglichkeit von Feuchte an die Umgebungsluft verliert die Kellerwand an Sättigung und die Kapillaren der Kellerwände können wieder Feuchte aus dem Erdreich aufnehmen: Das hat den Nebeneffekt einer weiteren Einlagerung und Aufnahme von Salzen. Aus diesem Grund ist

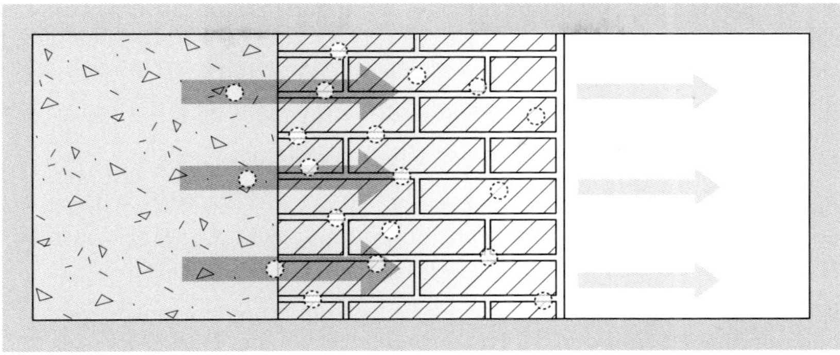

Abb. 4.15: Schema des Feuchtetransports und der Mitführung von neuen Salzen in das Kellermauerwerk bei einer Verdunstungsmöglichkeit zur Kellerinnenseite und einer fehlenden vertikalen Abdichtung

der dauerhafte Einsatz von Bautrocknern oder die dauernde Lüftung von Kellerräumen, um die Wände auszutrocknen, ohne vorhandene vertikale Abdichtung eher kontraproduktiv (Abb. 4.15).

4.4 Innendämmung

Eine Dämmung des Kellers von innen führt bei der Dämmung der Kellerdecke immer zu Verlusten an Raumhöhe und bei der Dämmung der Wände zu einem Verlust an Raumfläche. Daher wird eine Innendämmung im Keller nur angewendet, wenn auch die Abdichtung von innen erfolgt ist. Sofern eine neue vertikale Abdichtung von außen erfolgt ist, sollte in diesem Zuge auch die Dämmung durch eine Perimeterdämmung von außen erfolgen.

Dies hat nicht nur den Vorteil, dass die trockenen Außenwände die gesamte Wärmedämmung des Baukörpers erhöhen, sondern führt auch zu einer Pufferwirkung, indem die massiven Außenwände als Wärmespeicher dienen, die die Heizungswärme aufnehmen und langsam wieder an den Wohnraum abgeben.

Bei einer Innendämmung fehlt dieser Puffer. Die Räume heizen sich schnell auf, verlieren die Wärme aber auch schnell wieder, beispielsweise durch Lüftung. Im Extremfall, wenn ausreichend massive Innenwände als Speicher fehlen, spricht man von einem „Barackenklima“.

Die Energieeinsparverordnung 2014/16 (EnEV) schreibt bei einem unbeheizten Keller einen Mindestdämmwert (U-Wert) der Kellerdecke zum Wohnraum von 0,30 $W/(m^2 \cdot K)$ vor. Alternativ können – und müssen bei der Neunutzung als Wohnraum – auch die erdberührten Außenwände diesen U-Wert aufweisen.

Der U-Wert (Wärmedurchgangskoeffizent) eines Baustoffes gibt den Wärmedurchgang durch eine Baustoffdicke von 1 m in an. Zur Berechnung des Wärmedurchgangskoeffizenten wird der Wärmedurchgangswiderstand der einzelnen Schichten einer Wand (R_n) zu dem Gesamtwärmewiderstand (R_T) addiert. Zur Ermittlung des U-Werts des gesamten Baukörpers wird die Zahl 1 als Bezugsgröße durch diesen Gesamtwärmewiderstand geteilt.

Als Beispiel soll der U-Wert einer Kelleraußenwand berechnet werden, die aus einer 38 cm starken, trockenen Vollziegelwand (U-Wert ca. 0,7 W/(m^2 · K)) und einer 10 cm dicken Dämmschicht mit einem U-Wert von 0,032 W/(m^2 · K):

R_T = 0,38 m : 0,7 W/(m^2 · K) + 0,10 m : 0,032 W/(m^2 · K) = 0,542 + 3,125 = 3,667

U (gesamter Wandkörper) = 1 : 3,667 = 0,27 W/(m^2 · K)

Eine 10 cm starke Dämmung mit einem U-Wert von 0,032 W/(m^2 · K), der dem typischen Dämmwert von Mineralwolle entspricht, würde also ausreichen, um die Vorgaben der EnEV zu erfüllen.

Feuchte Kellerwände, wie sie bei einer Feuchtesanierung mit einem Sperrputz von innen verbleiben, können, unabhängig von der Wandstärke, als für die Wärmedämmung unwirksam angesehen werden. Hier erhöht sich die notwendige Dämmstärke entsprechend, egal ob von innen oder von außen aufgebracht.

Eine Kellerdecke als massiver Baukörper hat auch mit einem Estrich eine zu vernachlässigende Dämmwirkung, die in der endgültigen Dämmschichtberechnung nur Millimeter ausmachen würde.

Dämmwirksam in der Gesamtberechnung wirkt sich hier eine vorhandene Dämmung im Erdgeschoss unter einem schwimmenden Estrich aus.

4.4.1 Diffusionsoffene Dämmung der Kelleraußenwand von innen

Sollen die Wandflächen von innen gedämmt werden, folgt auf die Abdichtungsschichten kein Oberputz aus Sanier- oder Klimaputz, sondern möglichst eine Dämmung mit folgenden Eigenschaften:

- Das Material sollte verrottungsfest sein, damit auch bei höherer Luftfeuchte, die in einem bewohnten Kellerraum leicht auftreten kann, Schimmelpilzen keine Nahrungsquelle geboten wird.
- Das Material sollte Feuchte regulierend sein, weil die abgedichteten Wände nicht mehr als Feuchte aufnehmender Puffer wirken.
- Das Material sollte eine abschließende putzähnliche Beschichtung ermöglichen, um ihm eine für einen Wohnraum angemessene gefällige Oberfläche geben zu können.
- Das Material sollte entweder durch Verkleben an der Wandfläche befestigt werden können oder selbsttragend sein, um die Abdichtung nicht zu beschädigen.

Diese Anforderungen erfüllen nur wenige Materialien. Zu nennen sind vor allem **Calciumsilicatplatten** (Abb. 4.16), **Mineraldämmplatten** (Abb. 4.17) und spezielle **kombinierte Dämmplatten** (Abb. 4.18).

Calciumsilicatplatten können auf senkrechten Wandflächen in der Regel ohne eine zusätzlich erforderliche Verdübelung verklebt werden. Das Material zeichnet sich durch Festigkeit der Oberfläche, hohe Feuchteaufnahmefähigkeit und Beständigkeit gegen Schimmelpilzbefall aus. Die Platten sind schwach alkalisch und nicht brennbar. Sie können mit geeigneten Schlussbeschichtungen wie Mineral- und Silicatfarben und -putzen sowie mineralischen Spachteln beschichtet werden (Frössel, 2005, S. 233). Einige Hersteller bieten Platten an, die bereits eine vorgeschliffene Oberfläche besitzen und nur an den Fugen verspachtelt werden müssen. Allerdings werden diese Plat-

Abb. 4.16: Calciumsilicatplatte

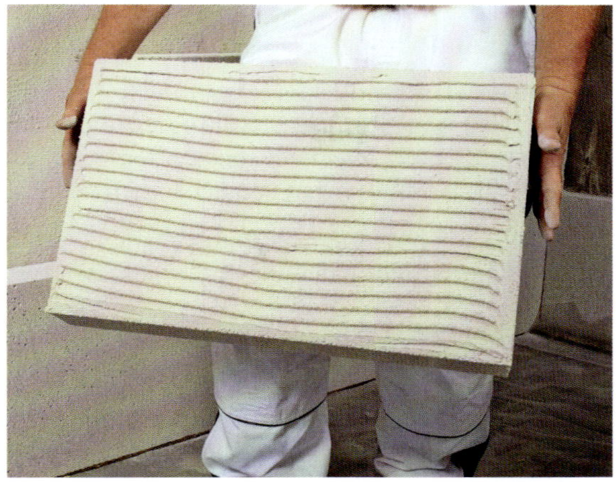

Abb. 4.17: Mineraldämmplatte (Quelle: Xella Deutschland GmbH, Wedel)

Abb. 4.18: Kombinierte Dämmplatte (Quelle: Remmers Baustofftechnik GmbH, Löningen)

ten nur in Dicken bis 50 mm angeboten, sodass sie als alleinige Dämmung nicht ausreichen (vgl. zu Calciumsilicatplatten auch Kapitel 2.3.1).

Reine **Mineraldämmplatten**, die keine Zusätze wie z. B. Cellulose enthalten, besitzen ähnliche Eigenschaften wie Calciumsilicatplatten.

Beide Dämmstoffe sind diffusionsoffene kapillaraktive Materialien und eignen sich daher, Probleme, die sich in der Vergangenheit mit ungeeigneten Dämmungen eingestellt haben, zu vermeiden. Es waren zahlreiche Feuchteprobleme und in der Folge vielfach Schimmelpilzbefall bei Innendämmungen aufgetreten, da sich im Winter eine Wasserdampfdiffusion in die Dämmung hinein eingestellt hatte (vgl. Schoch/Scheffler/Plagge: Was ist Kapillaraktivität?, 2014). Es müssen daher entweder kapillaroffene Dämmungen eingesetzt werden, die die Feuchte aufnehmen und wieder abgeben, oder die Feuchteentstehung muss unterbunden werden.

Sowohl die Calciumsilicatplatten als auch die Mineraldämmplatten sind kostenaufwendige Dämmstoffe. Bei Einsatz von Calciumsilicatplatten (50 mm) oder Mineraldämmplatten (100 mm) ist für Material einschließlich Klebstoff mit Nettokosten von ca. 34 €/m² zu rechnen. Hinzu kommen noch die Kosten für die Ausführung.

Ein neuerer Dämmstoff sind **kombinierte Dämmplatten** aus einer Calciumsilicatschicht und einer durch Mikrobohrungen durchlässig gemachten Hartschaumschicht, die die Eigenschaften von Calciumsilicatplatten mit den hohen Wärmedämmwerten von Schäumen verbinden.

Eine kapillaroffene Innendämmung hat den Nachteil, dass diese durch die Aufnahme von Raumfeuchtigkeit an Dämmwirkung einbüßen kann.

4.4.2 Diffusionshemmende Dämmung der Kelleraußenwand von innen

Aus Kostengründen wird vielfach statt einer diffusionsoffenen kapillaraktiven Dämmung eine lediglich diffusionshemmende Innendämmung mit einer Vorsatzschale aus Gipskartonplatten und Mineralwolldämmung erstellt.

Für dieses raumklimatisch ungünstigere System sind folgende Punkte in der Ausführung zu beachten:

- Die Ständerwerkskonstruktion darf nicht an den beschichten Wänden befestigt werden. Die Profile sind ausschließlich an der Decke und am Boden zu befestigen und die Ecken durch Verschraubung der Ständerwerksprofile selbsttragend auszubilden (Abb. 4.19). Besser wäre es allerdings, die Folie nicht wie bei dieser Ecklösung mit einer unterbrochenen Folienebene anzubringen, sondern durchgängig überlappend am Ständerwerk zu verkleben und abzudichten. Da dies in der Praxis kaum durchführbar ist, sollten zum Verkleben der Folienstöße und zum Verkleben an Übergangsbereichen die trockenbauüblichen Dichtstoffe und Klebebänder verwendet werden. Die Folie kann mit doppelseitigem Klebeband am Ständerwerk fixiert werden.
- Es ist doppelt zu beplanken. Für die zweite Plattenlage sind Feuchtraumplatten zu bevorzugen. Einer solchen Vorsatzschale fehlt andernfalls die aussteifende Wirkung der Beplankung der gegenüberliegenden Ständerwerksseite. Die Beplankung soll nicht auf dem Boden aufstehen. Es ist eine Schattenfuge zu belassen, um die Aufnahme von Feuchte aus dem Boden zu verhindern. Die Fuge wird später z. B. durch Sockelleisten überdeckt (Abb. 4.20).
- Zur Raumseite hin muss eine sorgfältig ausgeführte diffusionshemmende Folie angebracht werden, die an den Übergangsbereichen mit Kellerwand, -boden und -decke mit geeigneten Dichtstoffen zu verkleben ist. Es ist insbesondere auf die Dichtheit von Durchbrüchen, z. B. für Schalter, zu achten.
- Die beschichteten Kellerwände müssen durchgetrocknet sein, um keine Feuchte in der Dämmebene einzuschließen. Gegebenenfalls ist ein Kondensattrocknungsgerät zu verwenden, um die Trocknung zu beschleunigen.

4.4.3 Dämmung der Kellerdecke

Die Kellerdecke sollte gedämmt werden, wenn keine Dämmung der Kellerwände von außen oder innen erfolgt und sich darüber bewohnte – also beheizte – Räume befinden. Damit wird die wärmedämmende Hülle des Gebäudes geschlossen und eine merkbare Heizkostenersparnis erreicht.

Falls die Kellerräume später bewohnt werden sollen, ist der Einsatz einer diffusionsoffenen Deckendämmung, z. B. mit Mineraldämmplatten, zu

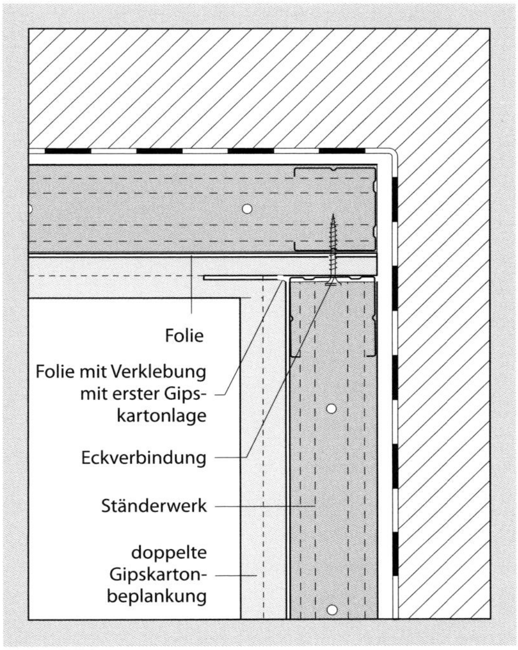

Abb. 4.19: Eckausbildung einer Ständerwerkskonstruktion (die Dämmung ist nicht mit dargestellt)

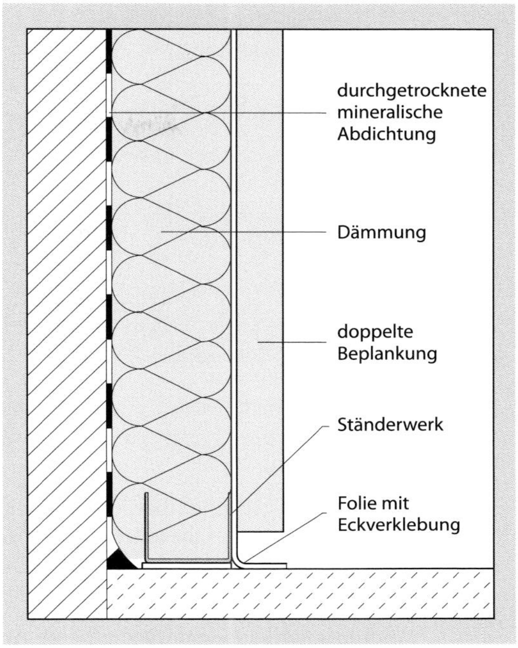

Abb. 4.20: Aufbau einer Vorsatzschale

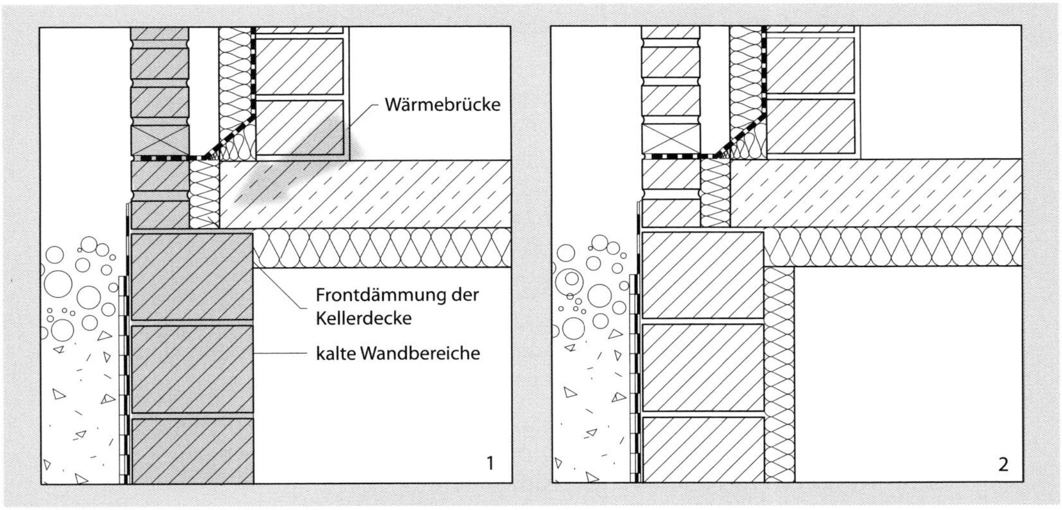

Abb. 4.21: Herabziehen der Kellerdeckendämmung an den kalten Außenwänden (2) zur Vermeidung einer Wärmebrücke (1)

empfehlen (vgl. Kapitel 4.4.1). Diese Dämmung kann an der Kellerdecke auch mechanisch befestigt werden.

Um zu verhindern, dass im Sockelbereich des Erdgeschosses eine **Wärmebrücke** entsteht (Abb. 4.21, Bild 1), ist die Deckendämmung an den Außenwänden mindestens 50 cm tief herunterzuziehen (Abb. 4.21, Bild 2). Die

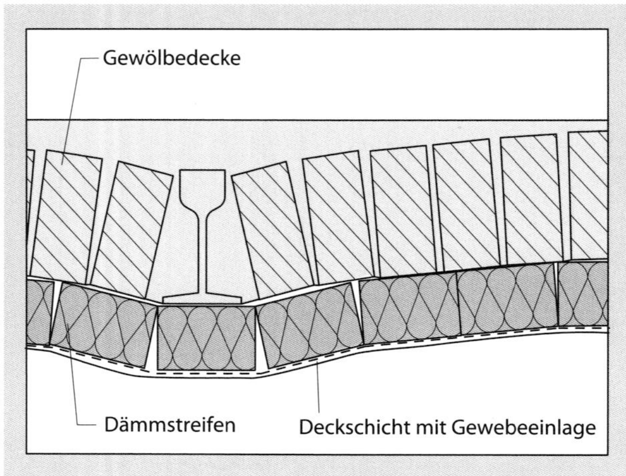

Abb. 4.22: Schema der Dämmung einer Gewölbedecke durch angeklebte Dämmplattenstreifen

Hersteller von Innendämmungen bieten auch spezielle Dämmkeile für diese Zwecke an. Wenn diese Dämmung der Außenwände nicht erfolgt, entsteht ein kalter Wandbereich im Erdgeschoss auch dann, wenn die Erdgeschossdecke eine Dämmung im Stirnbereich hat.

Sollte aus Kostengründen auf eine **Abkastung** zurückgegriffen werden (vgl. Kapitel 2.3.1, Abb. 2.31), ist sicherzustellen, dass das Kellermauerwerk im oberen Wandbereich trocken ist (siehe hierzu Kapitel 2.2.3). Bei einer Abkastung ist zunächst der Kasten zu montieren, um den Deckenanschluss diffusionsdicht ausbilden zu können. Anschließend erst wird die Kellerdeckendämmung angesetzt.

Als **Mindestdicke** für eine Kellerdeckendämmung gelten 60 mm, ideal wären 120 mm. Allerdings sind ältere Keller lediglich als Nutzräume konzipiert und besitzen daher nicht die Raumhöhen von Wohnräumen. Daher ist darauf zu achten, die Dämmdicke so zu wählen, dass auch größere Personen den Keller betreten können, ohne sich bücken zu müssen. Zudem wird bereits eine Kellerraumhöhe unter 2,10 m als niedrig empfunden.

Ist eine ausreichende Dämmung der Kellerdecke von unten wegen zu geringer Raumhöhe nicht realisierbar, besteht noch die Möglichkeit, die nötige Dämmwirkung durch den Austausch des Estrichs des Erdgeschossfußbodens gegen einen Trockenestrich mit Dämmschüttung zu erreichen.

Zur überschlägigen Ermittlung der erforderlichen Dämmdicken können die Angaben in Tabelle 3.10 in Kapitel 3.7.2.3 dienen. Die exakte Berechnung sollte von einem Fachmann vorgenommen werden.

Die Dämmung von Gewölbekellern ist mit Plattenmaterial schwierig und aufwendig, da dünne Streifen geschnitten werden müssen, um die Rundungen abzubilden. Die dabei entstehenden Lufträume zwischen den Dämmstreifen sind unproblematisch, wenn die Dämmschicht mit einer Deckschicht und eingelegtem Gewebe als Oberfläche versehen wird, da es sich dabei um stehende, also ebenfalls dämmende, eingeschlossene Luft handelt. Die notwendige Verspachtelung mit Gewebeeinlage erhöht zusätzlich den Arbeitsaufwand (Abb. 4.22).

Eine Alternative hierzu stellt das Verputzen mit speziellen Dämmputzen auf Kalkbasis dar. Diese können nach Grundierung und Spritzbewurf einer tragfähigen Oberfläche der Kellergewölbe bis etwa 10 cm Stärke aufgebracht werden. Ein solcher Dämmputz kann auch für Wandflächen zur Innendämmung verwendet werden. Hier liegt die maximale Auftragsstärke bei etwa 20 cm. Nachteilig ist der vergleichsweise schlechte U-Wert von ca. 0,070 W/(m^2 · K). Dies führt zu hohen Auftragsstärken mit dem entsprechendem Raumverlust, um den geforderten U-Wert zu erreichen.

Ein Vorteil ist die kapillaroffene Struktur und die Beständigkeit gegen Schimmelbefall.

4.5 Kosten von Innenabdichtungen und Innendämmungen

Die Kosten der Untergrundvorbereitung können Tabelle 3.2 in Kapitel 3.2.4 entnommen werden. Tabelle 4.2 enthält zusätzlich Angaben zu den Kosten für die weiteren Dämmarbeiten.

Tabelle 4.2: Kosten von Innenabdichtung und Innendämmung, Stand: Februar 2022 (nach SIRADOS Kalkulationsatlas für Roh- und Ausbau im Altbau [2021] und nach eigenen Recherchen)

Leistung	**Ca.-Kosten (netto, inkl. Material)**
Abdichtungsmaßnahmen	
Abdichtung der Kellerinnenwände mit elastischer mineralischer Dichtschlämme mit hohem Sulfatwiderstand in mindestens 2 Arbeitsgängen	22,00 €/m^2
Verputzen von Innenwandflächen bei mittlerer Salzbelastung mit Sanierputzen, mindestens 25 mm, 2-lagig mit systemkonformem Vorspritzmörtel, Egalisieren und Systemfeinputz	60,50 €/m^2
Innendämmung Wände	
Gipskarton-Vorsatzschale mit Mineralwolldämmung 50 mm, mit Oberflächenverspachtelung Q2, Kellerwände auf Feuchte geprüft bzw. abgedichtet, Folienverlegung mit verklebten Überlappungen und Wandanschlüssen	48,40 €/m^2
Dämmung der Kelleraußenwände als Feuchteschutzmindestdämmung mit 60 mm Kalziumsilikatplatte vollflächig verklebt, Oberfläche mit Gewebearmierung verspachtelt	96,80 €/m^2
Dämmung der Kelleraußenwände als Feuchteschutzmindestdämmung mit Mineralplatten Porenbeton 50 mm, vollflächig verklebt, Oberfläche mit Gewebearmierung verspachtelt	48,80 €/m^2
Dämmung der Kelleraußenwände mit Polyurethanplatten mit Mineralfüllung, 80 mm, verkleben und spachteln	66,00 €/m^2
Innendämmung Decke	
Kellerdecke von unten mit Dämmplatten 80 mm dämmen, inkl. Verklebung und Verspachtelung mit Gewebearmierung	60,50–82,50 €/m^2
Verbesserung des Dämmwerts der Kellerdecke durch Aufbringen eines Dämmputzes ca. 40 mm	60,50–82,50 €/m^2

5 Nachträgliche Horizontalsperre

Eine Horizontalsperre dient der Unterbrechung des kapillaren Wassertransports innerhalb des Mauerwerks mittels einer durch den Mauerwerksquerschnitt hindurchreichenden absperrenden Schicht. Damit sie ihre Funktion erfüllen kann, darf oberhalb dieser absperrenden Schicht keine Feuchte in das Mauerwerk eindringen. Daher ist eine solche horizontale Abdichtung immer im Verbund mit einer vertikalen, also senkrecht verlaufenden Abdichtung der Wandflächen von außen zu betrachten.

5.1 Notwendigkeit einer nachträglichen Horizontalsperre

Eine nachträgliche Horizontalsperre kann aufgrund der baulichen Verhältnisse, aber auch wegen einer Umnutzung von Kellerräumen erforderlich sein:

- Bei einer Innenabdichtung von Kellern mit Dichtungsschlämmen wird oft eine (gegebenenfalls zweite) nachträgliche Horizontalsperre erforderlich, um ein Aufsteigen der Mauerwerksfeuchte in höher liegende Bereiche zu verhindern (vgl. Kapitel 4.1.2).
- Hat ein älterer Keller keine horizontale Sperrschicht oder nur eine Papplage unmittelbar über der Kellerdecke, kann dies für einen nur als Lagerfläche genutzten Keller ausreichend sein, da ausreichend große Verdunstungsflächen und eine Durchlüftung durch die älteren, undichteren Fenster gewährleistet sind. Durch den Einbau neuer dichter Fenster und eine Sanierung für Wohnzwecke kann jedoch der Einbau einer zweiten Horizontalsperre im Bodenbereich notwendig werden.
- Bei Gebäuden aus der Gründerzeit (ca. 1870 bis 1920) wurde das Kellermauerwerk fast immer unmittelbar auf das Erdreich gesetzt und lediglich eine Horizontalsperre gegen das Fundament angebracht.
- Bei untergeordneten Bauteilen wie Schuppen oder Stallungen wurde oft auf eine Horizontalsperre verzichtet. Hat ein solches Bauteil unterkellerte Bereiche und sollen diese als Wohnraum genutzt werden, ist auch hier eine nachträgliche Horizontalsperre erforderlich.
- Ist eine bereits vorhandene eine Horizontalsperre beschädigt, so ist der Einbau einer neuen Horizontalsperre erforderlich.
- Ist die Kellersohle tiefer gelegt worden, so liegt die vorhandene Horizontalsperre zu hoch. Auch in diesem Fall ist der nachträgliche Einbau einer neuen Horizontalsperre erforderlich.

Ob der Einbau einer Horizontalsperre gegen aufsteigende Feuchte erforderlich ist, ist stets vor Ort zu ermitteln. Erste Maßnahme einer Voruntersuchung ist die Prüfung, ob bereits eine Horizontalsperre vorhanden ist. Diese ist in der Regel gut zu erkennen, nachdem gegebenenfalls Fugen ausgekratzt wurden oder Deckputz entfernt wurde.

Bei älteren Kellern befindet sich die aus einer bitumenhaltigen Pappe bestehende Horizontalsperre meist in einer Lagerfuge der ersten sichtbaren Steinreihen oberhalb des vorhandenen Sperrestrichs des Bodens.

Bei einer geplanten Abdichtung von innen ist ebenso zu prüfen, ob eine zweite Horizontalsperre vorhanden ist. Diese sollte sich zwischen den letzten Steinreihen unterhalb der Kellerdecke befinden.

Bei dieser Prüfung sollte auch ausgeschlossen werden, dass eventuell andere Faktoren für das beobachtete Schadensbild verantwortlich sind. So kann unter Umständen bereits der Einbau einer geeigneten Entlüftung ausreichend sein. Auch Spritzwasser im Sockelbereich oder an der Fassade herablaufendes Niederschlagswasser kann zur Durchfeuchtung führen und einen Schaden aufgrund einer fehlenden Horizontalsperre im Bereich der Kellerdecke vortäuschen.

Die sicherste Feststellung der Mauerwerksfeuchte erlaubt eine Entnahme von Bohrkernen in verschiedenen Höhen und ihre Untersuchung auf Feuchte- und Salzgehalt. Auf Grundlage dieser Daten lässt sich dann ein Feuchteprofil für den gesamten Mauerwerksquerschnitt erstellen (siehe hierzu im Einzelnen Kapitel 2.6.1.1).

5.2 Fragwürdige und nicht anerkannte Verfahren

Um die am Markt für Horizontalsperren bzw. für die Entfeuchtung von Mauerwerk angebotenen Verfahren nach anerkannten und nicht anerkannten bzw. seriösen und fragwürdigen Verfahren unterscheiden zu können, kann auf die Einschätzungen der WTA (Wissenschaftlich-Technische Arbeitsgemeinschaft für Bauwerkserhaltung und Denkmalpflege e. V.) zurückgegriffen werden.

Im Folgenden werden zunächst die nicht anerkannten bzw. fragwürdigen Verfahren vorgestellt, das anschließende Kapitel 5.3 gibt Informationen zu den anerkannten Verfahren.

5.2.1 Kaschierende Maßnahmen

Als völlig ungeeignet können alle Maßnahmen angesehen werden, die das Schadensbild der aufsteigenden Feuchte lediglich kaschieren.

Zu solchen Maßnahmen gehören Fliesen- und Keramikbeläge und absperrende Anstriche von innen ebenso wie Sperrputze (vgl. Kapitel 4.1) und eine vertikale Abdichtung von außen (vgl. Kapitel 3), da Abdichtungen der Kellerwände von innen oder außen gegen die über die Wandflächen eindringende Feuchte keinen Einfluss auf ein Aufsteigen der Feuchte **innerhalb** des Mauerwerks haben.

5.2.2 Elektroosmoseverfahren

Diese auch „elektrophysikalisches Verfahren“ genannte Methode beruht auf der Wirkung der elektrischen Spannung. Wird an einer Kapillare eine elektrische Spannung angelegt wird, wandern die Flüssigkeitsteilchen, in diesem Fall die positiv geladenen Wasserstoffionen, vom Pluspol (Anode)

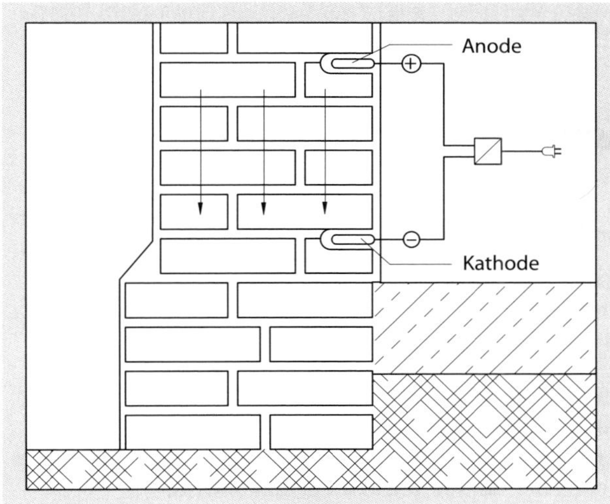

Abb. 5.1: Prinzip des aktiven Elektroosmoseverfahrens: Transport der Wasserstoffionen vom Pluspol (Anode) zum Minuspol (Kathode) bei Anlegen einer Spannung von außen

zum Minuspol (Kathode). Entsprechend werden bei diesem Verfahren 2 Elektroden im Mauerwerk installiert.

Bis ca. 1990 wurden vor allem sogenannte **passive Verfahren** eingesetzt. Dabei sollte ohne Anlegen einer äußeren Spannung lediglich durch die Potenzialdifferenz der in unterschiedlicher Höhe angebrachten Elektroden ein Stromfluss und damit eine Entfeuchtung in Richtung der unteren Elektrode (des Minuspols) erreicht werden. Die lediglich aus der Potenzialdifferenz resultierendem Spannungen waren jedoch zu gering, um eine ausreichende Entfeuchtung zu bewirken. Daher werden heute nur noch sogenannte **aktive Verfahren** eingesetzt, bei denen von außen eine Spannung angelegt wird (Abb. 5.1).

Die ersten aktiven Verfahren wurden bereits in den 1950er-Jahren angewendet. Die zunächst eingesetzten Mauerwerkselektroden aus Metall korrodierten jedoch schnell. Später eingesetzte Materialien wie Graphit wurden zwar durch die Elektrolyse nicht angegriffen, brachen aber häufig. Dadurch waren die erforderlichen Standzeiten dieses Verfahrens nicht gegeben.

Als heutiger Stand der Technik gelten flexible, edelmetallbeschichtete Stab-, Band- und Gitterelektroden aus Titan, die langlebig und relativ korrosionsbeständig sind.

Die Verlegung erfolgt durch in das Mauerwerk gefräste Schlitze, die nach Einsetzen der Elektroden mit einem speziellen Mörtel wieder dicht verfugt werden. Problematisch bei Einsatz dieses Verfahrens sind die Unterbrechung der Stromzufuhr an Türen und Fenstern sowie das Auftreten von Streuströmen an leitenden Teilen im Mauerwerk. Kann die Entstehung dieser Streuströme nicht durch Isolierung der betreffenden Einbauteile verhindert werden, ist das Verfahren nicht anwendbar.

Durch im Wasser zum Minuspol transportierte Salze kann es zudem zu einer vorzeitigen Korrosion der Kathode kommen. Hier ist eine vorangehende Mauerwerksdiagnostik zur Feststellung der Salzkonzentration erforderlich.

Die Anfangsprobleme des Verfahrens sind zwar beseitigt und es gibt inzwischen auch mit dem Elektroosmoseverfahren trockengelegte Referenzobjekte. Doch fehlen Langfristdaten zu der neueren Verfahrensvariante.

Die konstruktiven Mängel, die zu der aufsteigenden Feuchte führen, sind durch das Verfahren zudem nicht beseitigt, sodass das Mauerwerk wieder feucht wird, sobald keine Spannung mehr anliegt.

5.2.3 „Elektromagnetische" Verfahren

Durch die Bewegung der Wassermoleküle in den Kapillaren des Baustoffs sollen elektrische Ladungen zwischen der Kapillargrenzschicht und den Wassermolekülen entstehen. Diese sogenannte Ladungsbindung – auch als „Strömungspotenzial" oder „Zetapotenzial" bezeichnet – soll durch an der Kellerdecke montierte Geräte, die eine nicht näher bestimmte schwache Energie aussenden sollen, neutralisiert werden, sodass die Wassermoleküle, der Schwerkraft folgend, nach unten absinken oder aber an der Mauerwerksoberfläche verdunsten, da der Kapillareffekt aufgehoben wird.

Die Mauerwerkstrockenlegung mit „elektromagnetischen" Verfahren ist wissenschaftlich nicht belegt. Das Verfahren gilt als unwirksam, ebenso wie Trocknungsverfahren, die auf nicht näher fassbaren Schwingungen, Resonanzen, Strahlen, Funkwellen und andere Kräften beruhen sollen.

5.2.4 Knapen'sche Röhrchen und andere Belüftungssysteme

Jahrzehntelang wurde nach Methoden gesucht, die Mauerwerksfeuchte über Belüftungssysteme abzuführen. Das verbreitetste System waren die Anfang des 20. Jahrhunderts von dem Belgier Knapen erfundenen und nach ihm benannten Knapen'schen Röhrchen. Hierbei handelt es sich um in das Mauerwerk eingesetzte nach unten geneigte Tonröhrchen, die durch ihre Saug- und Diffusionsfähigkeit die aufsteigende Feuchte aufnehmen und verdunsten sollen. Das Verfahren wurde über viele Jahre angewendet und sogar patentiert. Die Röhrchen funktionieren jedoch nur kurze Zeit, da die durch das Wasser in den Tonröhrchen eingelagerten Salze schnell zu einer erhöhten hygroskopischen Feuchteaufnahme des nun salzbelasteten Tones führen und so die Verdunstung zum Erliegen bringen (Frössel, 2005, S. 234).

Neben den Knapen'schen Röhren wurden u. a. Belüftungssysteme mit Kanälen konstruiert. Diese Belüftungen können bei ungünstiger Witterung jedoch selbst Feuchte in das Mauerwerk transportieren. Zudem unterbinden auch sie nicht das kapillare Aufsteigen der Feuchte. Daher sind diese Belüftungssysteme als unwirksam einzustufen.

5.3 Anerkannte Verfahren

Die anerkannten Verfahren teilen sich in 2 Gruppen:

- **mechanische Verfahren**
  - Blecheinschlagverfahren
  - Maueraustauschverfahren
  - Mauersägeverfahren
  - Bohrkernverfahren

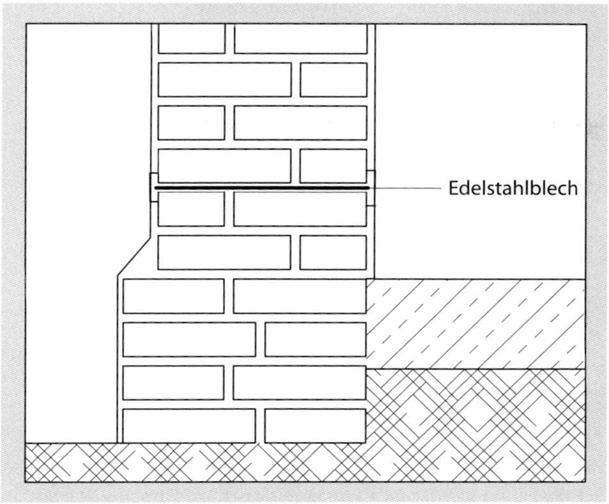

Abb. 5.2: Prinzip der Abdichtung mit dem Blecheinschlagverfahren

- **Injektionsverfahren** (chemische Verfahren)
  - drucklose Injektion
  - Injektion mit Niederdruck
  - mehrstufige Injektion
  - thermische Injektion
  - Impulsinjektion

Bei den mechanischen Verfahren wird durch einen Eingriff in das Mauergefüge ein nachträgliche Sperrschicht eingebracht. Dies ist nicht völlig erschütterungsfrei auszuführen, ermöglicht aber eine vollständige Abdichtung gegen aufsteigende Feuchte.

Die Injektionsverfahren wirken weniger stark abdichtend als die mechanischen Verfahren, bedeuten aber keinen Eingriff in die Statik des Gebäudes. In vielen Fällen sind sie sogar die einzige Option einer nachträglichen Abdichtung. Sie sind sehr gebräuchlich. Dies liegt u. a. an den vergleichsweise niedrigen Kosten.

5.3.1 Mechanische Verfahren

5.3.1.1 Blecheinschlagverfahren

Bei diesem auch als „Chromstahlblechverfahren“ oder als „HW-System“ bezeichneten Verfahren werden Edelstahlbleche (in der Regel Chromstahlbleche) in das Mauerwerk eingeschlagen (Abb. 5.2).

Hierbei sind wie beim Maueraustauschverfahren (Kapitel 5.3.1.2) und beim Mauersägeverfahren (Kapitel 5.3.1.3) die statischen Gegebenheiten zu beachten.

Abb. 5.3: Einsatz des Blecheinschlagverfahrens von innen (Quelle: Haböck & Weinzierl GmbH, Karlsfeld)

Im Unterschied zum Maueraustauschverfahren und zum Mauersägeverfahren entsteht jedoch keine zu schließende Fuge. Damit entfällt das spätere Vermauern oder Verpressen.

Beim Blecheinschlagverfahren werden gewellte Edelstahlbleche mit Drucklufthämmern nacheinander überlappend in das Mauerwerk getrieben. Hierfür ist im Mauerwerk das Vorhandensein einer durchgehenden Lagerfuge notwendig.

Das Verfahren kann aufgrund der entstehenden Erschütterungen bei historischen Gebäuden aus Bruchsteinmauerwerk, bei schon angegriffenen Konstruktionen oder einer ungünstig verschachtelten Bauweise unter Umständen nicht anwendbar sein. Allerdings übernehmen die ausführenden Firmen die Haftung für Risse über 0,5 mm Weite. Ob ein Gebäude für dieses Verfahren geeignet ist, muss nach einer Diagnose vor Ort entschieden werden.

Die einschlagende Maschine kann zur Einbringung einer hohen Horizontalsperre von außen oder einer tiefen Horizontalsperre von innen (Abb. 5.3) eingesetzt werden.

Die Mindesteinschlaghöhe über dem Fußboden beträgt 7 cm. An anbindenden Innenwänden und in Ecken werden spezielle Verbindungsbleche eingetrieben.

Sind die Wände verputzt, so muss im Arbeitsbereich zuvor ein ca. 20 cm breiter Streifen freigestemmt werden.

Vor Einsatz des Verfahrens ist der Salzgehalt des Mauerwerks zu bestimmen, da Chromstahlbleche bei hohem Salzgehalt korrodieren können und in diesem Fall Spezialbleche eingesetzt werden müssen.

Die Standzeit des Verfahrens ist stark vom Salzgehalt des Mauerwerks abhängig. Sie wird mit 20 bis 50 Jahren angegeben (Böhning/Schmitz, 2011, S. 84).

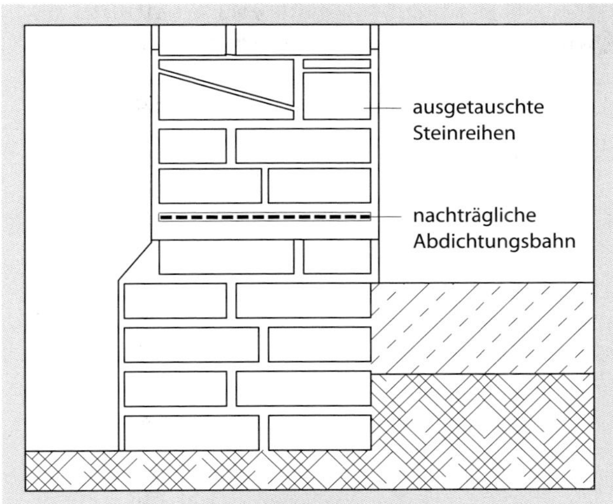

Abb. 5.4: Prinzip der Abdichtung mit dem Maueraustauschverfahren

Bei Gebäuden in erdbebengefährdeten Gebieten ist die Verwendung dieses Verfahrens ebenso problematisch wie bei Gebäuden in Hanglage mit dort bestehendem Schubdruck auf die Kellerwände, da das Gebäude durch das entstehende Gleitlager ins Rutschen kommen kann. In diesen Fällen sind entweder nicht alle Wände mit dem Verfahren zu bearbeiten oder es sind konstruktive Maßnahmen (z. B. Stützkonstruktionen) vorzusehen.

Wie beim Mauersägeverfahren besteht die Gefahr der Durchtrennung von Leitungen und Rohren. Zu berücksichtigen ist ferner, dass die Edelstahlbleche sehr gute Wärmeleiter sind. Bei beheizten Innenräumen kann dadurch der Taupunkt in den Mauerwerksquerschnitt wandern.

Die Kosten des Blecheinschlagverfahrens betragen ohne gegebenenfalls erforderliche Zusatzarbeiten bei durchschnittlichem Kellermauerwerk netto ca. 85 €/lfm (für Kostenvergleiche der Horizontalsperrenverfahren siehe Kapitel 5.4.1, Tabelle 5.4, und Kapitel 5.4.6, Tabelle 5.7).

5.3.1.2 Maueraustauschverfahren

Das Maueraustauschverfahren, bei dem ein Mauerwerksaustausch in der Regel von Hand erfolgt und anschließend eine Abdichtungsbahn eingezogen wird, ist das am häufigsten angewendete Verfahren zum nachträglichen Einbau einer Horizontalsperre (Böhning/Schmitz, 2011, S. 80).

Die Beliebtheit dieses Verfahrens erklärt sich daraus, dass nur geringe Materialkosten anfallen und die Arbeiten ohne aufwendigen Maschineneinsatz ausgeführt werden können. Ein großer Vorteil des Verfahrens sind die lange Standzeit und die hohe Dichtheit der Sperrschicht.

Beim Maueraustauschverfahren wird das Mauerwerk abschnittweise auf 50 bis 100 cm Länge herausgestemmt und mit einer eingelegten Dichtungsbahn, die an den Enden hochgeklappt wird, um später eine Überlappung zu bilden, neu vermauert (Abb. 5.4). Nach der erforderlichen Aushärtung eines

Abschnitts werden nacheinander weitere Abschnitte ebenso bearbeitet, bis eine neue, durchgehende Horizontalsperre eingebracht ist.

Das Verfahren ist **zeitaufwendig**, denn es muss jeweils das Erreichen der Mindestdruckfestigkeit eines neu vermauerten Abschnitts abgewartet werden, bevor der nächste Abschnitt ausgestemmt werden kann. Hierfür ist jeweils ca. 1 Woche zu veranschlagen.

Da Teile des Mauerwerks ausgetauscht werden, fehlt an diesen Stellen zudem die **vertikale Abdichtung**, die ergänzt werden muss.

Die **Statik** des Gebäudes darf durch die Arbeiten nicht gefährdet werden, insbesondere ist auf Gewölbeschub – horizontale Schubkräfte aus Gewölben, die einen Seitendruck auf die Kellerwände ausüben – zu achten.

In Bereichen höherer Belastung sind daher nur kurze Abschnitte zu bearbeiten, gegebenenfalls ist dort sogar ein abschnittweises Vorgehen erforderlich, bei dem jeweils 2/3 des Mauerwerks in Funktion bleiben.

In weniger belasteten Bereichen, wie z. B. unter Fenstern, können die bearbeiteten Abschnitte länger sein. Um die Arbeiten möglichst erschütterungsfrei zu halten, ist der Abbruch der Mauerwerksschichten per Hand zu empfehlen.

Die eingelegte **Abdichtungsbahn** muss auf einem geebneten Mörtelbett (Zementmörtel Gruppe 2 oder 3) verlegt werden, um Beschädigungen der Bahn zu vermeiden. Die Bahn sollte auch mit einer zweiten Mörtelschicht abgedeckt werden. Zu empfehlen ist ferner, den Schlitz erst nach Erstarrung des Mörtelbettes mit 1 bis 2 Reihen Steinen zu vermauern. Bei der Verwendung von Kunststoffbahnen ist zu beachten, dass diese wegen der späteren Beschichtung der Kellerwand von außen zur Wiederherstellung der vertikale Abdichtung bitumenverträglich sein müssen.

Die Dichtungsbahn sollte mindestens 20 cm überlappend verlegt und dann beim Ausmauern der Ausschnitte an den Enden hochgeklappt werden. Die Überlappung sollte später verklebt oder verschweißt werden.

Da das **Schwinden des frischen Mörtels** zu Setzrissen führen kann, sollte die letzte Schicht – mit einer möglichst dünnen Fuge – erst am folgenden Tag gesetzt werden. Um ein dichtes Mörtelbett im oberen Anschlussbereich zum vorhandenen Mauerwerk zu erreichen, sind Keilklinker zu empfehlen. Besser als eine dünne Fuge, die aufgrund der Rauigkeit des Anschlussbereichs zum vorhandenen Mauerwerk nicht vollfugig ist, ist für die letzte Reihe ein spezieller nicht schwindender Mörtel mit Quellmittel zu verwenden.

Ebenso ist auf eine ausreichende **Verzahnung mit den weiteren Mauerwerksabschnitten** und einen **Fugenversatz zum vorhandenen Mauerwerk** zu achten. Das heißt, dass nicht nur die neu gemauerten Abschnitte eine korrekte Steinüberdeckung von mindestens 1/4 Stein haben sollen, sondern auch die Schichten zwischen vorhandenem und neuem Mauerwerk keine Kreuzfugen bilden dürfen. Dies setzt eine Berechnung des Steinformats und der Abstände voraus, die aufgrund der noch fehlenden weiterführenden Ab-

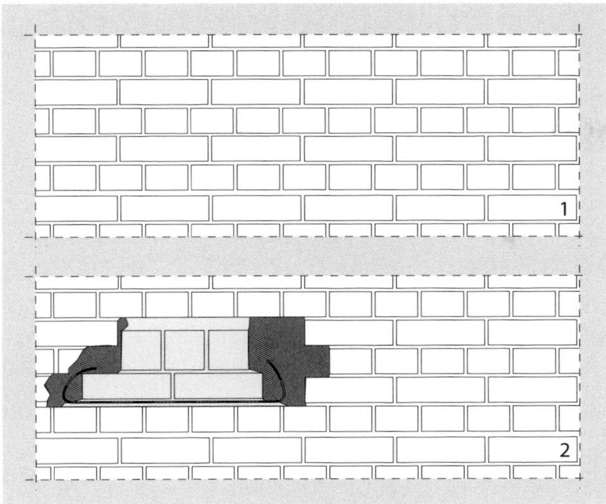

Abb. 5.5: Möglicher Mauerverband bei einem Mauerwerksaustausch

schnitte erschwert ist. Eine zusätzliche Komplikation besteht darin, dass in der Praxis die untere Fuge durch das egalisierende Mörtelbett und die Sperrschicht höher ausfällt als die vorhandene Fuge und für ein strammes Verfugen mit einem Quellmörtel eine Fuge von ca. 1 cm zum vorhandenen Mauerwerk zu gering ist, wenn es sich um größere Mauerwerksquerschnitte handelt.

Ein klassisches Ziegelmauerwerk ist oft ein 36,5er-Mauerwerk mit Normalformat- oder Reichsformatsteinen (Abb. 5.5, Bild 1). Eine Möglichkeit des Ausmauerns besteht darin, eine Schicht im Mauerverband mit Normalformatsteinen zu mauern und die abschließende Schicht mit 2-DF-Steinen (DF: Dünnformat; siehe Abb. 5.5, Bild 2). Wenn die Ausführung der Mauerwerkslehre entsprechen soll, ist eine durchgehende Fuge zwischen den Schichten auch innerhalb der Wand zu vermeiden. Daher müssen die 2-DF-Steine noch auf 3/4 des Steinmaßes gekürzt werden, wobei der Versatz durch die Differenz zwischen altem und neuem Normformat zwischendurch ausgeglichen werden sollte.

Der geschlagene 2-DF-Stein wird ebenfalls benötigt, um die Wand kraftschlüssig zu unterstopfen. Hierfür wird erst der hintere 3/4-Stein gemauert, dann stramm unterfugt und abschließend die vordere Schicht gesetzt.

Soll mit zementhaltigem Mörtel gearbeitet werden, müssen gipshaltige Bestandteile im Mauerwerk ausgeschlossen werden können, um Ettringit- oder Thaumasittreiben zu vermeiden (vgl. Kapitel 2.6.3). Andernfalls lässt die Ausführung des vorhandenen Mauerwerks nur die Verarbeitung von Mörteln mit hydraulischem Kalk zu.

Die Kosten des Maueraustauschverfahrens betragen bei durchschnittlichem Kellermauerwerk netto ca. 210 €/lfm (für Kostenvergleiche der Horizontalsperrenverfahren siehe Kapitel 5.4.1, Tabelle 5.4, und Kapitel 5.4.6, Tabelle 5.7).

5.3.1.3 Mauersägeverfahren

Beim Mauersägeverfahren wird das Mauerwerk horizontal vollständig durchtrennt (Abb. 5.6). Dies geschieht wie beim Maueraustauschverfahren (Kapitel 5.3.1.2) abschnittweise. Früher wurden handgeführte Mauersägen eingesetzt, heute finden trocken oder nass schneidende fahrbare elektrische Seilsägen (Abb. 5.7) Verwendung.

In den durch das Sägen erzeugten Spalt wird eine druckfeste Dichtungsbahn eingelegt. Anschließend werden Keilplatten kraftschlüssig eingeschlagen, bevor der Sägevorgang am nächsten Abschnitt fortgesetzt wird.

Der verbleibende Hohlraum wird mit einem Verpressmörtel geschlossen.

Es ist auf die Überlappung der Dichtungsbahn zu achten. Sie darf beim Verkeilen nicht beschädigt werden.

Besteht **Gewölbeschub**, kann das Verfahren nicht eingesetzt werden.

Ein Nachteil des Verfahrens ist, dass im Sägebereich im Mauerwerk verlaufende Leitungen und Rohre mit durchtrennt werden.

Die Wahl des Verpressmörtels ist auf die Zusammensetzung des Mauerwerks, insbesondere hinsichtlich Gipsbestandteilen, sowie auf den Salzgehalt des Mauerwerks abzustimmen, um Schäden, z. B. durch Ettringit- oder Thaumasittreiben (vgl. Kapitel 2.6.3), zu vermeiden (Frössel, 2006, S. 78).

Die Kosten des Mauersägeverfahrens betragen ohne gegebenenfalls erforderliche Zusatzarbeiten bei durchschnittlichem Kellermauerwerk netto ca. 170 €/lfm (für Kostenvergleiche der Horizontalsperrenverfahren siehe Kapitel 5.4.1, Tabelle 5.5, und Kapitel 5.4.6, Tabelle 5.8).

5.3.1.4 Bohrkernverfahren

Bei diesem Verfahren wird eine horizontal verlaufende Reihe von nicht überlappenden Löchern mit einem Durchmesser von 80 bis 100 mm durch das Mauerwerk gebohrt und anschließend mit wasserdichtem Mörtel oder Beton verfüllt.

Die verbliebenen Zwischenräume zwischen den Bohrlöchern werden nach Aushärtung der zuvor befüllten Bohrungen ebenfalls durchbohrt und verfüllt, sodass eine durchgehende absperrende Schicht entsteht (Abb. 5.8). Das Verfüllmaterial sollte ein Quellmittel enthalten, um durch Schwundrisse entstehende Undichtheiten zu vermeiden.

Dieses Verfahren wurde jahrzehntelang angewendet, ist aber nicht mehr gängig, da es sehr arbeitsintensiv und dadurch mit hohen Kosten verbunden ist. Es wird daher im Weiteren nicht mehr berücksichtigt.

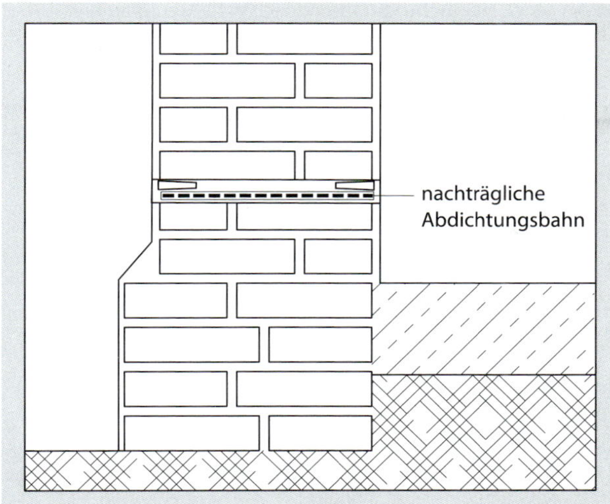

Abb. 5.6: Prinzip der Abdichtung mit dem Mauersägeverfahren

Abb. 5.7: Mauersägeverfahren: Eine nass schneidende Seilsäge während des Sägevorgangs (Quelle: Ralf Spranger, Leipzig)

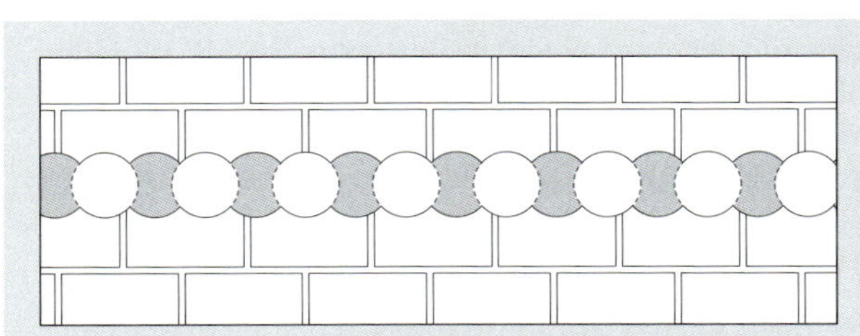

Abb. 5.8: Prinzip der Abdichtung mit dem Bohrkernverfahren: Anlage der ersten Bohrlochreihe (grau) und der zweiten Bohrlochreihe (weiß)

Tabelle 5.1: Ausführungsanforderungen an mechanische Verfahren (nach WTA-Merkblatt 4-7-15/D „Nachträgliche mechanische Horizontalsperre", 2015, S. 8)

Verfahren	**Arbeitsraum und Zugangsbreite**		**Mindesthöhe**	**Sicherung der Sperrebene im Bereich der Stöße**	**Verfüllmaterial für die Arbeitsfuge**
	Arbeitsseite (bzw. Geräteseite)	**Rückseite**	**Sperrebene über Boden**		
Maueraustauschverfahren	mindestens 80 cm	mindestens 80 cm bei beidseitigem Arbeiten	keine verfahrensspezifischen Einschränkungen	mindestens 5 cm Überlappung	schwindarmer Zementmörtel P III
Blecheinschlagverfahren	Wandstärke und Werkzeuglänge	ggf. Kontrollmöglichkeiten schaffen	verfahrens- und werkzeugabhängig	mindestens 2 cm Überlappung	entfällt
Bohrkernverfahren	Bohrlochtiefe und Werkzeuglänge	ggf. Kontrollmöglichkeiten schaffen	verfahrens- und werkzeugabhängig	Kernbohrungen müssen überlappen	schwind- und kriecharmer Dichtmörtel
Säge- und Schneideverfahren	Gerätegröße, mindestens 80 cm	verfahrensabhängig, ggf. Kontrollmöglichkeiten schaffen	verfahrens- und werkzeugabhängig	mindestens 5 cm Überlappung	schwind- und kriecharmer Dichtmörtel

Tabelle 5.1 gibt eine Übersicht über die Ausführungsanforderungen an mechanische Verfahren.

5.3.2 Injektionsverfahren

5.3.2.1 Verfahrensprinzip

Vorteile gegenüber den mechanischen Verfahren

Einer der Vorteile der Injektionsverfahren gegenüber den in Kapitel 5.3.1 beschriebenen mechanischen Verfahren ist, dass Injektionen sowohl von außen als auch von innen gesetzt werden können. Soll z. B. eine nachträgliche Abdichtung gegen aufsteigende Feuchte bei einem Bestandsgebäude auf Höhe des Kellerbodens erfolgen und ist das Mauerwerk mit einer intakten vertikalen Abdichtung versehen und angefüllt, sind Injektionen von innen die einzige WTA-anerkannte Möglichkeit, dies zu erreichen, ohne die Außenabdichtung zu beschädigen. Eine Alternative könnte für diesen Fall das Elektroosmoseverfahren (Kapitel 5.2.2) sein, das aber nicht WTA-anerkannt ist.

Ein anderer Vorteil der Injektionsverfahren ist, dass bei der Wahl der Höhe der Injektionsebene ein größerer Spielraum besteht als bei den mechanischen Verfahren.

Schließlich treten im Unterschied zu den mechanischen Verfahren keine statischen Probleme durch Erschütterungen, Setzungen oder Rissbildungen auf.

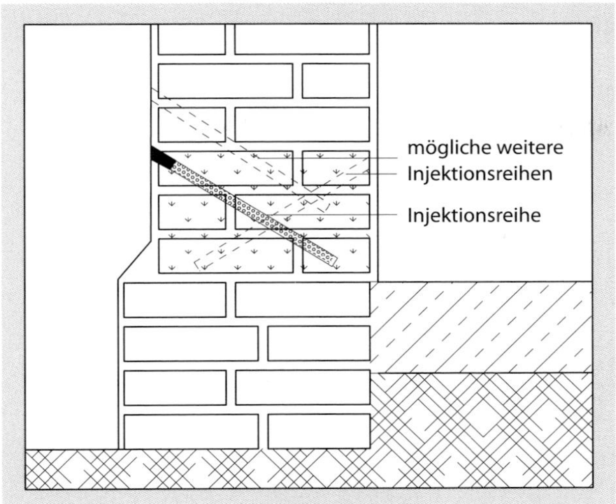

Abb. 5.9: Prinzip der Abdichtung mit Injektionsverfahren mit Platzierung der Bohrungen von außen oder von innen und unterschiedlichen Höhen der Injektionsebene

Ausführung

Zur Durchführung einer Mauerwerksinjektion werden abwärts geneigte Bohrlöcher im Abstand von 10 bis 15 cm ein- oder zweireihig bis ca. 5 cm vor dem Austritt auf der anderen Mauerwerksseite gebohrt (Abb. 5.9).

Die Injektion erfolgt meist mehrreihig von nur einer Wandseite, es ist aber auch eine Injektion von beiden Wandseiten her möglich. Positionierung der Injektionsreihen, Bemessung der Bohrlochabstände und Neigung der Bohrlöcher sind jeweils nach Herstellerangaben auszuführen.

Der Abstand der Bohrungen zueinander, die Bohrlochneigung, die Bohrtiefe und die Zahl der Bohrlochreihen sind dabei vom Mauerwerksaufbau und vom gewählten Verfahren abhängig.

Bevor die Bohrlöcher mit dem Injektionsstoff befüllt werden können, sind sie durch Ausblasen oder Aussaugen vom Bohrstaub zu befreien. Der Staub könnte andernfalls die Kapillaren im Bohrloch teilweise verstopfen und die Aufnahme des Injektionsstoffs und damit die Wirksamkeit der Abdichtungsmaßnahme beeinträchtigen.

Die Wirkungsweise der Injektionsverfahren beruht darauf, dass der Injektionsstoff die Kapillaren im Baustoff verstopft oder verengt oder hydrophobierend auf die Kapillarenwände wirkt und damit kapillar aufsteigende Feuchte unterbunden wird (Abb. 5.10).

Auf diese Weise entsteht eine absperrende Schicht im Mauerwerk, die kapillar aufsteigende Feuchte stoppt. Der Abdichtungsgrad liegt allerdings bei nur 70 bis 80 % (Böhning/Schmitz, 2011, S. 84). Dies ist in der Regel zwar ausreichend, jedoch weniger wirksam als die Abdichtung mit den mechanischen Verfahren.

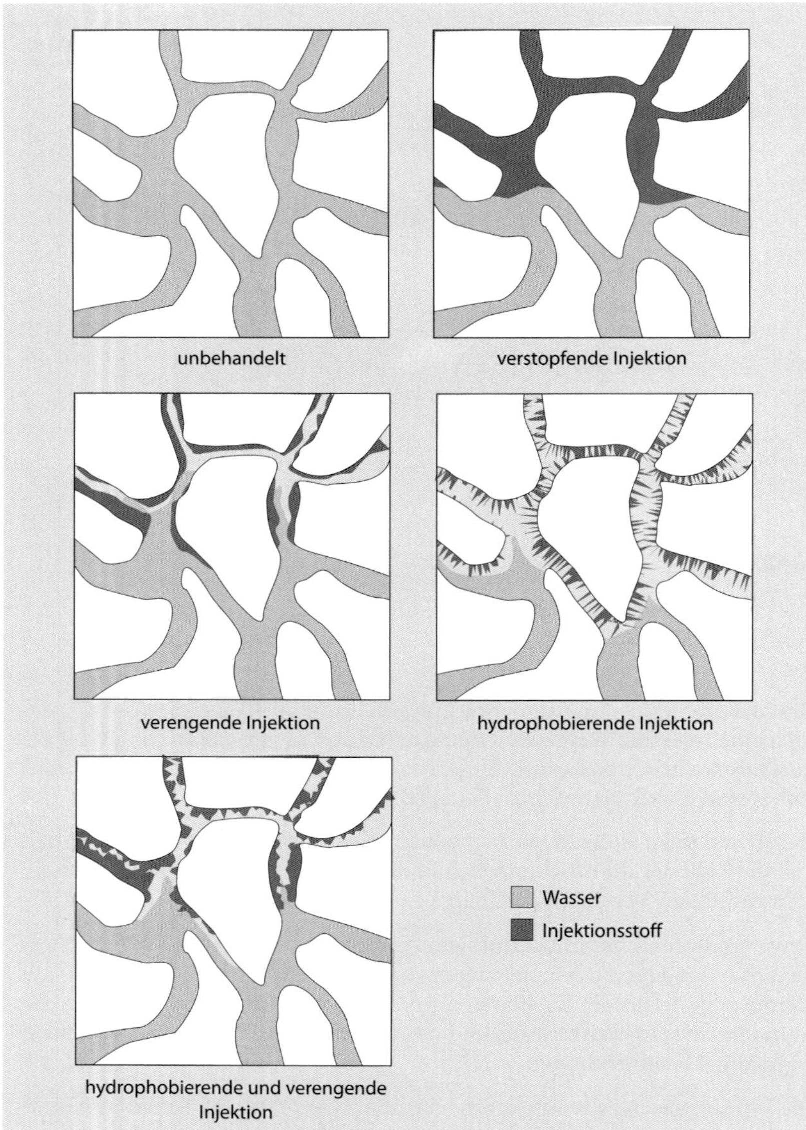

Abb. 5.10: Wirkung von Injektionsstoffen auf die Kapillaren in einem Baustoff (nach WTA-Merkblatt 4-4-04/D [2004], S. 5)

Um die Wirksamkeit eines Injektionsverfahrens einschätzen zu können, muss neben der Mauerwerksbeschaffenheit auch der Feuchtegehalt des Mauerwerks bekannt sein.

Injektionen sollten immer dokumentiert werden, um den verwendeten Injektionsstoff und das eingesetzte Injektionsverfahren für eine später gegebenenfalls erforderliche Nachinjektion festzuhalten.

Es gibt mehrere **unterschiedliche Verfahren**. Im Folgenden werden die Verfahren nach drucklosen Injektionsverfahren und Injektionsverfahren mit Niederdruck unterschieden. Weitere Verfahren werden in der Regel als zusätzliche Maßnahmen zu diesen beiden Verfahren eingesetzt. Hierzu zählen z. B. mehrstufige Injektionen, bei denen zunächst eine Zementsuspension durch die Bohrlöcher eingefüllt wird, um Hohlräume im Mauerwerk zu schließen, durch die sonst der Injektionsstoff ablaufen würde. Bei thermischen Injektionsverfahren wird das Mauerwerk vor der Injektion aufgeheizt, um die enthaltene Feuchte zu verringern und damit die Wirksamkeit der Injektion zu verbessern.

Zu den gängigen **Injektionsstoffen** zählen z. B.

- Acrylate,
- Epoxidharze,
- Paraffine,
- Polyurethanharze,
- Silane,
- Silicate,
- Siliconate,
- Siliconmikroemulsionen und
- Siloxane.

Manche für die drucklose Injektion verwendeten Injektionsstoffe, z. B. Alkalisilicate oder Alkalimethylsilicate, können substanzschädigende Salze im Mauerwerk bilden. Auch die Gefahr der Entstehung von Ettringit oder Thaumasit (vgl. Kapitel 2.6.3) ist bei einigen Injektionsstoffen bei ungünstiger Mauerwerksbeschaffenheit mit Gipsanteilen gegeben. Falls die Mauerwerksbeschaffenheit nicht bekannt ist, sind daher unproblematische Injektionsstoffe zu wählen. Dies sind Injektionsstoffe auf der Basis von

- Silicaten (außer Alkalisilicaten und Alkalimethylsilicaten)
- Silanen,
- Siliconmikroemulsionen und
- Paraffinen.

Anzuraten ist die Verwendung von Injektionsstoffen, die keine umwelt- und bauschädigenden Substanzen enthalten oder bei der Aushärtung bilden. Tabelle 5.2 zeigt die verschiedenen Injektionsstoffe auch unter diesem Gesichtspunkt.

Die meisten verwendeten Injektionsstoffe sind flüssig, einige werden aber auch in gelartiger oder pastöser Konsistenz angeboten.

Für Anwendung und Wirksamkeit der Injektionsverfahren gelten im Vergleich mit den mechanischen Verfahren folgende Einschränkungen:

- Die Standzeit der Abdichtung durch Injektionen ist geringer als bei den mechanischen Verfahren.
- Im Bereich drückenden Wassers können Injektionsverfahren nicht eingesetzt werden. In diesem Fall ist vor der Anwendung der Zutritt von Wasser in das Mauerwerk bzw. der Durchtritt von Wasser durch das Mauerwerk durch Herstellung einer vertikalen Abdichtung zu verhindern.

Tabelle 5.2: Produktprofil von Injektionsstoffen (nach WTA-Merkblatt 4-10-15/D „Injektionsverfahren mit zertifizierten Injektionsstoffen gegen kapillaren Feuchtetransport" [2015], S. 21)

Injektionsstoff	Produktbasis	primärer Wirkmechanismus	Wirkstoffgehalt in Masseprozent	Reaktionsmechanismus	Härtung/Trocknung
Alkalisilikat/ Alkalimethylsiliconat	Alkalisilikat/ Alkalimethylsiliconat	kapillarverengend/hydrophobierend	mindestens 20	Reaktion mit CO_2, Aushärtung durch Kondensation	produktspezifische Salzbildung
Epoxidharz	Alkalisilikat/ Alkalimethylsiliconat	kapillarverstopfend	100	Polymerisationsreaktion	keine Bildung von bau- und umweltschädlichen Nebenprodukten
Paraffin	Kohlenwasserstoffverbindung	kapillarverstopfend	100	Erkalten	keine Bildung von bau- und umweltschädlichen Nebenprodukten
Polyacrylgel	Acrylat/Methacrylat	kapillarverstopfend	mindestens 40	radialische Polymerisation	keine Bildung von bau- und umweltschädlichen Nebenprodukten
Polyurethangel	Polyurethanprepolymer	kapillarverstopfend	mindestens 10	Polymerisationsreaktion mit Feuchte	vernetzte Polymere, Freisetzung von organischen Lösungsmitteln
Polyurethanharz	Polyurethanharz	kapillarverstopfend	100	Polymerisationsreaktion mit Feuchte	keine Bildung von bau- und umweltschädlichen Nebenprodukten
Siliconat	Alkalimethylsiliconat	hydrophobierend	mindestens 10	Reaktion mit CO_2, Aushärtung durch Kondensation	produktspezifische Salzbildung
Siliconmikroemulsion	Silan/Siloxan	hydrophobierend	mindestens 10	Polymerisation mit Feuchte	keine Bildung von bau- und umwelt-schädlichen Nebenprodukten
Silan-Siloxan-Creme	Silan/Siloxan	hydrophobierend	mindestens 65	Polykondensation mit Feuchte	keine Bildung von bau- und umweltschädlichen Nebenprodukten

WTA-Zertifikate

Das WTA-Merkblatt 4-10-15/D „Injektionsverfahren mit zertifizierten Injektionsstoffen gegen kapillaren Feuchtetransport" (2015) soll Planern und Verarbeitern die Möglichkeit geben, die marktüblichen Injektionsstoffe bezüglich ihrer Eigenschaften und Anwendungsgebiete einzuordnen. Hierfür wurden von der WTA Prüfkriterien zur Beurteilung der Wirksamkeit und der Anwendungsgrenzen von Injektionsstoffen entwickelt. Die Wirksamkeit eines Injektionsstoffs wird nach Prüfung durch Erteilung eines WTA-Zertifikats bestätigt. Um ein WTA-Zertifikat zu erhalten, müssen die Injektionsstoffe die Prüfvorgaben der WTA erfüllen. Dieser Eignungsnachweis wird für 3 Stufen von Feuchtegehalten des Mauerwerks erbracht: für die Durchfeuchtungsgrade (DFG) $\leq (60 \pm 5)$ %, $\leq (80 \pm 5)$ % und $\leq (95 \pm 5)$ %.

Abb. 5.11: Drucklose Injektion mittels Flascheninjektionsvorrichtung bei Einfüllung per Hand (Quelle: PCI Augsburg GmbH, Augsburg)

Abb. 5.12: Einbringen eines pastösen Injektionsmittels zur drucklosen Injektion

Die jeweils aktuelle Liste der zertifizierten Injektionsstoffe mit Angabe des Durchfeuchtungsgrads des Mauerwerks, für den der Stoff geeignet ist, sowie der Injektionsverfahren (Druckinjektion oder drucklose Injektion), für die der jeweilige Stoff zertifiziert ist, veröffentlicht die WTA auf ihrer Webseite unter www.wta-gmbh.de.

Ein WTA-Zertifikat lässt allerdings keine Rückschlüsse auf die Zusammensetzung des Injektionsstoffs zu. Für den Anwender bedeutet dies, dass er die Eignung des Stoffes für die vorliegende Beschaffenheit des Mauerwerks prüfen muss, falls er sich nicht für ein Mittel entscheidet, das auf der Basis von Silicaten (mit Ausnahme von Alkalisilicaten und Alkalimethylsilicaten), Silanen, Siliconmikroemulsionen oder Paraffinen hergestellt ist.

5.3.2.2 Drucklose Injektion

Die drucklose Injektion ist das verbreitetste und kostengünstigste Injektionsverfahren.

Früher erfolgte die Befüllung der Bohrlöcher mit Injektionsflüssigkeit über Einfülltrichter per Hand. Bei heutigen Systemen sorgt meist eine Flaschen- oder Kanisterinjektionsvorrichtung mit Kapillarstäbchen für eine genauere und konsistentere Befüllung der Bohrlöcher (Abb. 5.11).

Immer häufiger werden für drucklose Injektionen pastöse Injektionsmittel verwendet, die in Beuteln verkauft werden. Diese werden mit speziellen Kartuschenpressen sowie einer Schlauchverlängerung an der Kartuschenspitze in die Bohrlöcher eingebracht (Abb. 5.12).

Abb. 5.13: Injektion mit Niederdruck (Quelle: Remmers Baustofftechnik GmbH, Löningen)

Für seltenere oder einmalige Anwendungen einer drucklosen Injektion ist hier der finanzielle Aufwand geringer als die Anschaffung von Dutzenden von Injektionskanistern zur Befüllung. Das ist eine Investition, die auf dauerhafte Verwendung im Fachbetrieb angelegt ist. Die Kontrolle einer ausreichenden Injektionsmittelzuführung bis zur Mauerwerkssättigung ist bei einem Kanisterinjektionssystem in Kapillarstäbchen einfacher als bei einer pastösen Bohrlochbefüllung.

Eine Injektion kann nur erfolgreich sein, wenn die Form der Kapillarporen einen Feuchtetransport und damit eine Verteilung des Injektionsstoffs zulässt (Frössel et al., 2005, S. 49), denn nicht alle Porenformen und -querschnitte sind für einen Feuchtetransport geeignet. Wenn jedoch kapillar aufsteigende Feuchte durch eine Mauerwerksdiagnostik nachgewiesen wurde, kann davon ausgegangen werden, das ein für eine Injektion geeignetes Porengefüge vorhanden ist.

Bei einem Durchfeuchtungsgrad des Mauerwerks über 60 % ist die drucklose Injektion nicht mehr hinreichend wirksam, da die Injektionsflüssigkeit vom feuchten Mauerwerk nur noch unzureichend aufgenommen wird. Im Fall eines Durchfeuchtungsgrads über 60 % ist daher ein Injektionsverfahren mit Druck einzusetzen.

Bei zweischaligem Mauerwerk, aber auch bei Vorliegen großer und/oder vieler Hohlräume, wie es z. B. bei Natursteinmauerwerk vielfach der Fall ist, sind einstufige Injektionsverfahren nicht sinnvoll anwendbar, da die Injektionsflüssigkeit überwiegend unwirksam in den Hohlräumen versickern würde.

5.3.2.3 Injektion mit Niederdruck

Bei Injektion mit Niederdruck (Abb. 5.13) wird Injektionsflüssigkeit unter Druck in das Mauerwerk gepresst, sodass auch Porenräume in stärker durchfeuchtetem und kapillar gesättigtem Mauerwerk mit Injektionsstoff gefüllt werden können.

Für die Druckinjektion sind Packer genannte Vorrichtungen an den Bohrlöchern erforderlich. Sie dienen dazu, das Bohrloch bis zum Zuführschlauch des Injektionsstoffs dicht zu verschließen, damit sich der nötige Druck aufbauen kann.

Wie die drucklose Injektion ist auch die Injektion mit Niederdruck als einstufige Injektion bei zweischaligem Mauerwerk oder Vorliegen von Hohlräumen nicht sinnvoll anwendbar. Der Druck beim Einfüllen des Injektionsstoffs würde das Versickern in den Hohlräumen im Vergleich zur drucklosen Injektion sogar noch verstärken.

5.3.2.4 Weitere Injektionsverfahren

Die 3 im Folgenden kurz vorgestellten Verfahren können auch in Kombination miteinander und mit den Verfahren der drucklosen Injektion (Kapitel 5.3.2.2) und der Injektion mit Niederdruck (Kapitel 5.3.2.3) eingesetzt werden.

Mehrstufige Injektion

Zur Lösung des bei der drucklosen Injektion und der Injektion mit Niederdruck angesprochenen Problems des Versickerns des Injektionsstoffs bei Vorhandensein von Hohlräumen im Mauerwerk werden mehrstufige Injektionsverfahren eingesetzt. Sie werden seit den 1990er-Jahren angeboten. Bei einer mehrstufigen Injektion werden nach dem Bohren der Bohrlöcher zunächst Packer gesetzt, durch die eine Mikrozementsuspension und anschließend eine Siliconmikroemulsion eingefüllt wird. Es gibt zwei- und dreistufige Verfahren.

Die erste Stufe (Vorinjektion) dient dabei der Füllung der Hohlräume des Steines, z. B. durch eine Zementsuspension, damit die eigentliche Injektion nicht wirkungslos versickert. Hierbei ist insbesondere der Verschluss der Hohlräume der späteren Bohrlochebene und der Hohlräume unterhalb dieses Bereiches notwendig, um ein unkontrolliertes Abfließen des Injektionsstoffs in der zweiten Stufe der Injektion zu verhindern. Um die Hohlräume der Steine füllen zu können, muss die Lochanordnung innerhalb der Steine bekannt sein. Hierzu ist gegebenenfalls Putz im betreffenden Bereich abzuschlagen.

Bei der zweiten Stufe der Injektion ist von einer unterschiedlichen Kapillarität und damit auch von einem unterschiedlichen Aufnahmeverhalten des Injektionsstoffs durch den Stein und durch die Hohlraumverfüllung auszugehen. Ist die Hohlraumverfüllung durch die Vorinjektion erfolgreich, kann bei geringeren Durchfeuchtungsgraden bis 60 % auch eine drucklose Injektion statt einer Injektion mit Niederdruck erfolgen.

Bei Einsatz dieses Verfahrens muss der Gipsgehalt im Mauerwerk bekannt sein, um zu vermeiden, dass es durch die Zementsuspension zu Ettringit- oder Thaumasittreiben kommt (vgl. Kapitel 2.6.3).

Thermische Injektion

Ein gängiges thermisches Injektionsverfahren ist das Paraffinverfahren, bei dem das Mauerwerk vor der Injektion mit Heizstäben erwärmt wird. Ist das Mauerwerk trocken und aufgeheizt, wird Paraffin entweder mit Druck oder drucklos injiziert.

Ein Aufheizen des Mauerwerks zur Trocknung erhöht die Wirkung jedes Injektionsstoffs und ist nicht notwendigerweise auf die Verwendung von Paraffin beschränkt, bei dem das Aufheizen auch zur Verflüssigung des Injektionsstoffs dient.

Tabelle 5.3: Eigenschaften und Anwendungseignung und -grenzen der Injektionsverfahren (nach Frössel, 2006, S. 94 f.)

Verfahren	besondere Eigenschaften	Anwendungseignung und -grenzen
drucklose Injektion	• drucklose Einbringung des Injektionsstoffs mit Gießkanne oder Flasche • drucklose Verteilung des Injektionsstoffs	• in Abhängigkeit vom Injektionsstoff geeignet für Mauerwerk mit einem Durchfeuchtungsgrad bis ca. 60 % • nicht geeignet für kapillargesättigtes Mauerwerk • nicht geeignet für Mauerwerk mit Hohlräumen
Injektion mit Niederdruck	• Einbringung des Injektionsstoffs mit Packern unter Druck • Verteilung und Penetration des Injektionsstoffs unter Druck	• in Abhängigkeit vom Injektionsstoff geeignet für Mauerwerk mit einem Durchfeuchtungsgrad über 60 % • geeignet für kapillar gesättigtes Mauerwerk • nicht geeignet für Mauerwerk mit Hohlräumen
mehrstufige Injektion	• Trocknung und Reaktion des Injektionsstoffs unabhängig vom Durchfeuchtungsgrad des Mauerwerks und von den klimatischen Bedingungen • hoher erforderlicher technischer Aufwand	• mögliche Einschränkung der Verteilung und der Penetration des Injektionsstoffs (in Stufe 2 der Injektion) durch die Alkalität der Vorinjektion (Stufe 1 der Injektion)
thermische Injektion	• Erhöhung der Sicherheit der Injektionsstoffverteilung und -aufnahme durch Vortrocknung des Mauerwerks • inerter und damit widerstandsfähiger Injektionsstoff	• mögliche Schädigung der Bausubstanz durch zu hohe Temperaturen beim erforderlichen Aufheizen des Mauerwerks • mögliche Haftungsprobleme späterer mineralischer Beschichtungen im Bereich der Bohrlöcher
Impuls-injektion	• elektronische Steuerung der Injektionsstoffzufuhr • Sicherstellung einer gleichmäßigen Injektionsstoffverteilung im Mauerwerksquerschnitt durch perforierte Injektionsrohre • Injektionsreichweite innerhalb des Mauerwerks von 8 m	• geeignet für kapillargesättigtes Mauerwerk • Sicherstellung der physikalischen Trocknung des Injektionsstoffs erforderlich

Impulsinjektion

Bei diesem seit ca. 1990 angewendeten Verfahren sind die Bohrlöcher mit einem Schlauchsystem verbunden und die Injektionen erfolgen elektronisch gesteuert zeitlich abgestimmt in Abhängigkeit von der Beschaffenheit des Mauerwerks. Dies erhöht die Genauigkeit der Befüllung der Bohrlöcher.

Da es sich hier nicht um ein gegenüber den anderen Injektionsverfahren prinzipiell anderes Verfahren, sondern um eine Variante der Injektionssteuerung handelt, wird es im Vergleich der Horizontalsperrenverfahren (Kapitel 5.4) und bei der Darstellung der Kriterien zur Wahl eines Horizontalsperrenverfahrens (Kapitel 5.5) nicht eigens berücksichtigt.

5.3.2.5 Vergleich der Injektionsverfahren

Tabelle 5.3 gibt eine vergleichende Übersicht der Eigenschaften sowie der Anwendungseignung und der Anwendungsgrenzen der in Kapitel 5.3.2 beschriebenen Injektionsverfahren.

Tabelle 5.4: Typisches Kellermauerwerk in Bestandsgebäuden nach Baualtersklassen (nach eigenen Recherchen)

Baualters-klasse	**Anteil an den Bestandsgebäuden**	**Dicke des Keller-mauerwerks**	**Material und Beschaffenheit des Kellermauerwerks**
bis 1918	ca. 15 %	50–70 cm	Ziegel oder Bruchstein, weiche Fugen, Hohlräume bei Bruchstein
1919 bis 1948	ca. 15 %	30–50 cm	normaler bis weicherer Vollziegel
1949 bis 1990	ca. 50 %	36,5 cm	Hochlochziegel oder Kalksandstein
ab 1991	ca. 10 %	24–30 cm	hartes Mauerwerk, u. a. Hochlochziegel und Kalksandstein

Tabelle 5.5: Kosten der Horizontalsperrverfahren im Vergleich. Stand: April 2021 (nach www.baupreislexikon.de [fdata GmbH, o. J.] und eigenen Recherchen)

Verfahren	**Kosten je laufenden Meter (netto)**			
	Mauerwerksstärke			
	bis 25 cm	**bis 38 cm**	**bis 50 cm**	**bis 70 cm**
Blecheinschlagverfahren	74 €	125 €	147 €	220 €
Maueraustauschverfahren	82 €	105 €	130 €	174 €
Mauersägeverfahren	130 €	180 €	208 €	353 €
drucklose Injektion[1)]	62 €	140 €	180 €	218 €
Injektion mit Niederdruck[1)]	82 €	185 €	240 €	290 €

1) Als Zusatzleistung bei vorhandenen Hohlräumen im Mauerwerk sowie bei einer mehrstufigen Injektion sind netto18 €/lfm für eine Hohlraumverfüllung mit Zementsuspension zu veranschlagen.

5.4 Vergleich der Horizontalsperrenverfahren

Die in Kapitel 5.3.1 beschriebenen mechanischen Verfahren und die in Kapitel 5.3.2 beschriebenen Injektionsverfahren zur nachträglichen Erstellung einer Horizontalsperre werden im Weiteren unter folgenden Gesichtspunkten verglichen:

- Kosten
- Standzeit
- Beeinträchtigung der Statik und Rissbildung
- Abdichtungsgrad
- Einschränkungen der Anwendbarkeit

5.4.1 Kosten

Für die Kostenermittlung wurden ausgehend von typischem Kellermauerwerk in den jeweiligen Baualtersklassen insbesondere die in Tabelle 5.4 aufgeführten Daten berücksichtigt.

Die Kostenangaben in Tabelle 5.5 verstehen sich einschließlich des Materials und der erforderlichen Vor- und Nacharbeiten zur Erbringung der Leistung.

Dies sind z. B. bei einer Injektion mit Niederdruck das Abstemmen des Putzes, das Bohren der Bohrlöcher, das Setzen und Demontieren der Packer und das Verfüllen der Bohrlöcher nach Beendigung der Injektion. Nicht enthalten sind vorbereitende Arbeiten wie das Freilegen des Kellermauerwerks von außen, um z. B. eine Mauersäge einsetzen zu können.

Etwaige flankierende Maßnahmen wie das Ergänzen oder Anbringen einer vertikalen Abdichtung sind ebenfalls nicht in den Kostenangaben enthalten.

5.4.2 Standzeit

Da es nur wenige gesicherte Zahlen gibt, können die in Tabelle 5.6 gemachten Angaben zur Standzeit nachträglicher Horizontalsperren lediglich als „relativ verlässlich" gelten.

Die Grundlage bilden Daten aus Internetrecherchen und aus Herstellergarantien, wobei darauf geachtet wurde, ausschließlich seriöse Zahlen etablierter Betriebe einzubeziehen. Die Angaben zur Standzeit des Blecheinschlagverfahrens beruhen auf den Garantien der Erfinderfirma, die seit vielen Jahren am Markt etabliert ist. Zur zusätzlichen Absicherung sind die Daten mit denen in Böhning/Schmitz, 2011, S. 77 ff., abgeglichen worden.

Tabelle 5.6: Standzeiten der Horizontalsperren im Vergleich

Verfahren	Standzeit der Abdichtung
Blecheinschlagverfahren	35 Jahre
Maueraustauschverfahren	45 Jahre
Mauersägeverfahren	45 Jahre
drucklose Injektion	20 Jahre
Injektion mit Niederdruck	20 Jahre

5.4.3 Beeinträchtigung der Statik und Rissbildung

Während die Injektionsverfahren keine statischen Probleme verursachen, können die mechanischen Verfahren des Mauersägens und des Maueraustauschs zu Setzrissen führen. Das Blecheinschlagverfahren führt nicht zu Setzrissen, da kein Hohlraum entsteht, der unterfüttert werden muss. Allerdings können die mit dem Einschlagen verbundenen Erschütterungen statische Probleme und Risse verursachen. Bei korrekter Ausführung der Verfahren und vorangehender sorgfältiger Gefahrenermittlung durch eine Mauerwerksdiagnostik sollten statische Probleme jedoch nicht auftreten.

5.4.4 Abdichtungsgrad

Die mechanischen Abdichtungsverfahren dichten bei korrekter Anwendung zu 95 % gegen aufsteigende Feuchte ab. Die Injektionsverfahren erreichen dagegen im Vergleich wesentlich niedrigere Werte (Tabelle 5.6). Allerdings ist zu berücksichtigen, dass der Abdichtungsgrad der verschiedenen Injektionsverfahren sehr stark vom Einzelfall abhängig ist.

Tabelle 5.7: Abdichtungsgrade der Horizontalsperren im Vergleich

Verfahren	Abdichtungsgrad
Blecheinschlagverfahren	95 %
Maueraustauschverfahren	95 %
Mauersägeverfahren	95 %
drucklose Injektion	ca. 65 %
Injektion mit Niederdruck	ca. 75 %

5.4.5 Einschränkungen der Anwendbarkeit

Die einzelnen Verfahren unterliegen in ihrer Anwendbarkeit jeweils bestimmten Einschränkungen.

Der Einsatz mechanischer Verfahren ist in der Regel bei besonders problematischen statischen Verhältnissen nicht möglich, während die Injektionsverfahren in bestimmten Fällen aufgrund der Mauerwerksbeschaffenheit oder des hohen Feuchtegehalts des Mauerwerks nicht eingesetzt werden können.

Zu typischen Anwendungsfällen mit Verfahrensempfehlungen für bestimmte Mauerwerksarten siehe Kapitel 5.6.

5.4.6 Preis-Leistungs-Verhältnis

Um für einen Vergleich das Preis-Leistungs-Verhältnis der Horizontalsperrenverfahren zu bestimmen, sind neben den Kosten je laufenden Meter (Tabelle 5.5) die Standzeit (Tabelle 5.6) und der Abdichtungsgrad (Tabelle 5.7) zu berücksichtigen. Hierzu wird auf der Grundlage der in Tabelle 5.5 angegebenen Kosten wie folgt berechnet:

- Die jeweiligen Kosten eines Verfahrens (Tabelle 5.5) werden durch die jeweiligen Jahre der Standzeit (Tabelle 5.6) dividiert; dies ergibt die Kosten je Jahr der Standzeit.
- Diese Kosten je Jahr der Standzeit werden je Verfahren wiederum durch den Abdichtungsgrad (Tabelle 5.7) dividiert. Hierbei wird ein Abdichtungsgrad von 95 % gleich 1 gesetzt, sodass z. B. der Abdichtungsgrad von 65 % bei der drucklosen Injektion für die Berechnung mit 0,68 anzusetzen ist.

Tabelle 5.8: Preis-Leistungs-Verhältnis der Horizontalsperrverfahren in Abhängigkeit von der Mauerstärke, Stand: April 2021 (nach www.baupreislexikon.de [fdata GmbH, o. J.] und eigenen Recherchen)

Verfahren	Kosten je Jahr der Standzeit je laufenden Meter (netto)			
	Mauerwerksstärke			
	bis 25 cm	bis 38 cm	bis 50 cm	bis 70 cm
Blecheinschlagverfahren	2,11 €	3,57 €	4,20 €	6,28 €
Maueraustauschverfahren	1,82 €	2,33 €	2,88 €	3,86 €
Mauersägeverfahren	2,88 €	4,00 €	4,62 €	7,84 €
drucklose Injektion	4,55 €	10,30 €	13,23 €	16,02 €
Injektion mit Niederdruck	5,19 €	11,70 €	15,19 €	18,35 €

In Tabelle 5.8 sind die mit dieser Berechnung ermittelten Preis-Leistungs-Verhältnisse der einzelnen Horizontalsperrenverfahren als Nettokosten je Jahr der Standzeit je laufenden Meter in Abhängigkeit von der Mauerwerksbeschaffenheit im Überblick zusammengestellt. In 2 Diagrammen sind zudem die Nettokosten der einzelnen Horizontalsperrenverfahren sowohl je laufenden Meter (Abb. 5.14) als auch als Preis-Leistungs-Verhältnis je Jahr der Standzeit je laufenden Meter (Abb. 5.15) dargestellt. Hier wird anschaulich, dass z. B. das **je laufenden Meter** „preiswerteste" Verfahren, die drucklose Injektion, **im Preis-Leistungs-Verhältnis**, also unter Berücksichtigung der Standzeit und des Abdichtungsgrads, das „teuerste" Verfahren ist. Für die Diagrammdarstellung wurde jeweils eine Mauerwerksdicke von 50 cm bei mittelhartem Mauerwerk zugrunde gelegt.

5.5 Kriterien für die Wahl eines Horizontalsperrenverfahrens

Um ausreichende Daten für die Wahl eines Horizontalsperrenverfahrens zur Verfügung zu stellen, werden die Verfahren im Folgenden jeweils in Tabellenübersichten nach ihrer Eignung anhand folgender Kriterien bewertet:

- **Preis-Leistungs-Verhältnis**
- **Mauerwerksart**
  Hier wird angegeben, inwieweit ein Verfahren für bestimmte Mauerwerksarten geeignet ist.
- **Durchfeuchtungsgrad des Mauerwerks**
  Beim Durchfeuchtungsgrad des Mauerwerks wird in Anlehnung an das Zertifizierungsverfahren der WTA für Injektionsstoffe (vgl. Kapitel 5.3.2.1) nach den Stufen ≤ (60 ± 5) %, ≤ (80 ± 5) % und ≤ (95 ± 5) % differenziert.
- **Eignung bei Gewölbeschub**
- **Eignung hinsichtlich der Entstehung von Setzrissen**

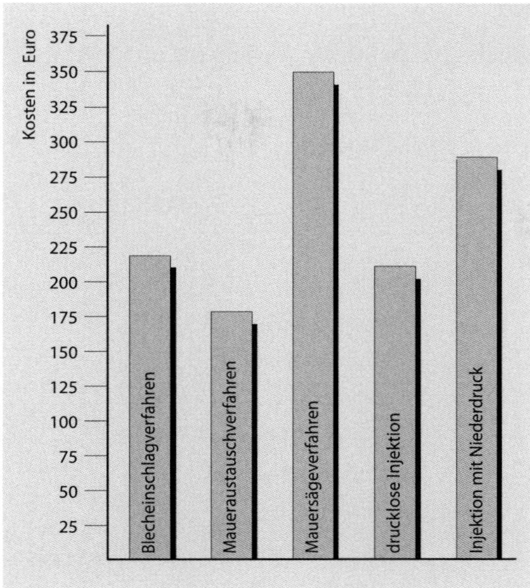

Abb. 5.14: Vergleich der Nettokosten der Horizontalsperrenverfahren je laufenden Meter bei einer Mauerwerksdicke von 50 bis 70 cm und mittelhartem Mauerwerk

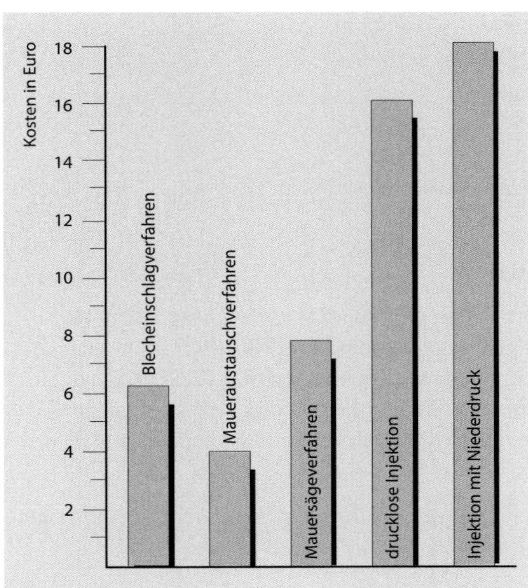

Abb. 5.15: Vergleich des Preis-Leistungs-Verhältnisses der Horizontalsperrverfahren für nachträgliche Horizontalsperren als Nettokosten je Jahr der Standzeit je laufenden Meter als Nettokosten pro Jahr der Standzeit in Relation zum Abdichtungsgrad bei einer Mauerstärke von 50 bis 70 cm und mittelhartem Mauerwerk

Die **für die Bewertung verwendeten Zeichen** habe folgende Bedeutung:

+ gut geeignet bzw. günstiges Preis-Leistungs-Verhältnis bzw. keine Gefahr der Entstehung von Setzrissen
– nicht geeignet bzw. ungünstiges Preis-Leistungs-Verhältnis bzw. Gefahr der Entstehung von Setzrissen
± bedingt geeignet bzw. mittleres Preis-Leistungs-Verhältnis bzw. Möglichkeit der Entstehung von Setzrissen

5.5.1 Blecheinschlagverfahren

In Tabelle 5.9 ist die Bewertung des Blecheinschlagverfahrens im Überblick zusammengefasst.

Tabelle 5.9: Bewertung des Blecheinschlagverfahrens

Kriterium		Bewertung
Preis-Leistungs-Verhältnis		+
Mauerwerksart	weicher Vollziegel	+
	mittelharter Vollziegel	+
	Bruchstein	±
	Hochlochziegel, gemauert	±
	Hochlochziegel, geklebt	–
	Gasbetonstein, geklebt	±
	Kalksandstein, gemauert	±
	Kalksandstein, geklebt	–
Durchfeuchtungsgrad des Mauerwerks	≤ (60 ± 5) %	+
	≤ (80 ± 5) %	+
	≤ (95 ± 5) %	+
Eignung bei Gewölbeschub		–
Eignung hinsichtlich der Entstehung von Setzrissen		+

Erläuterungen zur Bewertung

In der Rubrik „Mauerwerksart“ kann von den Klebeverfahren lediglich „Gasbetonstein, geklebt“ als bedingt geeignet für das Blecheinschlagverfahren bewertet werden, da bei den anderen Klebeverfahren die Klebefuge zu hart und zu dünn ist, sodass beim Einschlagen der Bleche von einer der Lösung des Verbundes der Steine durch die Erschütterungen ausgegangen werden muss.

Bei weichem Gasbetonstein müssen die Bleche allerdings nicht in eine Lagerfuge geschlagen werden.

Kleinformatige, mit relativ weichem Mörtel vermauerte Vollziegel, wie sie bis in die 1950er-Jahre gebräuchlich waren, besitzen eine ausreichende Verformbarkeit im Material und im Verbund, sodass nicht mit Beschädigungen des Gebäudes durch Erschütterungen zu rechnen ist, da sich diese nicht weit fortpflanzen würden. Letzteres gilt jedoch nicht für bereits rissgeschädigte Gebäude.

5.5.2 Maueraustauschverfahren

In Tabelle 5.10 ist die Bewertung des Maueraustauschverfahrens im Überblick zusammengefasst.

Tabelle 5.10: Bewertung des Maueraustauschverfahrens

Kriterium		**Bewertung**
Preis-Leistungs-Verhältnis		+
Mauerwerksart	weicher Vollziegel	+
	mittelharter Vollziegel	+
	Bruchstein	+
	Hochlochziegel, gemauert	±
	Hochlochziegel, geklebt	±
	Gasbetonstein, geklebt	±
	Kalksandstein, gemauert	±
	Kalksandstein, geklebt	±
Durchfeuchtungsgrad des Mauerwerks	≤ (60 ± 5) %	+
	≤ (80 ± 5) %	+
	≤ (95 ± 5) %	+
Eignung bei Gewölbeschub		±
Eignung hinsichtlich der Entstehung von Setzrissen		–

Erläuterungen zur Bewertung

Die Auswirkungen von Gewölbeschub sind beim Maueraustauschverfahren weniger kritisch zu bewerten als beim Blecheinschlagverfahren. Zwar entsteht auch beim Maueraustauschverfahren ein mögliches Gleitlager, doch hat die eingemauerte Folie einen höheren Reibungswiderstand.

5.5.3 Mauersägeverfahren

In Tabelle 5.11 ist die Bewertung des Mauersägeverfahrens im Überblick zusammengefasst.

Tabelle 5.11: Bewertung des Mauersägeverfahrens

Kriterium		Bewertung
Preis-Leistungs-Verhältnis		+
Mauerwerksart	weicher Vollziegel	+
	mittelharter Vollziegel	+
	Bruchstein	+
	Hochlochziegel, gemauert	+
	Hochlochziegel, geklebt	+
	Gasbetonstein, geklebt	+
	Kalksandstein, gemauert	+
	Kalksandstein, geklebt	+
Durchfeuchtungsgrad des Mauerwerks	$\leq (60 \pm 5)$ %	+
	$\leq (80 \pm 5)$ %	+
	$\leq (95 \pm 5)$ %	+
Eignung bei Gewölbeschub		–
Eignung hinsichtlich der Entstehung von Setzrissen		–

Erläuterungen zur Bewertung

Die Auswirkungen von Gewölbeschub sind beim Mauersägeverfahren kritischer zu bewerten als beim Maueraustauschverfahren, da das Sägeblatt einen glatteren Schnitt erzeugt und der Reibungswiderstand daher später geringer ist. Zudem werden im Mauersägeverfahren größere Abschnitte in kürzerer Zeit fertiggestellt als im Maueraustauschverfahren. In der Folge ist das Gebäude bis zur Aushärtung des Materials bei Gewölbeschub gefährdeter.

5.5.4 Drucklose Injektion

In Tabelle 5.12 ist die Bewertung der drucklosen Injektion im Überblick zusammengefasst.

Tabelle 5.12: Bewertung der drucklosen Injektion

Kriterium		Bewertung
Preis-Leistungs-Verhältnis		–
Mauerwerksart	weicher Vollziegel	+
	mittelharter Vollziegel	+
	Bruchstein	–
	Hochlochziegel, gemauert	–
	Hochlochziegel, geklebt	–
	Gasbetonstein, geklebt	+
	Kalksandstein, gemauert	±
	Kalksandstein, geklebt	±
Durchfeuchtungsgrad des Mauerwerks	≤ (60 ± 5) %	+
	≤ (80 ± 5) %	±
	≤ (95 ± 5) %	– bis ±
Eignung bei Gewölbeschub		+
Eignung hinsichtlich der Entstehung von Setzrissen		+

Erläuterungen zur Bewertung

Da Bruchsteinmauerwerk aus verschiedenen Materialien unterschiedlicher Porosität und unterschiedlicher Durchfeuchtungsgrade besteht und mit Hohlräumen zu rechnen ist, ist die drucklose Injektion für diese Mauerwerksbeschaffenheit nicht gut geeignet.

Kalksandstein hat wegen der durchgehenden Griffmulde ebenfalls Hohlräume und ist daher für die drucklose Injektion nur bedingt geeignet. Hochlochziegel sind wegen ihrer Hohlräume nicht geeignet.

Bei einem Durchfeuchtungsgrad des Mauerwerks über 80 % senkt ein WTA-zertifizierter Injektionsstoff die Mauerwerksfeuchte um ca. 50 %. Da aber immer noch ca. 40 % Mauerwerksfeuchte erhalten bleiben, sind in der Regel zusätzliche Maßnahmen, wie z. B. Sanierputze, erforderlich.

Da für einen Durchfeuchtungsgrad ≤ (95 ± 5) % gegenwärtig nur 1 WTA-zertifizierter Injektionsstoff für die drucklose Injektion angeboten wird, ist hier mit „bedingt geeignet“ bewertet worden.

5.5.5 Injektion mit Niederdruck

In Tabelle 5.13 ist die Bewertung der Injektion mit Niederdruck im Überblick zusammengefasst.

Tabelle 5.13: Bewertung der Injektion mit Niederdruck

Kriterium		Bewertung
Preis-Leistungs-Verhältnis		–
Mauerwerksart	weicher Vollziegel	+
	mittelharter Vollziegel	+
	Bruchstein	±
	Hochlochziegel, gemauert	–
	Hochlochziegel, geklebt	–
	Gasbetonstein, geklebt	+
	Kalksandstein, gemauert	±
	Kalksandstein, geklebt	±
Durchfeuchtungsgrad des Mauerwerks	≤ (60 ± 5) %	+
	≤ (80 ± 5) %	+
	≤ (95 ± 5) %	–
Eignung bei Gewölbeschub		+
Eignung hinsichtlich der Entstehung von Setzrissen		+

Erläuterungen zur Bewertung

Da durch Injektion mit Niederdruck auch feuchteres Mauerwerk erfolgreich abgedichtet werden kann, ist der Abdichtungsgrad bei Bruchsteinmauerwerk höher als bei der drucklosen Injektion.

Bei sehr hohen Durchfeuchtungsgraden ist die Injektion mit Niederdruck aufgrund der stärkeren Penetration der Kapillaren ebenfalls besser geeignet als die druckloses Injektion. Doch wird auch bei Einsatz WTA-zertifizierter Injektionsstoffe eine Restfeuchte im Mauerwerk verbleiben.

Bestehen Hohlräume im Mauerwerk, so ist bei der Injektion mit Niederdruck nicht mit zufriedenstellenden Ergebnissen zu rechnen, da der Injektionsstoff durch den Druck in die Hohlräume gepresst wird und dort versickert.

5.5.6 Mehrstufige Injektion

In Tabelle 5.14 ist die Bewertung der mehrstufigen Injektion im Überblick zusammengefasst.

Tabelle 5.14: Bewertung der mehrstufigen Injektion

Kriterium		Bewertung
Preis-Leistungs-Verhältnis		–
Mauerwerksart	weicher Vollziegel	+
	mittelharter Vollziegel	+
	Bruchstein	±
	Hochlochziegel, gemauert	±
	Hochlochziegel, geklebt	±
	Gasbetonstein, geklebt	+
	Kalksandstein, gemauert	±
	Kalksandstein, geklebt	+
Durchfeuchtungsgrad des Mauerwerks	≤ (60 ± 5) %	+
	≤ (80 ± 5) %	±
	≤ (95 ± 5) %	±
Eignung bei Gewölbeschub		+
Eignung hinsichtlich der Entstehung von Setzrissen		+

Erläuterungen zur Bewertung

Mehrstufige Injektionen sind auch ohne vorangehendes Aufheizen des Mauerwerks aufwendig und kostenintensiv. Sie bieten aber bisher die einzige Möglichkeit, ein Mauerwerk, das viele Hohlräume aufweist, von innen horizontal abzudichten.

Bei hoher Mauerwerksfeuchte wird jedoch auch bei diesem Verfahren eine Restfeuchte bestehen bleiben. Zusätzliche Maßnahmen wie Sanierputze sind daher einzuplanen.

5.5.7 Thermische Injektion

In Tabelle 5.15 ist die Bewertung der thermischen Injektion im Überblick zusammengefasst.

Tabelle 5.15: Bewertung der thermischen Injektion

Kriterium		Bewertung
Preis-Leistungs-Verhältnis		–
Mauerwerksart	weicher Vollziegel	+
	mittelharter Vollziegel	+
	Bruchstein	±
	Hochlochziegel, gemauert	–
	Hochlochziegel, geklebt	–
	Gasbetonstein, geklebt	+
	Kalksandstein, gemauert	±
	Kalksandstein, geklebt	±
Durchfeuchtungsgrad des Mauerwerks	≤ (60 ± 5) %	+
	≤ (80 ± 5) %	+
	≤ (95 ± 5) %	±
Eignung bei Gewölbeschub		+
Eignung hinsichtlich der Entstehung von Setzrissen		+

Erläuterungen zur Bewertung

Durch das vorangehende Aufheizen und das dadurch bedingte Austrocknen des Mauerwerks kann mit der thermischen Injektion auch sehr feuchtes Mauerwerk erfolgreich abgedichtet werden. Allerdings ist das Verfahren durch den Arbeitsschritt des Aufheizen auch erheblich kostenintensiver als andere Verfahren.

5.6 Verfahrensempfehlungen für typische Anwendungsfälle nach Mauerwerksarten

5.6.1 Anwendungsfall 1: Nachträglicher Einbau einer Horizontalsperre in der Kelleraußenwand über dem Erdreich

Eine nachträgliche Abdichtung der Kelleraußenwand mit einer Horizontalsperre über dem Erdreich kann erforderlich sein, wenn die vertikale Abdichtung fehlt oder beschädigt ist und/oder durch einen aufgebrachten Sperrputz Feuchte bis in das Erdgeschoss aufsteigt. Wenn der Kellerraum jedoch nicht als Wohnraum genutzt wird und eine Dämmung der Kellerdecke erfolgt, ist ein Bauherr aus Kostengründen oft nur zu dieser Lösung bereit.

Im hier behandelten Anwendungsfall ist das höher liegende Erdgeschoss eine typische Bauweise, wie sie bis ca. 1940 ausgeführt wurde, bei der der Keller nur bis zum Grundwasserspiegel in die Erde gebaut und den örtlichen Gegebenheiten entsprechend das Erdgeschoss höher angesetzt wurde.

Abb. 5.16: Übergang zwischen Kellermauerwerk und Erdgeschoss

Nach dem Baualter ist von einem Vollziegelmauerwerk auszugehen. Der Sockelbereich bis zum Erdgeschoss kann auch aus Naturstein mit einer durchgehenden Lagerfuge bestehen. Seltener ist unregelmäßiges Bruchsteinmauerwerk. Die Fassade kann sichtbares Mauerwerk oder verputzt sein. Bei Mehrfamilienhäusern ist die Straßenseite meist aufwendiger gestaltet als die übrigen Gebäudeseiten; in diesem Fall müssen bei demselben Gebäude gegebenenfalls 2 unterschiedliche Abdichtungsverfahren angewendet werden.

Auch bei unregelmäßigem Mauerwerk ist fast immer ein Übergang zwischen dem Sockelbereich, also der Oberkante des Kellers, und dem Erdgeschoss auszumachen (Abb. 5.16). Bei den meisten dieser älteren Gebäude ist der Übergang auch optisch gekennzeichnet und verfügt über eine durchgehende Lagerfuge.

Es ist in der Regel nicht erforderlich, eine nachträgliche horizontale Abdichtung unmittelbar über dem Erdreich auszuführen. Zudem könnte dies auch zu einer Kondensationsschicht für Feuchte zwischen dem kälteren und feuchteren Kellermauerwerk unterhalb der Sperrschicht und dem im Vergleich wärmeren und trockeneren Mauerwerk oberhalb der Schicht führen.

Feuchtes, mit Sperrputz versehenes Mauerwerk eines als Wohnraum genutzten Kellers sollte zusätzlich von innen gedämmt werden, z. B. durch eine mineralische Dämmung in Form einer gemauerten Vorsatzschale.

Bei einem nicht als Wohnraum genutzten Keller ist dagegen eine Dämmung der Kellerdecke notwendig, um die wärmedämmende Hülle des Gebäudes zu schließen.

Ist die nachträgliche Abdichtung unmittelbar über dem Erdreich eingebracht, können bei einer wasserdurchlässigen Fassadenoberfläche durch Spritzwasser wieder Feuchteschäden auftreten.

Die im Weiteren verschiedentlich empfohlenen Verfahren für Situationen, in denen keine durchgehende Lagerfuge vorhanden ist, stellen also Ausnahmeanwendungen dar.

Wie beim Vergleich der Horizontalsperrenverfahren (Kapitel 5.4) wird auch bei den folgenden Anwendungsempfehlungen nach den 3 von der WTA für die Zertifizierung von Injektionsstoffen zugrunde gelegten Stufen des Durchfeuchtungsgrads des Mauerwerks von $\leq (60 \pm 5)$ %, $\leq (80 \pm 5)$ % und $\leq (95 \pm 5)$ % differenziert. Für die Wahl des geeigneten Injektionsstoffs und -verfahrens kann damit auf ein für den entsprechenden Durchfeuchtungsgrad WTA-zertifiziertes Produkt zurückgegriffen werden.

Abb. 5.17: Sichtbares Ziegelmauerwerk

5.6.1.1 Sichtbares Ziegelmauerwerk

Sichtbares Ziegelmauerwerk (Abb. 5.17) ermöglicht ebenso wie Natursteinmauerwerk mit durchgehender Lagerfuge den Einsatz aller Horizontalsperrenverfahren.

Das **Blecheinschlagverfahren** kann problemlos ausgeführt werden, da hier weicher Lagerfugenmörtel vorliegt. Nicht zu empfehlen ist dieses Verfahren, wenn das Gebäude sichtbare Risse aufweist. Das Blecheinschlagverfahren weist bei dem hier vorliegenden Ziegelmauerwerk allerdings das beste Preis-Leistungs-Verhältnis auf.

Das **Maueraustauschverfahren** ist zwar einsetzbar, aber selbst wenn der Mauerwerksaustausch mit Steinen desselben Formats erfolgen würde, wäre dies sichtbar und würde die Optik beeinträchtigen. Daher ist dieses Verfahren nicht zu empfehlen.

Das **Mauersägeverfahren**, eingesetzt in einer Lagerfuge des Verbundes, hat keine optischen Beeinträchtigungen zu Folge, sofern die vorhandene Lagerfuge breit genug ist. Bei einer zu schmalen Lagerfuge ist dieses Verfahren daher nicht zu empfehlen.

Injektionsverfahren können bei Mauerwerk aus Vollsteinen eingesetzt werden.

Empfohlenes Verfahren

- Blecheinschlagverfahren

5.6.1.2 Sichtbares Bruchsteinmauerwerk

Ist bei sichtbarem Bruchsteinmauerwerk (Abb. 5.18) keine durchgehende Lagerfuge zum Einsatz des **Blecheinschlagverfahrens** vorhanden, muss dieses Verfahren ausgeschlossen werden.

Abb. 5.18: Sichtbares Bruchsteinmauerwerk

Abb. 5.19: Einfache Putzfassade

Das **Maueraustauschverfahren** würde die Optik des Bruchsteinmauerwerks zerstören und es wäre auch nahezu unmöglich, eine durchlaufende Schicht für das Einlegen der Sperrpappe im Mörtelbett zu finden. Daher kann auch dieses Verfahren nicht eingesetzt werden.

Das **Mauersägeverfahren** verursacht eine unschöne durchgehende Fuge, die die Optik stören würde. Daher ist auch dieses Verfahren nicht zu empfehlen.

Im Fall von Bruchsteinmauerwerk muss in diesen Fällen auf **Injektionsverfahren** zurückgegriffen werden. Problematisch ist bei Bruchstein allerdings die unterschiedliche Beschaffenheit der Steine. Doch ist bei Bruchsteinmauerwerk über dem Erdboden nicht von großen Hohlräumen im Mauerwerk auszugehen.

Empfohlenes Verfahren

- Injektion mit Niederdruck

5.6.1.3 Einfache Putzfassade

Bei Vorliegen einer einfachen Putzfassade (Abb. 5.19) können alle Horizontalsperrenverfahren angewendet werden, da sich abgestemmte Teile des Putzes problemlos wieder anputzen lassen. Der Einsatz eines mechanischen Verfahrens setzt jedoch voraus, dass statische Beeinträchtigungen ausgeschlossen werden können.

Da beim **Blecheinschlagverfahren** zunächst ein Putzbereich abgestemmt werden muss, um den Verlauf der Lagerfuge sicher zu bestimmen, und dieser Bereich auch wieder angeputzt werden muss, entspricht es im Preis-Leistungs-Verhältnis dem **Mauersägeverfahren**.

Empfohlenes Verfahren

- Blecheinschlagverfahren oder Mauersägeverfahren

Abb. 5.20: Stuckputzfassade

5.6.1.4 Stuckputzfassade

Bei Vorliegen einer verzierten oder strukturierten Stuckputzfassade (Abb. 5.20) können alle Horizontalsperrenverfahren angewendet werden.

Der Einsatz mechanischer Verfahren ist je nach Art der Verzierung jedoch mit Problemen verbunden, da die Wiederherstellung des optischen Erscheinungsbildes aufwendig ist und kaum gewährleistet werden kann, dass erneuerte Teile sich nicht erkennbar abheben. Ist eine durchgehende Fuge, z. B. bei angeputzten Steinstrukturen, vorhanden, können daher am unproblematischsten das **Blecheinschlagverfahren** und das **Mauersägeverfahren** angewendet werden.

Empfohlenes Verfahren

- bei geeigneten Voraussetzungen: Blecheinschlagverfahren
- bei fehlenden Voraussetzungen für ein mechanisches Verfahren: Injektion mit Niederdruck

5.6.2 Anwendungsfall 2: Nachträglicher Einbau einer Horizontalsperre in der Kelleraußenwand von innen

Im Fall eines Kellers, der bereits von außen vertikal abgedichtet ist und in dessen Mauerwerk Feuchte aufsteigt, ist eine nachträgliche horizontale Abdichtung von innen, bei der die Außenhaut des Kellers unbeschädigt bleibt, die einzige mögliche Sanierungsmaßnahme. Dies kann nur mit einem Injektionsverfahren realisiert werden. Eine Beschädigung der vertikalen Abdichtung auf der Außenseite der Kellerwand würde ein Aufgraben und eine Neuerstellung von Dämmung, Abdichtung und Außenanlagen erfordern und ein Mehrfaches der Kosten einer nachträglichen Horizontalsperre verursachen.

Die Wahl des Injektionsverfahrens hängt in einem solchen Fall vor allem von der Beschaffenheit und vom Durchfeuchtungsgrad des Mauerwerks ab.

Abb. 5.21: Vollziegel

Abb. 5.22: Bruchstein

Bei den nachfolgenden Empfehlungen wird ebenfalls nach den 3 von der WTA für die Zertifizierung von Injektionsstoffen zugrunde gelegten stufen des Durchfeuchtungsgrads des Mauerwerks von ≤ (60 ± 5) %, ≤ (80 ± 5) % und ≤ (95 ± 5) % differenziert.

Generell gilt die Einschränkung, dass der **Einbau einer nachträglichen Horizontalsperre im Bereich von drückendem Wasser nicht möglich** ist. Da im Weiteren davon ausgegangen wird, dass eine Wiederherstellung der vertikalen Abdichtung von außen nicht möglich ist, muss die Abdichtung daher im Mauerwerk **oberhalb des Bereiches des drückenden Wassers** erfolgen. Der dadurch verbleibende durchfeuchtete Mauerwerksbereich erfordert dann zusätzliche Maßnahmen wie einen Sperrputz, einen Sanierputz und gegebenenfalls eine Innendämmung.

5.6.2.1 Vollziegel

Mauerwerk aus Vollziegeln (Abb. 5.21), wie es bei Gebäuden bis ca. 1940 üblich war, ist für Injektionsverfahren gut geeignet.

Da keine Hohlräume im Stein vorhanden sind, ist je nach Durchfeuchtungsgrad des Mauerwerks der Einsatz unterschiedlicher Injektionsverfahren möglich.

Empfohlenes Verfahren

- bei einem Durchfeuchtungsgrad ≤ (60 ± 5) %:
  – Injektion mit Niederdruck
- bei einem Durchfeuchtungsgrad ≤ (80 ± 5) %:
  – Injektion mit Niederdruck
- bei einem Durchfeuchtungsgrad ≤ (95 ± 5) %:
  – nach dem Kriterium des besten Preis-Leistungs-Verhältnisses: Injektion mit Niederdruck
  – nach dem Kriterium des besten Abdichtungsgrads: thermische Injektion

5.6.2.2 Bruchstein

Die in Kellermauerwerk aus Bruchstein (Abb. 5.22) enthaltenen Natur- und Reststeine nehmen Feuchte unterschiedlich stark auf. Daher können Bereiche mit hoher Kapillarität und hohem Feuchtegehalt neben nahezu trockenen Mauerwerksteilen liegen.

Abb. 5.23: Hochlochziegel zum Mauern (links) und zum Kleben (rechts)

Aufgrund der unregelmäßigen Form der verwendeten Steine und der Art der Verarbeitung kann das Mauerwerk zudem Hohlräume und Sandnester enthalten.

Ein ähnliches Gefüge wie in Bruchsteinmauerwerk kann im Mauerwerk von Gebäuden auftreten, die unmittelbar nach dem Zweiten Weltkrieg errichtet wurden und bei denen für die Kellerwände Trümmergestein verwendet wurde.

Der erreichbare Abdichtungsgrad ist bei Bruchsteinmauerwerk geringer als bei homogenem Mauerwerk.

Empfohlenes Verfahren

- bei einem Durchfeuchtungsgrad ≤ (60 ± 5) %:
  – Injektion mit Niederdruck
- bei einem Durchfeuchtungsgrad ≤ (80 ± 5) %:
  – bei dichtem Gefüge: thermische Injektion
  – bei vorhandenen Hohlräumen: mehrstufige Injektion
- bei einem Durchfeuchtungsgrad ≤ (95 ± 5) %:
  – bei dichtem Gefüge: thermische Injektion
  – bei vorhandenen Hohlräumen: mehrstufige Injektion

5.6.2.3 Hochlochziegel, gemauert oder geklebt

Gemauerte oder geklebte Hochlochziegel (Abb. 5.23) als Kellermauerwerk enthalten eine Vielzahl von Löchern, die die Anwendung eines **einstufigen Injektionsverfahrens** praktisch unmöglich machen.

Daher kann nur eine **mehrstufige Injektion** eingesetzt werden. In der ersten Stufe ist dabei eine Zementsuspension zu injizieren, um die vorhandenen Löcher zumindest teilweise zu schließen.

Da mit dem Injektionsverfahren in diesem Fall eine Abdichtung nicht sicher erreicht werden kann, sind für bewohnte Kellerräume zusätzliche Maßnahmen wie ein Sperrputz und ein Sanierputz oder ein Sperrputz mit einer mineralischen Dämmung in Form einer gemauerten Vorsatzschale.

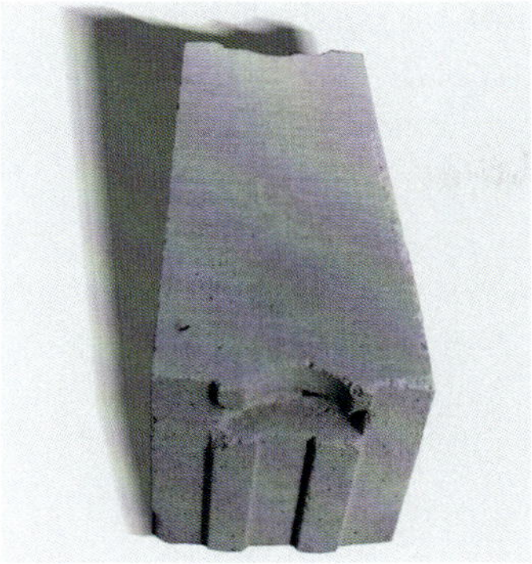

Abb. 5.24: Gasbetonstein zum Kleben

Abb. 5.25: Kalksandstein zum Mauern

Daher folgt statt der Angabe eines „empfohlenen Verfahrens" auch nur die Angabe eines „anwendbaren Verfahrens" und es wird auch nicht nach Durchfeuchtungsgraden des Mauerwerks differenziert.

Anwendbares Verfahren

mehrstufige Injektion (sowie wahrscheinlich erforderliche zusätzliche Maßnahmen)

5.6.2.4 Gasbetonstein, geklebt

Geklebte Gasbetonsteine mit Nut und Feder (Abb. 5.24) sind als Kellermauerwerk nur selten anzutreffen. Für den Einsatz von Injektionsverfahren ist dieser Stein aufgrund seiner homogenen Struktur ohne Löcher ähnlich gut geeignet wie ein Vollziegel. Es können alle Injektionsverfahren angewendet werden.

Empfohlenes Verfahren

- bei einem Durchfeuchtungsgrad $\leq (60 \pm 5)$ %:
  - Injektion mit Niederdruck
- bei einem Durchfeuchtungsgrad $\leq (80 \pm 5)$ %:
  - Injektion mit Niederdruck
- bei einem Durchfeuchtungsgrad $\leq (95 \pm 5)$ %:
  - nach dem Kriterium des besten des Preis-Leistungs-Verhältnisses: Injektion mit Niederdruck
  - nach dem Kriterium des besten Abdichtungsgrads: thermische Injektion

5.6.2.5 Kalksandstein, gemauert

Kalksandstein (Abb. 5.25) ist der verbreitetste Stein für Kellermauerwerk bei Gebäuden, die in den letzten 10 Jahren errichtet wurden. Aufgrund der Steinstruktur, die Löcher aufweist – allerdings deutlich weniger als ein Hochlochziegel –, ist Mauerwerk aus Kalksandstein für Injektionsverfahren schlechter geeignet als Mauerwerk aus Vollsteinen, aber besser als Mauerwerk aus Hochlochziegeln. Bei Kellermauerwerk aus gemauerten Kalksand-

Abb. 5.26: Kalksandstein zum Kleben

steinen wurde und wird in der Regel Kalksandstein, 3 DF, mit Griffmulde und ohne weitere Löcher verwendet.

Wegen der Griffmulde im Stein ist Mauerwerk aus diesem Material für eine **Injektion mit Niederdruck** nicht gut geeignet, da der Injektionsstoff durch das Loch abfließen kann, dennoch ist es bei einem Durchfeuchtungsgrad ≤ (80 ± 5) % das geeignetste Verfahren. Bei geringerer Durchfeuchtung ist für solches Mauerwerk eine **drucklose Injektion** geeignet.

Empfohlenes Verfahren

- bei einem Durchfeuchtungsgrad ≤ (60 ± 5) %:
  – drucklose Injektion
- bei einem Durchfeuchtungsgrad ≤ (80 ± 5) %:
  – Injektion mit Niederdruck
- bei einem Durchfeuchtungsgrad ≤ (95 ± 5) %:
  – thermische Injektion

5.6.2.6 Kalksandstein, geklebt

Der geklebte Kalksandstein mit Nut und Feder (Abb. 5.26) hat neben der Griffmulde gegenüber dem gemauerten Kalksandstein zusätzliche Löcher.

Für den Einsatz von **Injektionsverfahren** ist Mauerwerk aus geklebtem Kalksandstein daher nicht gut geeignet, jedoch besser geeignet als Mauerwerk aus Hochlochziegeln. Allerdings sind auch hier gegebenenfalls zusätzliche Maßnahmen wie ein Sperrputz erforderlich.

Das einzige anwendbare Verfahren ist daher – unabhängig vom Durchfeuchtungsgrad – eine mehrstufige Injektion.

Empfohlenes Verfahren

- bei einem Durchfeuchtungsgrad ≤ (60 ± 5) %:
  – mehrstufige Injektion
- bei einem Durchfeuchtungsgrad ≤ (80 ± 5) %:
  – mehrstufige Injektion
- bei einem Durchfeuchtungsgrad ≤ (95 ± 5) %:
  – mehrstufige Injektion

5.6.3 Anwendungsfall 3: Nachträglicher Einbau einer Horizontalsperre in der Kelleraußenwand ohne Einbaubeschränkungen

Bei diesem Anwendungsfall wird davon ausgegangen, dass die Außenwände der Kellers zugänglich sind, sodass eine gegebenenfalls beschädigte vertikale Abdichtung außen wieder angearbeitet werden kann.

Typische Fälle sind Sanierungen, in deren Rahmen ohnehin eine Erneuerung der vertikalen Abdichtung und der Wärmedämmung des Kellers vorgesehen ist.

Da in dem hier behandelten Anwendungsfall oft mechanische Verfahren zur Einbringung einer Horizontalsperre eingesetzt werden, für die die Mauerwerksfeuchte unerheblich ist, wird bei den entsprechenden Anwendungsempfehlungen im Folgenden nicht nach dem Durchfeuchtungsgrad des Mauerwerks differenziert.

5.6.3.1 Vollziegel

Mauerwerk aus Vollziegeln (siehe Abb. 5.21) hat in der Regel eine relativ weiche durchgehende Lagerfuge. Dies ist eine gute Voraussetzung für den Einsatz des **Blecheinschlagverfahrens**.

Da Vollziegel keine Löcher haben, in denen sich der Mörtel verzahnen konnte, ist auch ein Herausnehmen von Steinschichten im **Maueraustauschverfahren** ohne zu starke Erschütterungen möglich.

Empfohlenes Verfahren

- Blecheinschlagverfahren

5.6.3.2 Bruchstein

Mauerwerk aus Bruchstein (siehe Abb. 5.22) ist aufgrund der fehlenden durchgehenden Lagerfuge für den Einsatz des **Blecheinschlagverfahrens** ungeeignet.

Der Einsatz des **Maueraustauschverfahrens** ist zwar möglich, wegen der fehlenden durchgehenden Lagerfuge aber schwierig, da die ebene Schicht für das Einlegen der Sperrfolie nur aufwendig zu erstellen ist.

Injektionsverfahren sind nicht zu empfehlen, da aufgrund der unterschiedlichen Eigenschaften der Bruchsteine Bereiche mit hoher Kapillarität und hohem Feuchtegehalt neben nahezu trockenen Mauerwerksteilen liegen.

Nur das **Mauersägeverfahren** könnte hier durchgeführt werden.

Empfohlenes Verfahren

- Mauersägeverfahren

5.6.3.3 Hochlochziegel, gemauert

Kellermauerwerk aus gemauerten Hochlochziegeln (siehe Abb. 5.23, links) ist für den Einsatz der **einstufigen Injektionsverfahren** praktisch ungeeignet. Möglich ist jedoch eine **mehrstufige Injektion**.

Aufgrund der Löcher in den Steinen kann sich der verwendete Zementmörtel gut verzahnen, sodass ein Herausstemmen von Hand für die Durchführung des **Maueraustauschverfahrens** kaum gelingen kann. Müssen aber schwerere Stemmwerkzeuge eingesetzt werden, ist mit Erschütterungen des Mauerwerks zu rechnen. Zudem wird durch die Steinabbrüche keine saubere Fuge entstehen. Das Erstellen eines Mörtelbetts für die Sperrpappe und das kraftschlüssige Untermauern sind damit erschwert.

Das **Blecheinschlagverfahren** wäre eine bessere Lösung, obwohl eine härtere Mörtelfuge vorliegt. Allerdings ist auch bei diesem Verfahren eine starke Übertragung der Vibrationen zu erwarten, da die Steine leicht und durch den Mörtel verzahnt sind.

Nur das **Mauersägeverfahren** könnte hier erschütterungsfrei durchgeführt werden.

Empfohlenes Verfahren

- Mauersägeverfahren

5.6.3.4 Hochlochziegel, geklebt

Da Hochlochziegel zum Kleben (siehe Abb. 5.23, rechts) noch mehr Löcher haben als Hochlochziegel zum Mauern, sind sie noch weniger als diese für den Einsatz eines **Injektionsverfahrens** geeignet.

Da eine Klebefuge vorliegt, ist der Einsatz des **Blecheinschlagverfahrens** nicht möglich, weil der Verbund der Steine gelockert würde.

Für den Einsatz des **Maueraustauschverfahrens** gelten dieselben Einschränkungen wie vorangehend beim gemauerten Hochlochziegel beschrieben.

Am geeignetsten ist daher das **Mauersägeverfahren**, obwohl die Gefahr besteht, dass die Verfugung mit einer quellfähigen Emulsion Hohlräume bildet, da beim Abbinden Mörtel in die Löcher des Steines fallen kann.

Empfohlenes Verfahren

- Mauersägeverfahren

5.6.3.5 Gasbetonstein, geklebt

Mauerwerk aus geklebten Gasbetonsteinen (siehe Abb. 5.24) eignet sich gut für den Einsatz von **Injektionsverfahren**.

Auch alle mechanischen Verfahren sind einsetzbar. Beim **Blecheinschlagverfahren** sollten die Bleche jedoch nicht auf der Höhe der Klebefuge, sondern durch den weichen Stein eingeschlagen werden.

Empfohlenes Verfahren

- Blecheinschlagverfahren

5.6.3.6 Kalksandstein, gemauert

Mauerwerk aus gemauertem Kalksandstein (siehe Abb. 5.25) eignet sich wegen des Loches der Griffmulde im Stein nur bedingt für **Injektionsverfahren**.

Dagegen ist der Einsatz aller mechanischen Verfahren möglich. Allerdings ist bei Durchführung des **Blecheinschlagverfahrens** eine stärkere Übertragung der Vibrationen zu erwarten, da die Fuge härter ist (in der Regel Mörtelgruppe 3). Durch die große Masse der einzelnen Steine werden die Vibrationen allerdings auch wieder gedämpft.

Da die Steine sich durch den Mörtel in der Griffmulde verzahnen, ist die Durchführung des **Maueraustauschverfahrens** erschwert.

In diesem Fall ist das **Mauersägeverfahren** im Vergleich zum Maueraustauschverfahren und zum Blecheinschlagverfahren einfacher und mit den geringsten Folgeproblemen auszuführen.

Empfohlenes Verfahren

- Mauersägeverfahren

5.6.3.7 Kalksandstein, geklebt

Durch die im Vergleich zum gemauerten Kalksandstein höhere Lochanzahl bei geklebtem Kalksandstein (siehe Abb. 5.26) ist Kellermauerwerk aus diesem Material für den Einsatz von **Injektionsverfahren** schlecht geeignet.

Da bei Einsatz des **Maueraustauschverfahrens** ein Herausnehmen der Steine von Hand nicht möglich ist, wäre beim Einsatz von Stemmgerät mit stärkeren Erschütterungen des Mauerwerks zu rechnen.

Das **Blecheinschlagverfahren** kann nicht durchgeführt werden, da eine Klebefuge vorliegt.

Das **Mauersägeverfahren** ist dagegen problemlos durchführbar.

Empfohlenes Verfahren

- Mauersägeverfahren

5.7 Sonderfälle

Bei Gebäuden in **Hanglage** oder in **erdbebengefährdeten Gebieten** sollte zur Einbringung einer nachträglichen Horizontalsperre ein Injektionsverfahren eingesetzt werden, da bei Einsatz eines mechanischen Verfahrens die Gefahr besteht, dass sich ein **Gleitlager** bildet. Bei stärkerem seitlichen Erddruck, wie er in Hanglage oder bei Erdbebenereignissen zu erwarten ist, kann dann das Mauerwerk über dem Gleitlager ins Rutschen kommen.

Gleiches gilt bei Vorliegen von **Gewölbeschub**. Aus Sicherheitsgründen ist auch hier der Einsatz eines Injektionsverfahrens anzuraten.

Weist ein Gebäude schon deutliche **Risse** auf, besteht durch die möglichen Setzungen und Erschütterungen beim Einsatz mechanischer Verfahren ebenfalls ein hohes Risiko für Folgeschäden. Auch in diesem Fall sollten Injektionsverfahren angewendet werden.

Abb. 5.27: Versuch zum Feuchtetransport in Mauerwerk: Sowohl bei den ohne Sperrschicht (jeweils linke Steinpaare) als auch bei den mit einer 3/4-Sperrschicht (jeweils rechte Steinpaare) aufeinandergemauerten Kalksandsteinen zeigen die oberen Steine nach Entnahme aus dem Wasserbad eine deutliche Durchfeuchtungszone.

Liegt eine Horizontalsperre im Mauerwerk eines beheizten oder teilbeheizten Kellers und ist der Bereich unterhalb der Sperrschicht stark durchfeuchtet, so ist eine zusätzliche Innendämmung vorzunehmen. Die mechanischen Horizontalsperrenverfahren erzeugen eine vollständige Abdichtung und bedingen einen **Feuchtestau** unterhalb der Sperrschicht. Dies führt es zu einem starken Temperaturunterschied innerhalb des Mauerwerks oberhalb und unterhalb der Sperrschicht mit der Folge von Tauwasserbildung in diesem Bereich. Auch hier wäre auf ein Injektionsverfahren zurückzugreifen.

5.8 Unvollständige Ausführung von Horizontalsperren

Es ist immer wieder zu beobachten, dass beim Einsatz von **Injektionsverfahren** die Verfüllung mit Injektionsstoff abgebrochen wird, bevor eine ausreichende Tränkung der Kapillaren mit dem Injektionsstoff erfolgt ist. Dies geschieht in der Auffassung, dass die Injektion auch schon viel Effekt habe, wenn die aufsteigende Feuchte nicht zu 80 %, sondern nur zu 70 % verringert werde.

Ein ähnlicher Gedanke läge bei einem Vorgehen zugrunde, z. B. beim **Maueraustauschverfahren** die Ziegel nur bis auf 2/3 der Mauerwerksdicke zu ersetzen, also z. B. nur den Binder bei einem 36,5er-Verband herauszunehmen, oder beim **Blecheinschlagverfahren** das Blech nur bis zu 3/4 der Mauerwerksdicke von innen einzutreiben oder beim **Mauersägeverfahren** das Mauerwerk nur bis einige Zentimeter vor der Außenfläche einzuschneiden. Bei einem solchen Vorgehen würden die meisten statischen Probleme der Anwendung der mechanischen Verfahren zwar vermieden und eine vorhandene vertikale Abdichtung auf der Mauerwerksaußenseite unbeschädigt bleiben. Die Vorstellung aber, die eingebrachte Horizontalsperre hätte dann wenigstens noch 65 oder 75 % Wirksamkeit und läge damit über der Leistung der gängigen Injektionsverfahren, trifft jedoch nicht zu.

Zeigen lässt sich dies durch einen Versuch. Hierfür werden jeweils 2 Kalksandsteine aufeinandergemauert. Das eine Steinpaar wird ohne Sperrschicht vermauert, das andere erhält in der Fuge auf 3/4 der Länge eine Sperrschicht, womit eine nicht vollständig durch einen Mauerwerksquerschnitt reichende mechanische Horizontalsperre simuliert wird. Die beiden Steinpaare werden in eine Wanne gesetzt, in der der Wasserstand ca. 1/3 der Höhe des unteren Steines beträgt (siehe Abb. 5.27, linkes Bild).

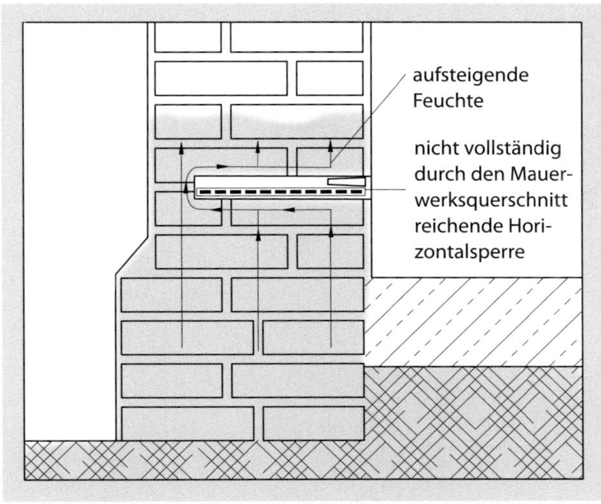

Abb. 5.28: Feuchtefluss um eine im Mauersägeverfahren eingebrachte, das Mauerwerk nicht vollständig durchdringende Abdichtung

Nach mehreren Tagen im Wasserbad werden die Steine hinsichtlich ihrer Feuchteaufnahme verglichen. Im Resultat zeigt sich, dass nicht nur der obere der ohne Sperrschicht vermauerten Steine, sondern auch der obere der mit einer 3/4-Sperrschicht vermauerten Steine eine deutliche durchgehende Verfärbung durch aufsteigende Feuchte aufweist (siehe Abb. 5.26, rechtes Bild).

Das Wasser hat die Sperrschicht umflossen und ist darüber weiter aufgestiegen, wenn auch mit einer geringeren Durchfeuchtungsgeschwindigkeit als in dem ohne Sperrschicht vermauerten Vergleichsstein. Es liegt also keine Abdichtungswirkung von 75 % vor. Ein mit einer solchen nicht durch den gesamten Mauerwerksquerschnitt reichenden Abdichtung versehenes Mauerwerk würde vielmehr nach einigen Wochen nahezu den gleichen Feuchtegehalt aufweisen wie ein Mauerwerk ohne jede horizontale Abdichtung (Abb. 5.28).

Im Fall einer nur unzureichend ausgeführten Injektion tritt ein ähnlicher Effekt ein, wie bei einer nur zu 3/4 durch den Mauerwerksquerschnitt reichenden Horizontalsperre eines mechanischen Verfahrens. Auch hier wird die Durchflussmenge der aufsteigenden Feuchte und damit die Durchfeuchtungsgeschwindigkeit verringert, Steighöhe und Feuchtesättigung aber kaum beeinflusst.

6 Nutzung von Kellerräumen als Wohnung

Um einen Kellerraum in einen gesunden und vollwertigen Wohnraum umzuwandeln, ist es nicht ausreichend, das Kellermauerwerk trockenzulegen und zu dämmen. Es muss vielmehr ein ganzes Bündel an **Bedürfnissen, Anforderungen und Einflüssen** berücksichtigt werden. Dies sind vor allem die Bedürfnisse der Nutzer, die Auswirkungen des Nutzerverhaltens sowie physikalische, chemische und biologische Einflüsse, die aus den baulichen und den Umgebungsbedingungen resultieren:

- **Bedürfnisse und Anforderungen der Nutzer**
  - Behaglichkeit
  - Gesundheitsverträglichkeit der Baustoffe
  - Schadensfreiheit
  - Umweltverträglichkeit der Baustoffe
  - Energieeinsparung
- **nutzungsbedingte Einflüsse**
  - Heizverhalten
  - Lüftungsverhalten
  - Feuchteproduktion
- **gebäude- und umgebungsbedingte Einflüsse**
  - Lichtverhältnisse
  - Feuchte
  - Mikroorganismen
  - Gerüche
  - Temperatur
  - Raumhöhe
  - Geräusche und Lärm

Im Folgenden werden vor allem die für eine Nutzung von Kellerräumen als Wohnraum besonders wichtigen Aspekte der Belichtung (Kapitel 6.1), der Belüftung und der Feuchteabfuhr (Kapitel 6.2) und der Raumhöhe (Kapitel 6.3) näher behandelt.

Hinweis

> Der Umbau eines Kellerraums zu einem bewohnten Raum, einem sogenannten Aufenthaltsraum, ist eine **Nutzungsänderung** und damit **genehmigungspflichtig**. Den Antrag auf Nutzungsänderung kann ein Architekt stellen.

6.1 Belichtung

Der Mensch ist evolutionär an die spektrale Zusammensetzung des Tageslichts und dessen Farbtemperatur von ca. 5.777 K angepasst. Damit verbunden sind wichtige die Gesundheit und das Befinden beeinflussende Wirkungen, die von künstlicher Beleuchtung nicht erreicht werden (vgl. Tageslicht kurz gefasst, S. 5):

- Farben wirken bei Tageslicht natürlicher, das Sehen ist weniger anstrengend, das räumliche Sehen ist besser und Tageslicht hat im Gegensatz zu künstlicher Beleuchtung keine „Welligkeit", sodass Arbeiten bei Tageslicht die Augen weniger beansprucht.
- Mangel an Tageslicht kann Störungen des Stoffwechsels, der Hormonregulation und weiterer vegetativer Prozesse verursachen, z. B. mit der Folge einer „Winterdepression".
- Viele wichtige Körperfunktionen laufen nur optimal ab, wenn über Haut und Augen eine bestimmte Dosis Tageslicht aufgenommen wird; dies erst ermöglicht z. B. die Vitamin-A- und die Vitamin-D-Synthese.
- Tageslicht hat eine positive und steuernde Wirkung u. a. auf den Schlaf-Wach-Rhythmus, die Blutzusammensetzung, die Stimmung, das Immunsystem und den Wasserhaushalt des Körpers.

Die ausreichende Belichtung von Wohnräumen mit Tageslicht senkt daher nicht nur die Energiekosten, sondern ist auch für die Gesundheit der Bewohner wichtig.

6.1.1 Anforderungen nach DIN 5034-1 und nach den Landesbauordnungen

Wegen der großen Bedeutung des Tageslichts für das Befinden und die Gesundheit der Bewohner bestehen in DIN 5034-1 „Tageslicht in Innenräumen – Teil 1: Allgemeine Anforderungen" (2021) und in den Bauordnungen der Bundesländer Vorschriften für die Belichtung von Räumen mit Tageslicht und die Mindestgröße von Fenstern.

Das durch Fenster einfallende Tageslicht besteht dabei nur zu einem geringen Teil aus direktem Sonnenlicht. Der größte Teil des einfallenden Lichtes ist vom Boden und von der Vegetation sowie von Gebäuden und anderen Objekten reflektiertes Streulicht.

Für die Helligkeit in Wohnräumen und die Fensteranordnungen macht **DIN 5034-1** folgende Vorgaben:

- Die Helligkeit in Innenräumen soll gemessen am sogenannten Tageslichtquotienten einen Wert von im Mittel 0,90 % (im ungünstigsten Fall 0,75 %) nicht unterschreiten.
- Die Fenster sollen für die Bewohner eine Sichtverbindung nach außen herstellen.

Sowohl die Bestimmung des Tageslichtquotienten als auch der tatsächlichen Lichtausbeute von Fenstern beruhen auf komplizierten Berechnungen, da für die tatsächliche Lichtausbeute eines Fensters die umgebende Bebauung, die Lage sowie die Ausrichtung nach der Himmelsrichtung berücksichtigt werden müssen. Die Grundlagen für die Berechnungsverfahren werden in der DIN 5034-2 „Tageslicht in Innenräumen – Teil 2: Grundlagen" (2021) und die Berechnungen in der DIN 5034-3 „Tageslicht in Innenräumen – Teil 3: Berechnung" (2021) definiert. Zur Vereinfachung der Berechnung gibt DIN 5034-1 daher Einbausituationen vor, mit denen der geforderte Mindestwert an Tageslicht sicher erreicht wird.

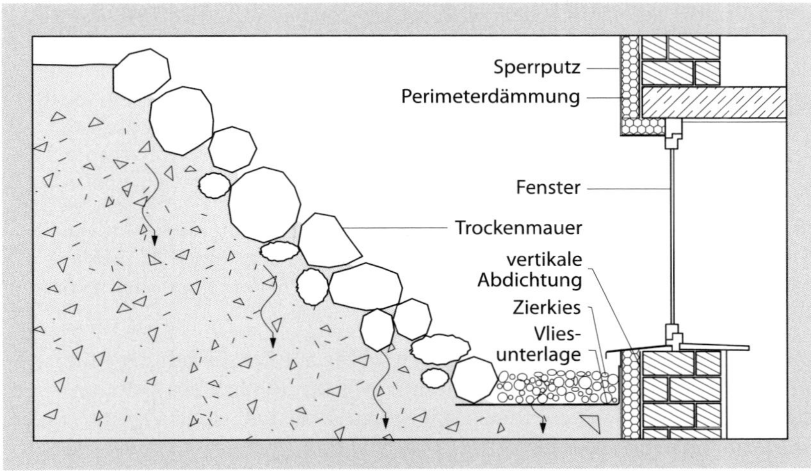

Abb. 6.1: Mögliche Ausbildung der Böschung vor einem Kellerfenster zur Erzielung einer optimalen Belichtung des Kellerraums

Die meisten **Landesbauordnungen** schreiben für Wohnraum im Untergeschoss als Mindestanforderung vor, dass die Fensterflächen eines Raumes 12,5 % der Grundfläche des Raumes betragen müssen (Rohbaufenstermaß). Dies würde für einen 30 m² großen Kellerraum eine Mindestfensterfläche von 3,75 m² bedeuten.

6.1.2 Ausbildung der Böschung vor Kellerfenstern

Die Anforderungen an die Fenstergröße sind für bewohnte Kellerräume höher als für Räume im Erdgeschoss oder in Obergeschossen, weil aufgrund der tiefen Lage ein großer Teil des reflektierten Streulichts von der höher liegenden Geländeoberfläche abgefangen wird und das Fenster nicht erreicht. Bei Kellerräumen ist die zu erreichende Fensterfläche faktisch allerdings dadurch beschränkt, dass die **Fensterunterkante nicht im Bereich aufstauenden Wassers** liegen darf.

Um trotzdem eine möglichst hohe Lichtausbeute der konstruktiv möglichen Fensterfläche zu erreichen, ist die Ausbildung der Böschung vor einem Kellerfenster von entscheidender Bedeutung.

Bei Lichtschächten vermindern die abdeckenden Gitter den Lichteinfall so stark, dass diese Art Belichtung nur bei Räumen infrage kommt, die nicht für einen längeren Aufenthalt vorgesehen sind, wie z. B. Bäder oder Bügelzimmer.

Wird eine abgeschrägte Böschung in Abtreppungen angelegt wird, führt dies bei nahezu senkrecht stehender Sonne zu einer erheblichen Verringerung der Lichtausbeute und auch zu einer Verringerung der Lichtausbeute aus schräg einfallendem Licht.

Für die Konstruktion der Außenanlagen lassen sich daher folgende Empfehlungen geben: Ein heller waagerechter Streifen vor dem Fenster von 30 bis 50 cm Breite und eine ca. 45° abgeschrägte Böschung, ebenfalls aus einem relativ hellen reflektierenden Material, sind für die Lichtausbeute ideal (vgl. zur Böschungsausbildung Abb. 6.1).

Die Ausbildung dieser Flächen als geschlossene Flächen mit einem Bodenablauf ist nicht zu empfehlen, da Regenwasser die schräge Ebene herablaufen und sich in der waagerechten Ebene vor dem Fenster anstauen würde. Abläufe in dieser Fläche verstopfen z. B. durch mitgeschwemmtes Laub leicht. Das aufstauende Wasser kann dann gegebenenfalls durch das Fenster eindringen.

Empfehlenswert ist dagegen eine Anlage des Außenbereichs, die ein Versickern des Regenwassers in einem hellen Zierkiesbett mit Vliesunterlage in der waagerechten Fläche und eine offene versickerungsfähige Ausbildung der Böschung, z. B. durch eine Trockenmauer aus hellem Naturstein, vorsieht.

Die Abdichtung der Kelleraußenwand wird bis zur Fensterlaibung geführt. Die Verklebung der Perimeterdämmung sollte im Bereich des späteren Lichtschachts vollflächig erfolgen. Eine zusätzliche Dübelbefestigung ist hier wahrscheinlich erforderlich.

Die Beschichtung der Fläche erfolgt vor dem Anlegen der Böschung mit einem glatten Sockelputz wie in Wärmedämm-Verbundsystemen üblich. Der Putz sollte in einem abgetönten Farbton gestrichen werden. Die Verwendung von hellen Farben und rauen Oberflächen in diesem Bereich ist nicht anzuraten, da sie durch Grünbefall schnell optisch beeinträchtigt würden. Der Putz muss so weit geführt werden, dass er mit der späteren Böschung überlappt und keine Fehlstellen sichtbar sind.

Hierbei ist immer auf die maximale Höhe des aufstauenden Sickerwassers zu achten, da sie die Tiefe der Böschung und die Höhe der Unterkante des Fensters bestimmt. Im Zweifelsfall sollte zur Bestimmung dieses Wertes ein Bodengutachter herangezogen werden, da der Bemessungswasserstand (vgl. hierzu Kapitel 2.6.5) in diesem Fall nicht aussagekräftig ist.

Falls die neue Fensterfront zu einer stark befahrenen Straße liegt, ist eventuell der Einbau von Schallschutzfenstern erforderlich. Diese lassen jedoch ebenso wie Fenster mit spezieller Isolierverglasung weniger Licht ein als übliche doppelverglaste Fenster.

Da wegen der erforderlichen Dämmung ohnehin eine Baugenehmigung erforderlich ist, sollte auch die Lichtplanung einem erfahrenen Architekten übertragen werden.

6.2 Belüftung und Feuchteabfuhr

In einem Keller, der zum Wohnraum ausgebaut wird, ist auch bei fachgerechter Abdichtung grundsätzlich mit höherer Raumfeuchtigkeit zu rechnen. Sie wird dadurch verursacht, dass der Feuchteeintrag durch die Bewohner aufgrund der geringeren Belüftungs- und Luftaustauschmöglichkeiten und der fehlenden Feuchteabgabemöglichkeiten der Bauteile an angrenzende Bauteile bzw. das Erdreich schlechter ausgeglichen werden kann. Durch die Ausgleichsfeuchte ist daher mit einer höheren Feuchtigkeit des Bodenbelags, der Wandbeschichtungen und der Wandputze zu rechnen.

Um die Gefahr der Schimmelbildung zu minimieren, sind schimmelresistente Baustoffe, Beläge und Beschichtungen beim Ausbau zu bevorzugen: Als

Putz bietet sich ein Kalkputz- oder Kalkzementputz für die Kellerwände an. Günstige Bodenbeläge sind Fliesen. Geklebte Vinylplatten in Holzoptik sind empfehlenswerter als Parkett und andere Holzbeläge oder Laminate, die einen Träger aus Holzresten besitzen. Silikatfarben und mineralisch gespachtelte Oberflächen sind Dispersionsfarben und Tapeten vorzuziehen.

Luftwechsel in bewohnten Räumen sind aus mehreren Gründen notwendig:

- für die Zufuhr von Sauerstoff
- für den Abtransport von Gerüchen und Schadstoffen
- für die Abfuhr von Feuchte

6.2.1 Luftwechsel und Feuchtegehalt der Raumluft

Die Abfuhr von Feuchte ist die wichtigste Funktion der Luftwechsel. Bei älteren Gebäuden erfolgt ein Teil des Luftaustauschs und damit der Feuchteabfuhr ungeregelt durch Fugen und Undichtheiten. Bei einem nach heutigem Standard sanierten Gebäude – und dies würde auch für einen fachgerecht sanierten Keller gelten – ist dieser Luftaustausch nicht mehr gegeben und aus Gründen der Wärmedämmung auch nicht erwünscht.

In einem Vierpersonenhaushalt werden jedoch pro Tag ca. 10 l Wasser durch Atemluft, Transpiration, Kochen, Baden, Duschen und Zimmerpflanzen als Wasserdampf in die Raumluft abgegeben.

Luft kann bei einer Temperatur von 20 °C eine maximale Wassermenge von 17,3 g/m^3 aufnehmen. Bei einer als angenehm empfundenen relativen Luftfeuchte von 50 % beträgt der Wassergehalt der Luft dagegen nur 8,7 g/m^3.

Eine **relative Luftfeuchte ab 65 % begünstigt Schimmelpilzbefall** und sollte daher vermieden werden, denn auch wenn die Kellerwände mineralisch beschichtet sind, finden sich in Wohnräumen immer ausreichend organische Materialien, um einen Schimmelpilzbefall zu ermöglichen.

Um eine relative Luftfeuchte von ca. 50 % nicht zu überschreiten, muss daher durch Lüften Feuchte abgeführt werden.

Die Ermittlung des auszutauschenden Luftvolumens zeigt beispielhaft Berechnung 1.

Berechnung 1: Auszutauschendes Luftvolumen

Annahmen

1. Innenraumbedingungen:
   - Bei einer Temperatur der Innenraumluft von 20 °C und
   - einer relativen Feuchte der Innenraumluft von 50 %
   - beträgt der Wassergehalt der Innenraumluft **8,7 g/m^3**.
2. Umgebungsbedingungen:
   - Bei einer Temperatur der Außenluft von 4 °C und
   - einer relativen Feuchte der Außenluft von 80 %
   - beträgt der Wassergehalt der Außenluft **5,1 g/m^3**.
3. Täglich anfallende abzuführende Feuchtemenge in einem Vierpersonenhaushalt:
   10 l $\triangle$ **10.000 g**

Berechnung

1. Ermittlung der Differenz des Wassergehalts zwischen Innenraumluft und Außenluft:
   8,7 g/m³ – 5,1 g/m³ = **3,6 g/m³**
   Die Menge Wasser, die 1 m³ Außenluft aufnehmen kann, wenn sie nach einem Luftwechsel auf 20 °C erwärmt worden ist, beträgt 3,6 g.
2. Ermittlung des auszutauschenden Luftvolumens:
   10.000 g : 3,6 g/m³ = **2.777 m³**
   Um 10.000 g Wasser bei einer Aufnahmefähigkeit der Luft von 3,6 g/m³ abführen zu können, müssen 2.777 m³ Luft ausgetauscht werden.

Die Luftwechselrate *n* wird in der Einheit h^{-1} (oder 1/h), also der Zahl der Luftwechsel je Stunde, angegeben. Eine Luftwechselrate von 1 h^{-1} bedeutet, dass die gesamte Luft eines Raumes innerhalb 1 Stunde ausgetauscht wird. In Tabelle 6.1 sind die in der Praxis für ausgewählte Fensterstellungen angenommenen Luftwechselraten zusammengestellt.

Tabelle 6.1: Luftwechselraten bei Fensterlüftung

Fensterstellung	**Luftwechselrate *n* in h^{-1}**
Fenster und Zimmertüren geschlossen (Spaltlüftung)	0–0,5
Fenster gekippt, Zimmertüren geschlossen (Kipplüftung)	0,8–4,0
Fenster halb geöffnet, Zimmertüren geschlossen	5–10
Fenster vollständig geöffnet, Zimmertüren geschlossen (Stoßlüftung)	9–15
gegenüberliegende Fenster vollständig geöffnet, Zimmertüren geöffnet (Querlüftung)	ca. 40

Die Bestimmung der notwendigen Luftwechselrate für das in Berechnung 1 ermittelte auszutauschende Luftvolumen von 2.777 m³ zeigt beispielhaft Berechnung 2.

Berechnung 2: Erforderliche Lüftungszeit

Annahmen

1. Volumen der Wohnung:
   – Bei einer Fläche der Wohnung von 100 m² und
   – einer Raumhöhe der Wohnung von 2,50 m
   – beträgt das Volumen der Wohnung **250 m³**.
2. Auszutauschende Luftmenge pro Tag:
   2.777 m³ (siehe Berechnung 1)
3. Luftwechselrate:
   40 h^{-1} (bei Querlüftung; siehe Tabelle 6.1)

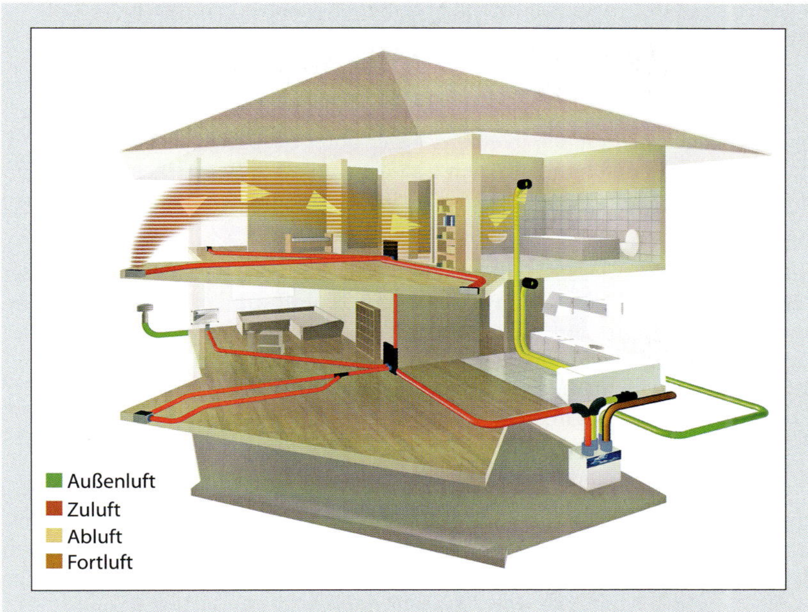

Abb. 6.2: Kontrollierte Wohnraumbelüftung (Quelle: Pluggit GmbH, München)

Berechnung

1. Ermittlung der erforderlichen Zahl von Luftwechseln:
   2.777 m^3 : 250 m^3 = 11,108 ≈ **11,11**
   Um den erforderlichen Austausch von 2.777 m^3 Luft mit 10.000 g Wasserlast zu erreichen, muss das Luftvolumen der Wohnung von 250 m^3 ca. 11 Mal pro Tag ausgetauscht werden.
2. Ermittlung der erforderlichen Lüftungszeit:
   11,11 : 40 h^{-1} = 0,277 h = 16,62 min ≈ **17 min**
   Um die ermittelte Mindestlüftungszeit von ca. 17 Minuten für den Austausch des erforderlichen Luftvolumens zu erreichen, wäre über den Tag verteilt mehrfach eine Querlüftung von jeweils einigen Minuten erforderlich.

Die in Berechnung 2 ermittelte Zahl und Gesamtdauer der Luftwechsel ist im Alltag selbst dann kaum zu erreichen, wenn die Fenster die vorgeschriebene Größe besitzen. Sind die Fenster kleiner, ist ein ausreichender Luftwechsel und damit eine ausreichende Feuchteabfuhr praktisch nicht möglich, sodass die Luftfeuchte in den Wohnräumen einen ungünstig hohen Wert erreichen wird. Dies lässt sich wirksam nur durch technische Belüftung (Kapitel 6.2.2) verhindern.

6.2.2 Technische Belüftung

Leistungsfähige **Belüftungssysteme** führen Luft kontrolliert über Zuluftöffnungen zu, filtern und entfeuchten sie, verteilen sie im Gebäude und führen sie über Abluftöffnungen wieder ab (Abb. 6.2). Über einen angeschlossenen

Wärmetauscher beugen sie einem zu hohen Wärmeverlust durch die kalte Außenluft vor.

Die Zuluft- und Abluftkanäle dieser Systeme werden im Neubau bereits bei der Planung in Schächten, in Deckenverkleidungen und im Estrich untergebracht. Rohre nachträglich in einem Keller unter der Decke zu verlegen, wird unabhängig von den hohen Kosten und der optischen Beeinträchtigung allerdings vielfach schon wegen einer zu geringen Raumhöhe nicht möglich sein.

Wenn also kein Belüftungssystem vorhanden ist, an das der neue Kellerwohnraum angeschlossen werden kann, bleibt als Lösung nur ein **Einzelgerät**. Mit einem solchen Gerät wird über eine Zuluft- und eine Abluftöffnung ein Luftaustausch im Raum hergestellt (Abb. 6.3). Der Aufbau heute üblicher Geräte besteht aus einer in einer Kernbohrung integrierten Zuluft- und Abluftöffnung sowie integrierten Filtern und Wärmetauscher. Höherwertige Geräte lassen sich miteinander vernetzen und teilweise über Fernsteuerung und Apps anpassen, sodass eine Steuerung erreicht wird, die nahe an dem Komfort eines verbundenen Belüftungssystems liegt.

Nachteilig sind die teilweise geringe Effektivität dieser Geräte, da der Luftaustausch nicht den gesamten Raum umfasst, sowie die Geräuschbelastung durch den Lüfter. Damit sich Zuluft und Abluft nicht vermischen, sollte(n) sich der Luftauslass bzw. die Luftauslässe, soweit möglich, im Bereich von mehr Luftraum, z. B. im Bereich der Böschung vor einem Fenster, befinden. Da bei heute üblichen Einzelgeräten Zulufteinlass und Abluftauslass aber unmittelbar nebeneinander liegen, ist eine gewisse Vermischung der Abluft mit der Zuluft nicht völlig zu vermeiden.

Die Installation eines modernen Einzelgerätes ist wenig aufwendig, da lediglich eine Kernbohrung für den Lufteinlass/Luftauslass sowie ein Stromanschluss benötigt werden. Die Nettokosten für ein Gerät mit Wärmetauscher, Filter und Steuerung betragen mit den notwendigen Anschlusskosten (Kernbohrungen durch die Kellerwand, Legen eines Stromanschlusses usw.) ca. 700 €.

Eine weitere relativ kostengünstige Lüftungslösung ist eine **passive Mindestlüftung zum Feuchteschutz**. Hierbei wird über Frischluftdurchlässe, die in dem über dem Gelände liegenden Bereich der Kelleraußenwand angebracht sind, eine vom Wind angetriebene Querlüftung bewirkt. Hierfür sind Belüftungsgitter in den Innentüren erforderlich. Durch einen Abluftschacht mit Saugwirkung kann die Effektivität gesteigert werden. Zu diesem Zweck kann z. B. ein stillgelegter Kaminzug genutzt werden, der die Abluft durch den Kamineffekt über das Dach abführt (Abb. 6.4).

Auch die Installation dieses Lüftungssystems erfordert wenig Aufwand, da nur einige Kernbohrungen durch die Außenwand erforderlich sind. Die Belüftungsgitter für die Innentüren sind in Baumärkten erhältlich.

Die Wirksamkeit dieser Art der Be- und Entlüftung ist allerdings witterungsabhängig, da sie auf eine ausreichend starke Umströmung des Gebäudes durch die Außenluft angewiesen ist. Wenn die Möglichkeit besteht, über einen stillgelegten Kaminzug einen Abzug zu schaffen, ist diese Lösung einer Raumbe- und -entlüftung durch Einzelgeräte insoweit überlegen, als ein Zu-

Abb. 6.3: Be- und Entlüftung mit Einzelgeräten in Kellerräumen

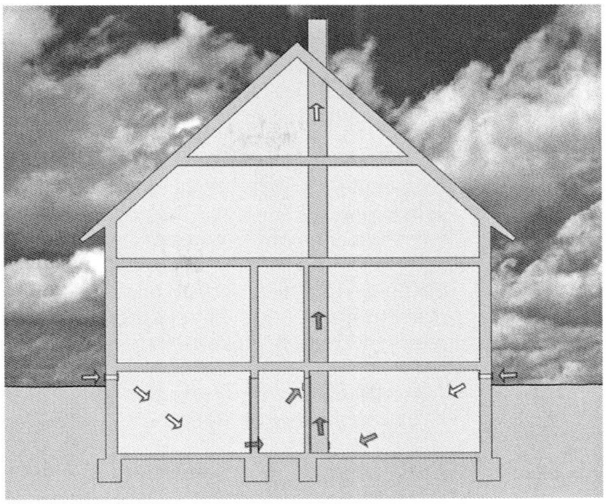

Abb. 6.4: Passive Mindestlüftung mit Türgittern in den Innentüren und einem Abzug über einen stillgelegten Kaminzug

luft- und Abluftbereich auch in Räumen entsteht, die nicht mit der Außenwand verbunden sind. Zudem entfallen der Stromverbrauch sowie störende Geräusche durch die Lüfter. Der Nachteil ist, dass keine Erwärmung der Außenluft über einen Wärmetauscher stattfindet und dadurch der Heizbedarf bei kalter Witterung ansteigt.

Der mit Belüftungssystemen erreichbare Luftaustausch sollte von einem Energieberater berechnet werden. Unter Umständen ist beispielsweise durch die passive Mindestlüftung lediglich ein zusätzlicher Luftaustausch zu erreichen, der die Zahl der erforderlichen Quer- oder Stoßlüftungen aber bereits deutlich verringern kann. Auch eine Kombination von Einzelgeräten und passiver Mindestlüftung ist möglich.

Für die Berechnung des notwendigen Luftaustauschs und die Ermittlung der notwendigen technischen Belüftung können nachfolgende DIN-Normen herangezogen werden:

- DIN 1946-6 „Raumlufttechnik – Teil 6: Lüftung von Wohnungen – Allgemeine Anforderungen, Anforderungen an die Auslegung, Ausführung, Inbetriebnahme und Übergabe sowie Instandhaltung“ (2019),
- DIN EN 308 – Entwurf „Wärmeaustauscher – Prüfverfahren zur Bestimmung der Leistungskriterien von Luft/Luft- und Luft/Abgas-Wärmerückgewinnungsanlagen“ (2020),

Tabelle 6.2 gibt einen Überblick über die Kosten verschiedener Belüftungsgeräte und -systeme.

Tabelle 6.2: Kosten Belüftungsgeräte und -systeme, Stand: Februar 2022 (nach eigenen Recherchen)

Leistung	Ca.-Kosten (netto)
Materialkosten dezentrale Wohnraumentlüftung (Einzelgerät) mit Wärmerückgewinnung, Feuchtesensor und Fernbedienung, mittlere Qualität	385,00 €/Einzelgerät
Einbaukosten dezentrale Wohnraumbelüftung, Lochbohrung Wand, Kabel verlegen, Anschluss- und Abdichtarbeiten, Putzarbeiten, ohne Malerarbeiten	440,00 €/Einzelgerät
Materialkosten zentrale Wohnraumbelüftung, kleine Größe für Kellerwohnräume	2.750,00 €/Gerät, Verrohrung, Zubehör
Installationskosten für zentrale Wohnraumbelüftung inkl. der notwendigen Wanddurchbohrungen, Putzarbeiten im Keller, falls Nachrüstung für zentrale Wohnraumbelüftung wegen der Raumhöhen technisch möglich	99,00 €/m² Wohnfläche (aufwandsabhängig je nach vorgefundener Situation)

Hinweis

Der Einsatz von feuchtespeicherungsfähigen **Klima- und Luftporenputzen** eignet sich nicht zur Lösung von Lüftungsproblemen, da sie nur eine kurzfristige Tauwasserbildung verhindern. Ein sanierter Keller hat ein einseitig dichtes Mauerwerk, sodass die Feuchte durch die Abdichtung praktisch nicht entweichen kann. Sie muss daher über die Innenraumluft wieder abgeführt werden. Wird also mehr Feuchte in einen Raum eingetragen, als durch Luftaustausch wieder abgeführt wird, werden auch Klima- und Luftporenputze nach kurzer Zeit gesättigt sein.

6.3 Raumhöhe

6.3.1 Mindestraumhöhe und Sohlplattenaufbau

Die vorgeschriebene **Mindestraumhöhe** für Wohnraum in Kellern beträgt nach § 47 Musterbauordnung 2,40 m von Oberkante Fußboden bis Unterkante fertige Decke. Ausgenommen sind nur Bäder und Abstellräume. Diese Mindestraumhöhe ist bis auf wenige Ausnahmen in die einzelnen Landesbauordnungen übernommen worden.

Um Tauwasserbildung im Bodenbereich zu vermeiden, sollte die Dämmung des Bodens immer in derselben Dicke ausgeführt werden wie die Dämmung der Wandflächen.

Bei neueren Gebäuden sind Dämmung und Ausbildung des Kellers zu ca. 70 % als Weiße Wanne ausgeführt (Abb. 6.5). Um einen *U*-Wert von 0,35 $W/(m^2 \cdot K)$ zu erreichen, ist hierzu z. B. folgender Kellersohlenaufbau nötig (Schichtenfolge von unten nach oben):

- ca. 10 cm kapillarbrechende Schicht
- 5 cm Sauberkeitsschicht aus Beton B15
- mindestens 12 cm Perimeterdämmung der Wärmeleitfähigkeitsstufe (WLS) 035, also mit einer Wärmeleitfähigkeit λ von 0,035 $W/(m \cdot K)$

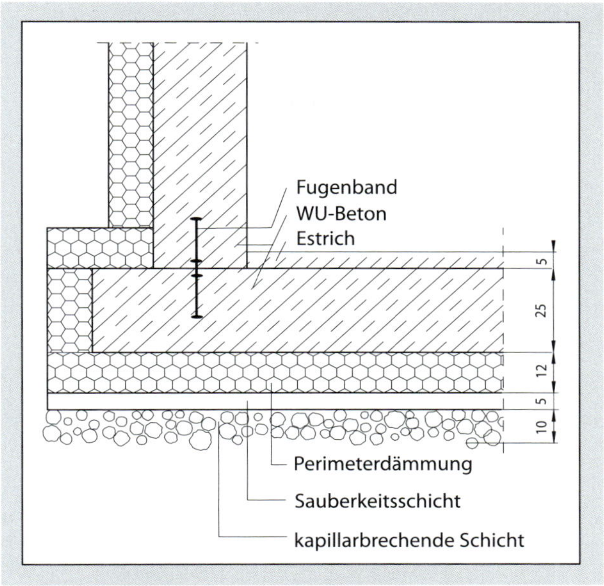

Abb. 6.5: Typischer Sohlplattenaufbau bei einer Weißen Wanne (Angaben in cm)

Abb. 6.6: Tieferlegung eines Kellerfußbodens

- 25 cm biegesteife Betonsohle
- ca. 5 cm schwimmender Estrich

Der Gesamtaufbau hat damit eine Höhe von ca. 60 cm.

6.3.2 Bestandskeller auf Gründungsfundamenten

Ist der Keller mit einer durchgehenden biegesteifen Gründungssohle ausgeführt, sind die Möglichkeiten eines Raumhöhengewinns und einer Dämmung beschränkt (vgl. hierzu Kapitel 6.3.3). Keller auf Gründungsfundamenten mit einem Sperrestrich auf gewachsenem Boden können dagegen tiefer ausgeschachtet werden (Abb. 6.6).

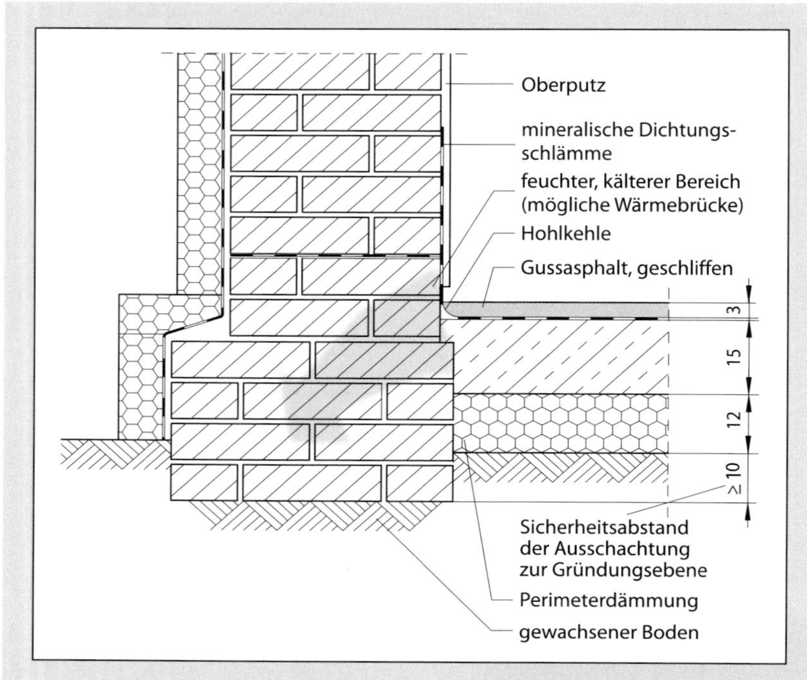

Abb. 6.7: Höhe sparender Aufbau von Sohle und Dämmung (Angaben in cm)

Hinweis

Eine Ausschachtung sollte ohne statische Prüfung nicht tiefer als 10 cm erfolgen. Bei statischen Bedenken sollten in Absprache mit einem Statiker Ausschachtung und Betonieren der Sohle raumweise erfolgen.

Wenn ein solcher Keller eine Raumhöhe von 2,20 m hat, müsste er, um die vorgeschriebene Mindestraumhöhe von 2,40 m zu erreichen und zugleich einen Bodenaufbau wie in Kapitel 6.3.1 beschrieben zu realisieren, ca. 80 cm tief ausgeschachtet werden.

Dies ist in der Regel deutlich tiefer als die Gründungsebene. Falls das Fundament nicht zuvor aufwendig schrittweise unterfüttert werden soll (vgl. Kapitel 2.4.1), muss daher ein anderer Aufbau gewählt werden, der mit geringeren Aufbauhöhen auskommt. Abb. 6.7 zeigt den nachfolgend beschriebenen Aufbau, der eine möglichst geringe Aufbau- und damit Ausschachttiefe bei vertretbaren Bauteileigenschaften ermöglicht (Schichtenfolge von unten nach oben):

- Auf eine kapillarbrechende Schicht wird verzichtet.
- Bei der **Perimeterdämmung** (mindestens 12 cm) kann kaum Höhe eingespart werden, da diese erforderlich ist, um den angestrebten *U*-Wert von 0,35 W/(m^2 · K) zu erreichen. Die Verlegung erfolgt direkt auf dem plan abgezogenen gewachsenen Boden. Im Übergangsbereich ist entweder ein Dichtband oder ein Quellband einzulegen und die Bewehrung durchzuführen.

- Die **Bodenplatte aus WU-Beton** hat keine Last aus dem Kellermauerwerk abzutragen und kann daher in der Regel in geringerer Dicke ausgeführt werden. Bei festen gewachsenen Böden ist eine Sohlendicke von 12 bis 15 cm als selbsttragende Schicht meist ausreichend. Bei losen Böden oder bei drückendem Wasser wird eine Dicke von 25 cm empfohlen.
- Es sollten einige Taschen in das Sockelmauerwerk eingestemmt werden, die dann – mit Bewehrungseisen versehen – zusammen mit der Sohle gegossen werden. Der verbleibende Spalt wird später analog der Unterfütterung am besten mit quellfähigem Mörtel unterstopft. Eine Verzahnung der Bodenplatte mit dem Gründungsmauerwerk stellt angesichts der reduzierten Sohlendicke keine nennenswerte Verbesserung der Gründung dar, verhindert aber z. B. ein Versetzen oder Hochdrücken der Sohle durch Wasserdruck.
- Der Sockel-Wand-Übergang ist mit Hohlkehle deutlich über der vorhandenen Horizontalsperre mit einer zweifach aufgetragenen, idealerweise flexiblen mineralischen Dichtungsschlämme zu versehen.
- Auch die Betonsohle wird mit mindestens einer zweifach aufgetragenen Dichtungsschlämme versehen, da auch durch WU-Beton eine Wasserdampfdiffusion erfolgen kann. Bei der Wasserbeanspruchung drückendes Wasser (Wassereinwirkungsklasse W2-E) sollte eine solche Abdichtung dreifach erfolgen. Weitere Abdichtungsverfahren finden sich in DIN 18533-2 und -3, speziell für die Abdichtung von Bodenplatten.
- Dieser Boden kann als Grundlage für einen **einfachen Estrich** aus Gussasphalt dienen. Ein solcher Estrich wäre im Kellerraum vertretbar, da die Schallübertragung dort vernachlässigt werden kann. Vorteil dieses Estrichs ist, dass er sehr dünn (ab einer Mindestdicke von 2,5 cm) aufgebracht werden kann. Wenn dieses Material durch aufgestreute Sande farbig gestaltet und anschließend geschliffen wird, können terrazzoähnliche Strukturen erreicht werden, wodurch der Oberbelag und damit Ausschachttiefe gespart bzw. Raumhöhe gewonnen wird. Ein **Verbundestrich** auf der Basis von Gussasphalt ist dagegen bitumengebundener Estrich mit Zuschlägen aus Splitt, Gesteinsmehlen und Sand. Dieser Estrich hat den Vorteil, schwellen- und fugenlos herstellbar zu sein. Für die Verwendung eines Verbundestrichs sprechen seine guten Schall absorbierenden Eigenschaften und die geringe Wärmeleitfähigkeit, sodass er auch als fußwarm empfunden wird.
- Eine schmale zwischen Estrich und Oberputz vorgesehene Schattenfuge wird von Sockelleisten verdeckt.

Bei dem hier dargestellten Aufbau verbleibt eine Wärmebrücke im Übergangsbereich zwischen Sockel und Kellermauerwerk (grauer Pfeil in Abb. 6.7). Sie entsteht, weil die Dämmung unter der Gründung zwangsläufig fehlt und das Mauerwerk unter der Dichtungsschlämme feucht und damit kälter ist. Um diese Wärmebrücke zu beseitigen, wäre ein umlaufender Sockel, z. B. aus Mineraldämmung, erforderlich. Dies ist aber vom Standpunkt der Raumnutzung und der Optik kaum vertretbar. Eine Verbesserung kann auch durch eine Schleierinjektion der Sockelebene, Fundamentvergelung genannt, erreicht werden, damit das bauteilabkühlende Wasser nicht eindringen kann (vgl. Kapitel 3.6.1, Abb. 3.23).

Der vorstehend beschriebene Aufbau erfordert bei einer Ausgangsraumhöhe von 220 cm mit einer Aufbauhöhe von ca. 30 cm eine Ausschachttiefe von nur ca. 50 cm gegenüber ca. 80 cm beim Aufbau wie bei einer Weißen Wanne, um die vorgeschriebene Raumhöhe von 240 cm nicht zu unterschreiten.

Abb. 6.8: Durch Tieferlegung des Kellerfußbodens entstandene größere Steighöhen zur Kellertreppe und zu einem nicht tiefergelegten Kellerraum

Hinweis

Bei einer Tieferlegung der Kellersohle ist zu beachten, dass die Steighöhen zur Kellertreppe und zu gegebenenfalls nicht tiefergelegten Kellerräumen angeglichen werden müssen (Abb. 6.8).

In Tabelle 6.3 sind Kosten der Tieferlegung eines Kellerfußbodens auf Gründungsfundamenten mit einem Sperrestrich auf gewachsenem Boden mit Neuerstellung eines Bodenaufbaus zusammengestellt.

Tabelle 6.3: Kosten der Tieferlegung eines Kellerfußbodens bei vorgefundenem Sperrestrich auf gewachsenem Boden. Stand: Februar 2022 (nach SIRADOS Kalkulationsatlas für Roh- und Ausbau im Altbau [2021] und nach eigenen Recherchen)

Leistung	Ca.-Kosten (netto, inkl. Material)
Kellerboden aus Sperrestrich abbrechen, entsorgen, vorhandenen gewachsenen Boden im Handaushub ausheben und Aushubmaterial entsorgen, Gesamtschachttiefe ca. 50 cm, Förderweg ca. 50 m	170,50 €/m³
Perimeterdämmung 120 mm auf dem planierten Rohboden einlagig und dicht gestoßen verlegen	48,80 €/m²
Sohlplatte aus wasserundurchlässigem Stahlbeton C 20/25 innerhalb eines Kellers erstellen, Stärke 20 cm, inklusive Bewehrungseinlage, vorher verlegter Trennfolie und eingestemmter Mauerwerkstaschen	198,00 €/m²
kapillarbrechende Schicht, 5 cm aus Feinsplitt, einbringen, verdichten und planieren, Förderweg bis 50 m	22,00 €/m²
Hohlkehle oder Ausrundung am Wand- Sohlenanschluss inkl. Voranstrich mit Haftbrücke aus Mörtel herstellen	7,70 €/lfm
Zementestrich mit Dämmschichten mit Randdämmstreifen, 30 mm Wärmedämmung und Estrich Stärke 45 mm neu erstellen	39,60 €/m²
Magnesia-Verbundestrich hochbeanspruchbar mit Haftbrücke einbringen, Stärke 15 mm	19,80 €/m²

6.3.3 Bestandskeller auf einer biegesteifen Sohle

Ist die Kellersohle ein tragender durchgehender Bestandteil der Gründung, ist kein Ausschachten möglich. In diesem Fall kann nur wenig Raumhöhe gewonnen werden, z. B. indem der Estrich durch einen schwimmenden Estrich aus mit Nut und Feder verlegten Hartschaumdämmplatten mit einer Deckschicht aus Kunstharzestrich erstellt wird.

Falls der Keller nicht von Vornherein als möglicher Wohnraum konzipiert worden ist, wird es in der Regel nicht möglich sein, die geforderte Mindestraumhöhe von 2,40 m zu erreichen. Für einzelne Räume kann gegebenenfalls auf Antrag eine Ausnahmegenehmigung erteilt werden; dies ist im Einzelnen in den Landesbauordnungen geregelt.

Falls eine Genehmigung erteilt wird, sollte die Abdichtung der Kellersohle und des Sockelbereichs, sofern nicht bereits vorhanden, wie vorangehend in Kapitel 6.3.2 beschrieben erfolgen. Der wahrscheinlich vorhandene Verbundestrich muss hierfür entfernt werden.

6.4 Weitere Anforderungen

Nach den Landesbauordnungen muss ein Keller für Wohnzwecke über eine eingebaute **Heizung** sowie **Wasser- und Stromleitungen** verfügen.

Ferner ist für einen ausreichenden **Brandschutz** zu sorgen.

Für **Heizungsanlagen** in direkter Nähe zu Wohnräumen, wie sie in einem Keller nach einem Umbau zu Wohnzwecken vielfach vorhanden sein werden, gelten die Vorschriften nach § 38 Musterbauordnung bzw. die Vorschriften der Landesbauordnungen.

Bei Umbauten zu Aufenthaltsräumen ist die Installation von **Rauchmeldern** in Schlafzimmern, Kinderzimmern und Fluren bereits vorgeschrieben. Dies wird in den kommenden Jahren auch für andere Gebäude gelten.

Die nach § 33 Abs. 1 Musterbauordnung vorgeschriebenen 2 **Rettungswege** pro Geschoss können sowohl nach außen führende Fenster sein, die nach § 7 Abs. 5 Musterbauordnung lichte Maße von mindestens 0,90 m × 1,20 m, also 1,08 m^2, aufweisen müssen, als auch Kellertüren mit einem unmittelbar ins Freie führenden Ausgang.

7 Hochwasser- und Starkregenschutz für den Keller

Die Katastrophenbilder aus der Nacht des 15. Juli 2021 von dem verheerenden Hochwasser im Landkreis Ahrweiler und anderen Gebieten Deutschlands (Abb. 7.1) haben die Problematik des Hochwasserschutzes für Gebäude, insbesondere der Keller, in den Fokus gerückt.

Es mag zu den Ursachen der Erderwärmung verschiedene Meinungen geben. Tatsache ist jedoch, dass auch in unseren Breiten eine Klimaveränderung beobachtet werden kann. Diese äußert sich in Stürmen und Unwettern – und in intensiven Regenfällen. Deshalb werden präventive Schutzmaßnahmen für tiefer liegende Gebäudeteile wie Keller immer wichtiger.

7.1 Hochwasserschutz oder Starkregenschutz für Bestandskeller

Verantwortlich für feuchte und überflutete Keller sind jedoch meist keine Hochwasser, sondern Starkregenereignisse. Hochwasser ist definiert als eine Wasserflut, die sich auch an der Oberfläche aufstaut und in eine Richtung (ab)fließt. Durch diesen Wasserdruck ist ein Hochwasser weit gefährlicher für die Bausubstanz als ein aufstauendes Sickerwasser aus Starkregenfällen.

Abb. 7.1: Bild aus einem überfluteten Keller im Katastrophengebiet

In Deutschland schreibt das **Wasserhaushaltsgesetz** vor, Flächen, die statistisch gesehen einmal in 100 Jahren überschwemmt werden können, als Überschwemmungsgebiete in amtlichen Karten auszuweisen. Diese Flächenzuweisungen werden in die **Bauleitplanung** übernommen und führen zu weiteren Vorschriften in Landesgesetzen und Gemeindesatzungen. Generell ist für Neubauten eine **Rückstausicherung** der Keller gefordert. Dies bedeutet, dass die Rohrleitungen, die in die Kanalisation führen, bis zur Straßenrandkrone rückstausicher sein sollen.

Die Kommunen sind angehalten, die Bevölkerung auf mögliche Hochwassergefahren hinzuweisen. Gesetzliche Vorschriften für das Schutzniveau, die für die Erteilung einer Baugenehmigung erfüllt werden müssen, gibt es allerdings für private Bauherren bisher nicht.

7.1.1 Gefährdung der Gebäudesicherheit und des Bestandskellers durch Hochwasser

Die Aufpralllasten durch Strömung und Treibgut können nicht nur zu Schäden an der Fassade führen und tragende Wände eindrücken und zum Einsturz des Gebäudes oder von Gebäudeteilen führen.

Verschiebungen im Erdreich können Kellerwände, insbesondere bei gemauerten Kellern, eindrücken.

Das abfließende Wasser kann Fundamente unterspülen, was zu ungleichmäßigen Setzungen des Gebäudes und zur Gefährdung der Standsicherheit führen kann. Ausgespültes Erdreich durch abfließendes Wasser kann auch Gründungssohlen einbrechen lassen. Eine Betonwanne (Weiße Wanne) als Keller kann sich durch Verschiebungen des Untergrundes und das hochstauende Wasser versetzen, was ebenfalls zur Gefährdung der Standsicherheit bzw. der Zerstörung des Gebäudes führt (Hochwasser: Maßgebliche Einwirkungen auf ein Gebäude, o. J.).

7.1.2 Gefährdung der Gebäudesicherheit und des Bestandskellers durch Hochwasser

Weiterhin können anprallende, vom Wasser mitgeführte Teile oder Erdmassen die (freigelegte) vertikale Abdichtung beschädigen oder eine vorhandene Kellerdämmung hochtreiben.

Durch die Beschädigung der Abdichtung können in der Folge die Kellerwände von außen durchfeuchten und Schadstoffe (ölige Bestandteile, organische Bestandteile, Fäkalien, Pflanzenschutzmittel, chemische Stoffe usw.), die vom Hochwasser mitgeführt werden, in die Wandkörper eindringen.

7.1.3 Präventive Maßnahmen zur Verbesserung der Standsicherheit an Bestandskellern

Zur Prävention werden folgende Strategien empfohlen (Hochwasser-Risikobewusst planen und bauen, 2021):

- **Vermeiden**
  Die Vermeidung kann als der wirksamste Weg zur Verhinderung von Hochwasserschäden angesehen werden. Dies bedeutet beispielsweise, das

Bauen oder Erweitern von Gebäuden in Überschwemmungsgebieten nicht zu gestatten.
Diese Strategie ist bei Bestandsgebäuden und Kellern nicht anwendbar; daher bleiben in diesem Fall nur noch die beiden nachfolgenden Strategien:

- **Widerstehen**
  Ziel ist beim Kellerbestand die Verhinderung von Schäden an der Bausubstanz und dem Eindringen von Wasser in den Keller und die Kellerwände. Vorrangige Maßnahmen sind
  - Sperrputz,
  - nachträgliche Verbesserung der vertikalen und horizontalen Abdichtung,
  - Einbau von druckwasserdichten Kellerfenstern und Türen,
  - Verschließen von Gebäudeöffnungen durch mobile Schutzsysteme (Dämmbalken, Schottensysteme, Sandsäcke),
  - Verbesserung der Gründung,
  - Verstärkung der Kellerwände.
- **Nachgeben**
  Hierbei wird ein Bestandskeller ganz oder teilweise kontrolliert geflutet. Dies kann dazu dienen, den Druck auf durch äußere Wasser-/Erdmassen eindruckgefährdete Kellerwände zu nehmen oder durch das zusätzliche Gewicht ein Hochkippen einer Betonwanne zu verhindern. Vereinfacht gesagt, wird der Keller als Wohn- und Nutzraum zumindest zeitweise geopfert, um das Einstürzen des Hauses zu verhindern.

Bauliche Schutzmaßnahmen für Bestandskeller und -gebäude gegen Hochwasser

Ein Unterspülen der Gründung kann durch eine Gründungsverbesserung und ein Tieferlegen der Gründung unterbunden werden. Einzelfundamente oder eine Reihung von Einzelfundamenten können zu einer zusätzlichen Gründungsmauer verwendet werden. Eine weitere Möglichkeit bieten Stützkörper, die im Düsenstrahlverfahren erzeugt werden, Mikropfähle und bedingt auch eine Baugrundverfestigung durch Injektionsverfahren. Die Ausführung dieser Maßnahmen ist im Kapitel 2.4.1 näher beschrieben. Dort findet sich auch eine Beschreibung der Gründungsverbesserung durch eine nachträgliche Betonsohle, die als Flächentragwerk ebenso zur Gründungssicherung gegen Gründungsbruch eingesetzt werden kann oder auch als Ersatz gegen einen durch den Wasserdruck bruchgefährdeten vorhandenen Sperrestrich.

Eindruckgefährdetes Kellermauerwerk kann durch eine zusätzliche Stahlbetonwanne verstärkt werden, die von außen um das vorhandene Kellermauerwerk erstellt wird. Dabei muss allerdings eine Baugrube mit Abböschung erstellt werden, wie sie für eine nachträgliche vertikale Abdichtung erforderlich ist. Ob ein Aufgraben in einem Arbeitsgang möglich ist, ohne die Statik des Hauses zu gefährden, ist vorher zu klären (vgl. Kapitel 3.1.2). Der Vorteil der Stahlbetonwanne von außen liegt darin, dass in einem Arbeitsgang durch eine höher gezogene Wanne eine Verstärkung auch des Sockelbereichs erreicht werden kann. Dieser Bereich des Hauses bis ca. 1 m über dem Erdreich ist der durch die Wasserfluten und den Wasserdruck am stärksten eindruckgefährdete Bereich.

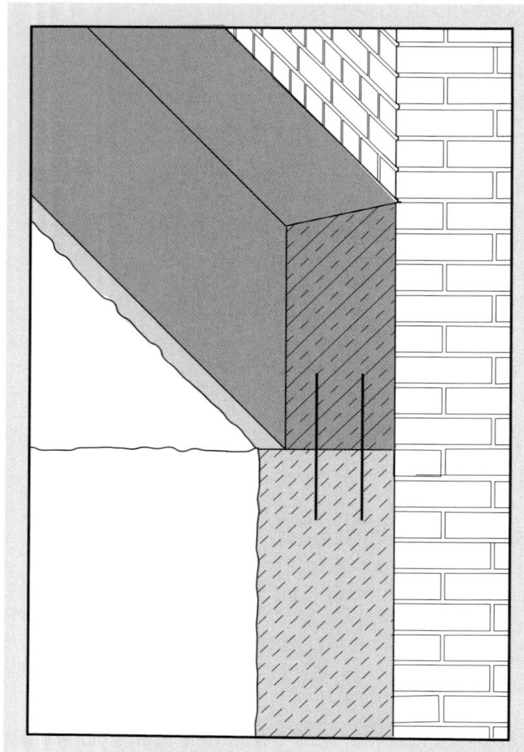

Abb. 7.2: Nachträglich erstelltes umlaufendes Streifenfundament mit aufbetoniertem neuen Betonsockel

Der Nachteil liegt darin, dass eine solche Maßnahme sehr kostenintensiv ist und oft den Wert des Bestandsgebäudes überschreiten würde. Ein Neubau, der auf die Hochwasserbelastungen ausgelegt ist, ist häufig sinnvoller.

Eine solche Stützwanne kann auch von innen in den Bestandskeller eingebaut werden. Hierbei müssen Trennwände an dem Anschluss zur Außenschale so weit entfernt werden, dass die Stahlbetonwanne durchgehend ausgeführt werden kann. Bei einer vorhandenen Betonsohle kann die Wanne darauf erstellt werden. Ein schwimmender oder ein Verbundestrich muss im Aufstandsbereich der neuen Stützwanne entfernt werden. Sofern der Bestandskeller lediglich über einen Sperrestrich verfügt, sind Streifenfundamente zu betonieren. Der Nachteil der Bauweise von innen ist, dass ein erheblicher Raumverlust die Folge ist und die Wanne technisch bedingt nicht bis zur Kellerdecke betoniert werden kann. Die letzten Reihen müssen gemauert werden. Auch diese Ausführung ist relativ aufwendig und damit teuer.

Wirtschaftlicher und für die tatsächliche Belastung oft ausreichend ist es, ein Streifenfundament von 1 m Tiefe an dem Kellermauerwerk entlangzuschachten, dieses mit Anschlussbewehrung zu betonieren und dann mit einer Schalung einen zusätzlichen Stahlbetonsockel zu betonieren. Hier kann zum Ausschachten ein üblicher Kleinbagger verwendet werden und es muss keine Abböschung beim Ausschachten beachtet werden (Abb. 7.2).

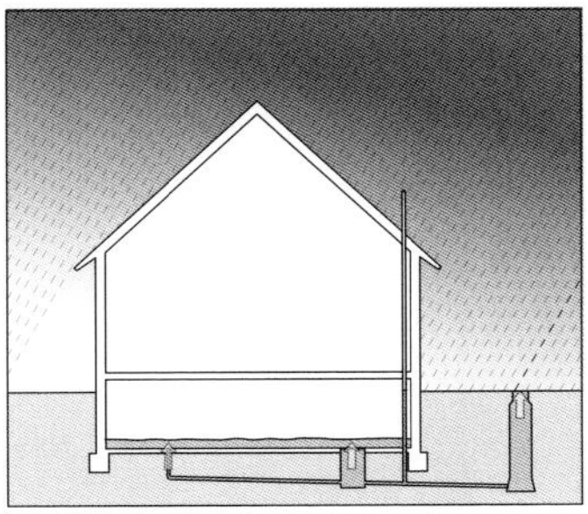

Abb. 7.3: Hochdrückendes Wasser aus Rückstau durch aufstauendes Wasser der Kanalisation

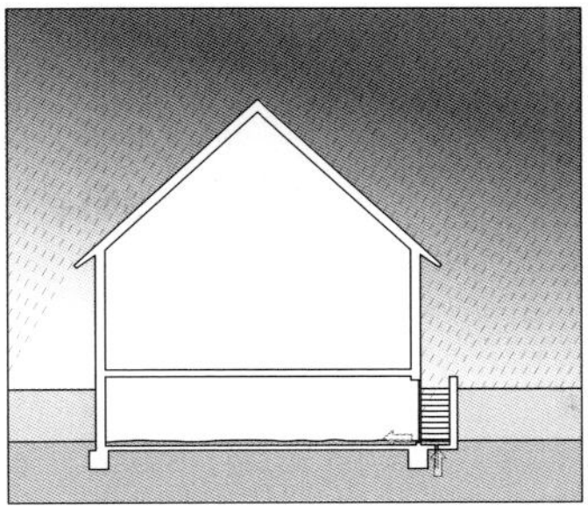

Abb. 7.4: Hochdrückendes Sickerwasser durch den Ablauf der Kelleraußentreppe

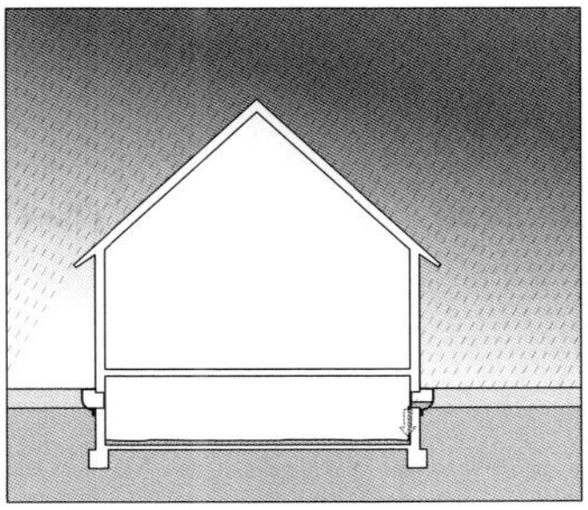

Abb. 7.5: Durch einen Kellerlichtschacht (rechts) eindringendes Sicker- und Regenwasser

7.2 Rückstau durch Starkregen und Oberflächenwasser

Hochwasser, das sich sichtbar auf den Straßen aufstaut, stellt jedoch nicht die vorrangige Gefahr für den Keller dar. Vielmehr besteht bei Starkregen die Gefahr eines Rückstaus, da seit etwa 150 Jahren das Wasser durch Rohrleitungen, also die Kanalisation, abgeleitet wird und die Häuser einschließlich der Keller mit dieser Kanalisation verbunden sind. Bei Starkregen kann sich das Wasser in der Kanalisation bis zur Straßenkante, der „Rückstauebene", aufstauen. Ohne eingebaute Rückstausicherungen führt dies zu einem Rückstau in den verbundenen Rohrleitungen, der bis zur Pegelhöhe in der Kanalisation reichen kann, da die Kanalisation und auch die Leitungen belüftet und miteinander verbunden sind.

Lange bevor sich das Sickerwasser aufstaut, ist der Keller daher gefährdet, über ungesicherte Abläufe und Leitungen vollzulaufen (vgl. Abb. 7.3).

Staut sich Sickerwasser auf, ist die nächste Gefährdungsebene, dass Wasser an einer Kelleraußentreppe über den Rückstau des Ablaufes so weit ansteigt, bis es in den Keller läuft (vgl. Abb. 7.4). Weiter verstärkt wird dieser Vorgang, wenn Oberflächenwasser in erheblichem Umfang in die Kelleraußentreppe gelangt.

Damit es zu einem Eindringen von Wasser in den Keller durch die Lichtschächte und Kellerfenster kommt, muss sich das Sickerwasser höher aufstauen. Dadurch geraten die Abläufe in den Lichtschächten in Gegendruck und es staut sich dort das Wasser auf. Auch hier kann eindringendes Oberflächenwasser oder eine zusätzliche Wasserbelastung durch an der Fassade herunterlaufendes Regenwasser zu einer Überlastung der Sicherheitsreserve der Lichtschächte führen (vgl. Abb. 7.5).

Die größte Gefährdung für eine Überflutung der Kellerräume geht also von einer fehlenden Rückstausicherung aus, gefolgt von der Gefahr, dass Wasser über die Kelleraußentreppe eindringt. Volllaufende Lichtschächte setzen zwar ein höher aufstauendes Sickerwasser voraus. Bei ungünstiger Lage können diese aber aufgrund von Schlagregen und Fassadenwasser, das in den Lichtschacht läuft, eine stärkere Gefährdung darstellen.

Abb. 7.6: Sichtbare Wasserlinie in einem Keller

Abb. 7.7: Fehlende Rückstausicherung der Revisionsschachtabdeckung

Abb. 7.8: Fehlende Rückstausicherung des Kellerablaufs

In den Keller laufendes Oberflächenwasser kann bei ungünstigem umgebenden Gelände mit Kontergefälle zur Kelleraußentreppe oder Lichtschächten ein Problem sein. Das setzt aber im Regelfall ein tatsächlich im Gelände stehendes Hochwasser voraus.

Die folgenden Abschnitte erläutern mögliche Schutzmaßnahmen für die einzelnen Gefährdungspunkte. Für die speziellen Anforderungen gegen Hochwasser finden sich, wo sinnvoll, spezielle Unterabschnitte.

7.3 Einbau von Rückstausicherungen

Die erste Sicherungsmaßnahme gegen Wasser im Keller sollte der Einbau von Rückstausicherungen sein. Hier sind in erster Linie die **Bodenabläufe** im Keller mit Anschluss an die Kanalisation und **Revisions- und Übergangsschächte** zu nennen (Abb. 7.6 bis 7.8).

Einfache Rückstausicherungen für den nachträglichen Einbau sind für Kellerabläufe (vgl. Abb. 7.9) und für den Einbau in zugängliche Leitungen (vgl. Abb. 7.10) ab etwa 95 € erhältlich. Höherwertige Rückstau-Einrichtungen gibt es zu entsprechend höheren Preisen für den ausgebauten Wohnraum im Keller oder auch für fäkalienhaltige Abwässer. Die **mechanische**

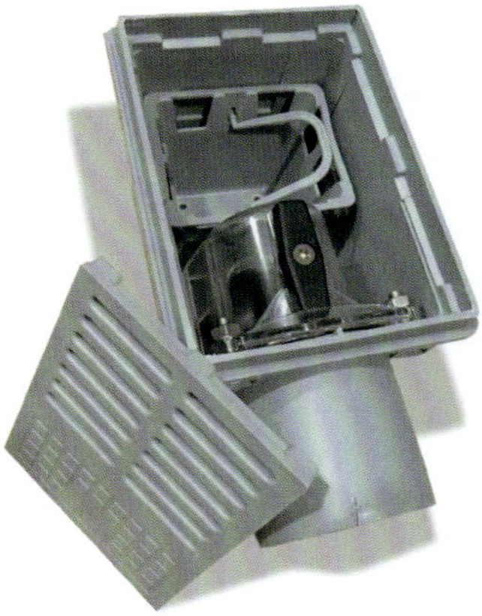

Abb. 7.9: Einfache Rückstausicherung für Bodenabläufe

Abb. 7.10: Rückstausicherung für den Einbau in Abflussleitungen

Rückstausicherung kann einfach bis mehrfach erfolgen. Auch **maschinelle Pumpanlagen** können eingesetzt werden. Bei solchen maschinellen Pumpanlagen handelt es sich um Systeme, die in bestehende Revisions- oder Übergabeschächte eingebaut werden. Sie kosten bis zu 2.000 € (ohne Einbau). Deckel von Revisionsschächten können mit einer rückstausicheren Schachtabdeckung versehen werden.

Ein Einbau von Rückstausicherungen im Keller wird als Sicherung **unterhalb der Rückstauebene** bezeichnet. Eine Sicherung kann aber auch an einem außerhalb des Gebäudes liegendem **Übergabeschach**t erfolgen. Mechanische Rückstausicherungen haben den Nachteil, dass in der Zeit des Rückstaus kein Wasser abfließen kann, was in Kellerwohnungen ein Problem darstellt. In diesem Fall muss möglicherweise auf Pumpsysteme mit den entsprechenden Mehrkosten zurückgegriffen werden.

Bei älteren Gebäuden und vorhandenen Guss- oder Tonabflussleitungen können die Verbindungen der Abwasserleitungen für den zusätzlichen Druck aus den nachträglich eingebauten Rückstausicherungen nicht ausgelegt sein. In einem solchen Fall ist eine Rückstausicherung außerhalb des Gebäudes an einem – eventuell neu zu erstellenden – Übergabeschacht notwendig.

7.4 Sicherungen für Kelleraußentreppen

Auch für die Kelleraußentreppe sollte die erste Sicherung der Einbau einer Rückstausicherung in den Bodenablauf darstellen. Die Bodenabläufe bei Kelleraußentreppen können an die Kanalisation angeschlossen oder auch zur Versickerung im Boden vorgesehen sein. Hier ist dann die Überflutung der Kellerräume durch aufstauendes Sickerwasser die Gefahr und nicht der Rückstau aus der Kanalisation. Abhängig von der Anschlussart finden daher Rückstausicherungen wie bei Kellerabläufen Verwendung oder spezielle

Abb. 7.11: Betonierte Schwelle zur Kelleraußentreppe

Rückstausicherungen für die kleineren Rohrquerschnitte der Bodenversickerungen, die nachträglich in diese eingebaut werden können.

Eine **Schwelle** zu den Kellerräumen ist bei den meisten Bestandskellern vorhanden (Abb. 7.11). Wenn nicht, sollte eine solche Schwelle angelegt werden, denn das anfallende Regenwasser wird sich bei Starkregen und funktionsfähiger Rückstausicherung kurzzeitig aufstauen. Eine Schwelle von etwa 25 cm sollte für die meisten Keller eine ausreichende Schutzmaßnahme darstellen.

Höherwertige Sicherung der Kelleraußentreppen bei Hochwasser

Anders liegt der Fall, wenn mit erheblichem Wasseranfall durch Eindringen des Oberflächenwassers gerechnet werden muss. Bei Hochwasser kommt in fast jedem Fall ein erheblicher Wasserdruck hinzu, der eine nicht verstärkte Kellertür eindrücken kann.

Bei Hochwasser, das den Kellerhals einer Kelleraußentreppe komplett flutet und einen solchen Wasserdruck aufbauen kann, ist der Austausch der Kelleraußentreppentür gegen eine hochwassersichere Tür die beste und sicherste Lösung. Eine solche Tür hat allerdings ihren Preis und kostet mit Einbau, der aus Gründen der Gewährleistung ausschließlich durch einen vom Hersteller zertifizierten Fachbetrieb erfolgen sollte, schnell bis zu 6.000 € brutto.

Ist eine solche Steighöhe des Wassers nicht zu erwarten, kann auf Systeme mit geringeren Anforderungen zurückgegriffen werden. Hier bietet der Markt mobile Türsperren an, die entweder in vorher an den Türlaibungen angebrachte Schienen eingeschraubt oder direkt verspannt werden. Auch Magnetsysteme sind erhältlich. Diese können dann bei Bedarf bei einer Unwetter- oder Hochwasserwarnung angebracht werden. Der Preis einer solchen mobilen Türsperre liegt bei etwa 700 €. Die meisten dieser mobilen Systeme sind allerdings nur für Wasserhöhen bis etwa 1 m ausgelegt. Ist weniger hoch ansteigendes Wasser zu erwarten, können auch Hydrosäcke, gefüllt mit Polymer, das sich mit Wasser vollsaugt und nur einmal zu verwen-

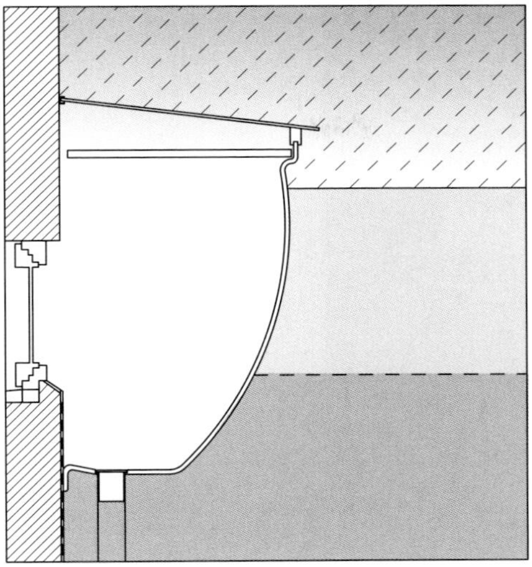

Abb. 7.12: Schema einer nachträglichen Rückstausicherung im Ablauf des Lichtschachts, Glasscheibe als Ablaufebene für Regenwasser

den ist, als „mobile Türsperre" verwendet werden. Denselben Zweck erfüllt eine Barriere aus den klassischen Sandsäcken.

Bei noch geringeren Steighöhen des Wassers bis etwa 10 cm können Kellertüren mit abdichtenden Schläuchen, sogenannten „Pig-Sperren", gegen eindringendes Wasser gesichert werden.

Notlösung

Ist eine solche mobile Türsperre nicht mehr rechtzeitig zu bekommen oder nicht ausreichend und ist eine andere Lösung aus Zeitdruck nicht verfügbar, sollte durch folgendes Provisorium eine Abdichtung der Kelleraußentür und eine Sicherung gegen ein Eindrücken bei Hochwasserwarnung versucht werden: Die Tür sollte im Zargenbereich und im Übergangsbereich zusätzlich elastisch abgedichtet werden, beispielsweise mit Silikon, der Türspalt sollte unten zugeschäumt und die Tür von innen mit davor aufgestapelten (nassen) Sandsäcken gegen Eindrücken und den Wasserdruck gesichert werden.

7.5 Möglichkeiten zur Sicherung der Lichtschächte und Kellerfenster

Sofern die Abläufe der Lichtschächte als Bodenversickerung angelegt sind, kann bei höher aufstauendem Sickerwasser dieses hochdrücken und über Undichtigkeiten der Kellerfenster in den Keller laufen. Wenn die Abläufe mit der Kanalisation verbunden sind, tritt dieses Problem deutlich früher auf. Speziell für Abläufe an Lichtschächten gibt es Rückstauventile für den nachträglichen Einbau. Auch hier fehlt bei funktionierender Rückstausperre die Ablaufmöglichkeit für das über das Gelände oder eine ungünstige Wetterseite eindringende Wasser oder auch für herunterlaufendes Regenwasser an der Fassade. Eine nachträglich eingebaute Rückstausicherung am Ablauf des Lichtschachts und die unorthodoxe Lösung einer schrägen Ebene aus einer Glasscheibe mit entsprechender Befestigung gegen eindringendes Wasser aus Regen und von der Fassade werden in Abb. 7.12 schematisch dargestellt.

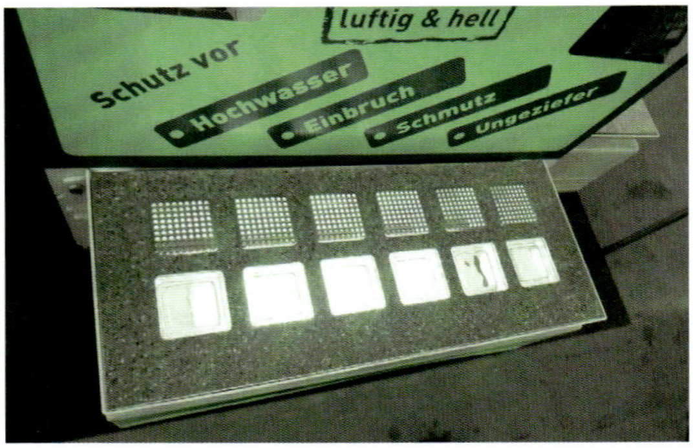

Abb. 7.13: Hochwasserdichte Lichtschachtabdeckung für den nachträglichen Einbau

Höherwertige Abdichtung der Lichtschächte und Kellerfenster bei Hochwasser

Eine höherwertige Absicherung, auch gegen Hochwasser im Gelände, bieten spezielle **hochwassersichere Kellerfenster**, die auch für den nachträglichen Einbau geeignet sind. Solche Fenster verfügen neben stabileren Scheiben und speziellen Dichtungen zwischen Flügel und Rahmen auch über eine mit dem Rahmen fest verbundene Dichtschürze. Diese wird mit einer an der Laibung angebrachten Abdichtung beim Einbau verklebt. Der Einbau eines solchen Fensters sollte aus Gewährleistungsgründen durch eine vom Fensterhersteller zertifizierte Fachfirma erfolgen.

Vorausgesetzt, die Abdichtung der Lichtschächte ist druckwasserstabil genug, können als weitere potenzielle Alternative zum hochwassersicheren Kellerfenster spezielle druckwasserdichte Lichtschachtabdeckungen genutzt werden (Abb. 7.13).

Notlösung

Ist bei Hochwasserwarnungen keine dieser Möglichkeiten mehr zu realisieren, kann ebenfalls versucht werden, durch ein Provisorium das Schlimmste zu verhindern. Genau zugeschnittene stabile Siebdruckplatten können statt der Lichtschachtgitterroste eingelegt werden.

Auch hier sollte eine vollständige und satte Abdichtung beispielsweise mit Silikon in der Auflagernut erfolgen. Danach sollten auch diese Platten mit Sandsäcken beschwert werden, um ein Hochdrücken oder Fortgerissenwerden durch die Fluten zu verhindern.

7.6 Schutzmaßnahmen am Gelände und an den Bauteilen

Um eindringendes Oberflächenwasser zu vermeiden, können an gefährdeten Punkten **bauliche Maßnahmen** durchgeführt werden:

- Erhöhung der Lichtschächte, bei Kunststoffformteilen durch spezielle Aufsätze, bei gemauerten Lichtschächten durch zusätzliche Mauerwerksschichten
- Erhöhung des Kellerhalsmauerwerks an der Kelleraußentreppe sowie Erhöhung der Stufen, beispielsweise durch Treppenfertigteile als Betonwinkel. Dadurch entsteht auch eine Schwelle bei der Eingangsstufe vom Gelände zur Treppe, was im Einzelfall gewünscht sein kann.

Abb. 7.14: Kellerraum nach Hochwasser. Der abgelagerte Schlamm zeigt die mitgeführte Menge an organischen und anderen Stoffen im Wasser.

- Beseitigung von Kontergefälle zum Haus bei umgebender Pflasterung
- Anlegen von Hochbeeten als zusätzliche Schwelle zum Kellerhals (in der Regel in Verbindung mit der Erhöhung der Lichtschachtebene)

7.7 Sanierungsmaßnahmen nach Wasserschaden

Hat der Keller einen Schaden durch Hochwasser erlitten, sollte man als erste Maßnahme nach Ablauf des Wassers den durchfeuchteten Kellerinhalt entsorgen. Dies beugt der Schimmel- und Hausschwammbildung vor. Auch eingelagertes Holz sollte generell entfernt werden, da es auch nach scheinbarer Trocknung vom gefährlichen Hausschwamm befallen werden kann, der potenziell auf andere Bauteile und Materialien übergreift (vgl. Kapitel 2.2.3).

Die schnellstmögliche Trocknung des Kellermauerwerks ist anzuraten, wobei sich der Einsatz von Bautrocknern empfiehlt. Bei deren Einsatz sind die Fenster im Keller geschlossen zu halten, denn ansonsten würde feuchte Luft von außen die Trocknung der Kellerwände verhindern: Bautrockner entziehen der Luft die Feuchtigkeit, was die Wände zur Abgabe von Feuchtigkeit an die Luft veranlasst. Dieser Vorgang findet nicht statt, wenn die Luft schon mit Feuchtigkeit gesättigt ist.

Im Keller stehendes Wasser enthält organische und andere Bestandsteile. Ob Oberflächen, Putze, Bodenbeläge oder Estriche ausgebaut und ersetzt werden müssen oder saniert werden können, hängt neben der Feuchteempfindlichkeit auch von der Kontaminierung und der Nutzung der Kellerräume ab. Für reine Lagerräume wird man andere Kriterien anlegen als für Kellerräume, die als Wohnbereiche genutzt werden. Die Art der Sanierung muss daher im Einzelfall entschieden werden (Abb. 7.14).

Abgestemmt, ausgebaut und entsorgt werden müssen

- gipshaltige Putze und Estriche,
- alle verrottbaren Wandbekleidungen, d. h. Tapeten oder Holzpaneele,
- textile Bodenbeläge, Laminate, Korkböden, Holzdielen usw.
- schwimmende Estriche; diese sind auch auf Zementbasis in der Regel nicht zu retten, wenn die Dämmung vollgesogen ist. Eine Trocknung ist in einigen Fällen zwar technisch möglich, schädigt aber durch die notwendigen Bohrraster den Estrich und den Bodenbelag und ist sehr teuer. Der Nachteil ist auch, dass das stehende Wasser oft Fäkalien enthält, manchmal auch Heizöle und andere chemische Schadstoffe, die in die Estrichdämmung einziehen und Keime bilden oder ausdünsten.

Kalk- und Zementputze können meist saniert werden, sofern diese nicht mit gefährlichen Stoffen kontaminiert wurden und die Kellerräume nicht als Wohnräume genutzt werden.

Hier empfiehlt sich das Abwaschen der Wände vor dem Neuanstrich und danach eine Fluatierung der Wände, um spätere Ausblühungen zu vermeiden. Dieses Fluat ist meist ein Salz der Hexafluoridkieselsäure. Vor dem endgültigen Anstrich sollten dann fluatierte Wandflächen nochmals gründlich abgewaschen werden, um Rückstände des Fluats zu entfernen.

Keramische Bodenbeläge auf Verbundestrichen sind kaum gefährdet, sofern das Wasser den Belag oder Estrich nicht unterlaufen hat und die Haftung noch gewährleistet ist.

Tabelle 7.1 zeigt typische hochwassergeeignete und -ungeeignete Baustoffe.

Tabelle 7.1: Übersicht über hochwasserbeständige und -unbeständige Baumateralien (Quelle: Hochwasser Ratgeber [o. J.], und eigene Ergänzungen)

hochwasserbeständige Baumaterialien	
Bauteil	**Baumaterial**
Baustoffe	Bitumen, Kalk, Steinzeugwaren, Zement
Wände	Beton, gebrannte Klinker und Vollziegel, Glasbausteine, Kalksandsteine
Bodenbelag	Epoxydharzoberflächen, Kunststein, Naturstein
Bodenplatte	wasserundurchlässiger Beton (WU-Beton)
Estrich	Verbundestriche auf Zementbasis oder Gussasphalt
Außenhaut	Faserzementplatten, Kunststoffsockel, mineralische Putze, Steinzeugfliesen, wasserabweisende (geschlossenporige) Dämmung
Putz	Kalkputz, Kunstharzputze, Zementputze
Wandbekleidung	Fliesen
Fenster	Aluminium, verzinkter Stahl, Kunststofffenster mit Stahlkern

Tabelle 7.1: Fortsetzung

hochwasserungeeignete Baumaterialien	
Bauteil	**Baumaterial**
Bodenbeläge	Holzpflaster, Kork, Linoleum, Marmor, Massivholz, Parkett, Sandstein, textile Beläge
Estrich	schwimmende Estriche, Anhydritestrich
Wände	Holz, leichte Trennwände, Trockenbauwände
Außenhaut	Faserdämmstoffe
Fenster	Kunststofffenster (Verzugs- und Bruchgefahr), Ausnahme: hochwassersichere Ausführungen
Wandverkleidung	Tapeten, textile Wandbekleidungen, Holzvertäfelung
Putz	Gipsputz

7.8 Kosten Hochwasser- und Starkregenschutz

Die Kosten für die einzelnen Hochwasser- und Starkregenschutzmaßnahmen können der folgenden Tabelle 7.2 entnommen werden.

Tabelle 7.2: Kosten Hochwasser- und Starkregenschutzmaßnahmen, Stand: Februar 2022 (nach eigenen Recherchen)

Leistung	**Ca.-Kosten (netto)**
Rückstausicherungen	
Materialkosten Bodenablauf, einfache mechanische Sicherung	93,50 €/Stück
Materialkosten Bodenablauf, mehrfache mechanische Sicherung	297,00 €/Stück
Materialkosten Rohrsicherung, einfache mechanische Sicherung	93,50 €/Stück
Materialkosten Rohrsicherung, mehrfache mechanische Sicherung	198,00 €/Stück
Materialkosten Rückstausicherung zum Einbau in Revisionsschächte mit Pumpanlage in Industriequalität	1.760,00 €/Stück
Einbau-/Austauschkosten Bodenablauf bei vorhandenem Sperrestrich	291,50 €/Ablauf
Einbau-/Austauschkosten Bodenablauf bei vorhandener Betonsohle	511,50 €/Ablauf
Einbaukosten Rohrsicherung bei frei zugänglichen Rohrleitungen	110,00 €/Sicherung

Tabelle 7.1: Fortsetzung

Leistung	**Ca.-Kosten (netto)**
Lichtschächte und Kellerfenster	
nachträgliche Lieferung und Einbau einer Rückstausicherung für Lichtschachtablauf	154,00 €/Stück
Materialkosten hochwasserdichtes Kellerfenster für den nachträglichen Einbau, einfache Qualität	110,00 €/Fenster
Materialkosten hochwasserdichtes Kellerfenster für den nachträglichen Einbau, 3-fach verglast, hohe Qualität für Wohnraum im Keller	495,00 €/Fenster
Ausbaukosten für vorhandenes Kellerfenster und Entsorgung sowie Einbau hochwasserdichtes Kellerfenster durch zertifizierten Fachbetrieb mit den notwendigen Abdichtungsarbeiten	385,00 €/Fenster

8 Anhang

8.1 Normen, Rechtsvorschriften und Literatur

Normen

DIN 1946-6:2019-12 Raumlufttechnik – Teil 6: Lüftung von Wohnungen – Allgemeine Anforderungen, Anforderungen an die Auslegung, Ausführung, Inbetriebnahme und Übergabe sowie Instandhaltung

DIN 4095:1990-06 Baugrund; Dränung zum Schutz baulicher Anlagen; Planung, Bemessung und Ausführung

DIN 4123:2013-04 Ausschachtungen, Gründungen und Unterfangungen im Bereich bestehender Gebäude

DIN 5034-1:2021-08 Tageslicht in Innenräumen – Teil 1: Allgemeine Anforderungen

DIN 5034-2:2021-08 Tageslicht in Innenräumen – Teil 2: Grundlagen

DIN 5034-3:2021-08 Tageslicht in Innenräumen – Teil 3: Berechnung

DIN 18195:2017-07 Abdichtung von Bauwerken – Begriffe

DIN 18195 Beiblatt 2:2017-07 Abdichtung von Bauwerken – Beiblatt 2: Hinweise zur Kontrolle und Prüfung der Schichtdicken von flüssig verarbeiteten Abdichtungsstoffen

DIN 18533-1:2017-07 Abdichtung von erdberührten Bauteilen – Teil 1: Anforderungen, Planungs- und Ausführungsgrundsätze

DIN 18533-2:2017-07 Abdichtung von erdberührten Bauteilen – Teil 2: Abdichtung mit bahnenförmigen Abdichtungsstoffen

DIN 18533-3:2017-07 Abdichtung von erdberührten Bauteilen – Teil 3: Abdichtung mit flüssig zu verarbeitenden Abdichtungsstoffen

DIN V 18580:2007-03 Mauermörtel mit besonderen Eigenschaften

DIN 68800-1:2019-06 Holzschutz – Teil 1: Allgemeines

DIN 68800-2:2022-02 Holzschutz – Teil 2: Vorbeugende bauliche Maßnahmen im Hochbau

DIN 68800-3:2020-03 Holzschutz – Teil 3: Vorbeugender Schutz von Holz mit Holzschutzmitteln

DIN 68800-4:2020-12 Holzschutz – Teil 4: Bekämpfungsmaßnahmen gegen Holz zerstörende Pilze und Insekten und Sanierungsmaßnahmen

DIN EN 308:2020-06 – Entwurf – Wärmeaustauscher – Prüfverfahren zur Bestimmung der Leistungskriterien von Luft/Luft- und Luft/Abgas-Wärmerückgewinnungsanlagen

DIN EN 845-1:2016-12 Festlegungen für Ergänzungsbauteile für Mauerwerk – Teil 1: Maueranker, Zugbänder, Auflager und Konsolen

Rechtsvorschriften

EnEV: Verordnung über energiesparenden Wärmeschutz und energiesparende Anlagentechnik bei Gebäuden (Energieeinsparverordnung – EnEV) vom 1. Mai 2014

Musterbauordnung – MBO. Fassung September 2019, zuletzt geändert durch Beschluss der Bauministerkonferenz vom 27.09.2019 [online]. Berlin: Konferenz der für Städtebau, Bau- und Wohnungswesen zuständigen Minister und Senatoren der Länder (Bauministerkonferenz). Internet: http://www.bauministerkonferenz.de [Navigation: Mustervorschriften / Mustererlasse\Bauaufsicht / Bautechnik] [Zugriff: 11.02.2021]

Literatur

Arendt, Claus: Technische Untersuchungen in der Altbausanierung. Köln: Verlagsgesellschaft Rudolf Müller, 1994

Ahnert, R.; Krause, K: Typische Baukonstruktionen 1860 bis 1960 zur Beurteilung der vorhandenen Bausubstanz. Band 1: Gründungen, Abdichtungen, Tragende massive Wände, Gesimse, Hausschornsteine, Tragende Wände aus Holz, Alte Maßeinheiten. Unveränderter Nachdruck der 7. Aufl. (2009). Berlin: Beuth Verlag, 2014

baupreislexikon. Weimar: f:data GmbH, o. J. [online]. Internet: www.baupreislexikon.de [Zugriff: 16.02.2022]

BG BAU Arbeitsverfahren C 467. Ausschachtungen neben Gebäuden. Fassung: 07/2021 [online]. Berlin: Berufsgenossenschaft der Bauwirtschaft. Internet: https://www.bgbau.de/fileadmin/Medien-Objekte/Medien/Bausteine/c_467/c_467.pdf [Zugriff: 21.03.2022]

BG BAU Arbeitsverfahren C 468 Gründungen neben Fundamenten, Unterfangungen. Fassung 07/2017 [online]. Berlin: Berufsgenossenschaft der Bauwirtschaft. Internet: https://www.bgbau.de/fileadmin/Medien-Objekte/Medien/Bausteine/c_468/c_468.pdf [Zugriff: 11.02.2021]

BG BAU Arbeitsverfahren C 469 Geböschte Baugruben und Gräben. Fassung 07/2021 [online]. Berlin: Berufsgenossenschaft der Bauwirtschaft. Internet https://www.bgbau.de/fileadmin/Medien-Objekte/Medien/Bausteine/c_469/c_469.pdf [Zugriff: 21.03.2022]

Böhning, Jörg; Schmitz, Heinz: Altbaumodernisierung im Detail. Konstruktionsempfehlungen. 6., überarb. Aufl. Köln: Verlagsgesellschaft Rudolf Müller, 2011

Bonner, Andrea: Weg mit dem Schimmel. In: BG BAU aktuell (2013), Nr. 4, S. 18–19

DGUV Information 201-028: Handlungsanleitung: Gesundheitsgefährdungen durch biologische Arbeitsstoffe bei der Gebäudesanierung (bisher BGI 858). Stand: Oktober 2006. Berlin: Berufsgenossenschaft der Bauwirtschaft [online]. Internet: https://publikationen.dguv.de/regelwerk/dguv-informationen/644/handlungsanleitung-gesundheitsgefaehrdung-durch-biologische-arbeitsstoffe-bei-der-gebaeudesanierung [Zugriff: 16.02.2022]

Dritter Bericht über Schäden an Gebäuden. Bonn: Bundesministerium für Raumordnung, Bau-wesen und Städtebau, 1995 [online]. Internet: https://www.nachhaltigesbauen.de/fileadmin/pdf/PDF_Leitfaden_Nachhaltiges_Bauen/Dritter_Bericht_ueber_Schaeden_an_Gebaeuden__1995_.pdf [Zugriff: 16.02.2022]

Engels, Norbert: Hinweise zur Entfernung von Teer-/Bitumenanstrichen auf Fachwerkbalken, Mauerwerk oder Putzflächen. Stand: 04.05.2009. Pulheim: LVR-Amt für Denkmalpflege im Rheinland (Arbeitshilfen der Restaurierungswerkstätten. Informationsblatt 3) [online]. Internet: https://denkmalpflege.lvr.de/media/denkmalpflege/publikationen/online_publikationen/Leitfaden_Restaurierung_Bitumenanstriche_03.pdf [Zugriff: 13.03.2021]

Frössel, Frank: Lehrbuch der Kellerabdichtung und -sanierung. Renningen: expert, 2006

Frössel, Frank: Lexikon der Bauwerksabdichtung und Kellersanierung. Waldshut-Tiengen: Baulino, 2005

Frössel, Frank; Gänßmantel, Jürgen; Hösle, Richard; Kollmann, Helmut; Nagel, Adolf; Rupp, Klaus: Kellersanierung. Von Grund auf gut – Kellersanierung vom Fachbetrieb. Geislingen: Maurer, 2005

Graefe, Robert: Altbausanierung. 2. Aufl. Köln: Verlagsgesellschaft Rudolf Müller, 2020

Hochwasser: Maßgebliche Einwirkungen auf ein Gebäude. Wien: Österreichischer Zivilschutzverband Bundesverband – ÖZSV, o. J. [online]. Internet: http://www.siz.cc/bund/sicherheit/show/56 [Zugriff: 11.08.2021]

Hochwasser-Ratgeber „Aluminium bis Zement: Diese Materialien halten dicht“. Karlsruhe: EUROBAUSTOFF Handelsgesellschaft mbH & Co. KG, o. J. [online]. Internet: https://www.hochwasser-ratgeber.de/bauvorsorge/?tx_fhcscontent_api%5Bpath%5D=647&tx_fhcscontent_api%5Bmodule%5D=guide&cHash=5f177d27df043401f60199a22f7ebf55 [Zugriff: 09.08.2021]

Hochwasser-Risiko-bewusst planen und bauen. Darmstadt: WBW Fortbildungsgesellschaft für Gewässerentwicklung mbH (Hrsg.), 2021 [online]. Internet: https://www.hochwasser.baden-wuerttemberg.de/documents/20122/39136/Leitfaden+Hochwasserrisikobewusst+Planen+und+Bauen.pdf/3be8e93f-969f-f993-feba-8a4a9cf7a035?t=1647519328237 [Zugriff: 15.02.2022]

Meichsner, Heinz: Bauwerksrisse kurz und bündig. Rissentstehung, -ursachen und -vermeidung, Instandsetzung gerissener Bauteile. Stuttgart: Fraunhofer IRB Verlag, 2011

Merkblatt für den Wärmeschutz erdberührter Bauteile. Rossdorf bei Darmstadt: Fachvereinigung Polystyrol-Extruderschaumstoff (FPX), o. J. [2013] [online]. https://xps-spezialdaemmstoff.de/wp content/uploads/FPX_Merkblatt_Waermeschutz_erdberuehrter_Bauteile_DE.pdf [Zugriff: 13.03.2021]

Messal, Constanze: Wie Schimmelpilze unsere Lebensräume erobern und welche Konsequenzen daraus entstehen. In: Münsteraner Bau-Tage. Dokumentation. Schimmelpilz am Bau. 10.–11. Oktober 2013 auf Haus Kump. Münster: Handwerkskammer Bildungszentrum Münster, 2013, S. 6–8

opti-drän®-System. Die bewährte Lösung für die Gebäudedränung. Stand: September 2013. Königsberg/Bayern: Fränkische Rohrwerke Gebr. Kirchner GmbH & Co. KG, 2013 [online]. Internet: https://oxomi.com/p/3000470/catalog/10069952 [Zugriff: 13.03.2021]

Pfefferkorn, Werner: Rißschäden an Mauerwerk. Ursachen erkennen – Rißschäden vermeiden. 2., durchges. Aufl. Stuttgart: Fraunhofer IRB Verlag, 1996

Schoch, T.; Scheffler, Gregor, A.; Plagge, Rudolf: Was ist Kapillaraktivität? Multipor Mineraldämmplatte. Ausgabe: 02/2014. O. O. [Wedel]: Xella Deutschland GmbH, 2014 [online]. Internet: https://www.multipor.de/de/docs/multipor-mineraldaemmplatten-was-ist-kapillaraktivitaet.pdf [Zugriff: 13.03.2021]

Schwachstellen. Schäden, Ursachen, Konstruktions- und Ausführungsempfehlungen. Bd. 3: Keller, Dränagen. 2., neubearb. Aufl. Wiesbaden: Bauverlag, 1980 (Bauschadensverhütung im Wohnungsbau)

SIRADOS Kalkulationsatlas 2021 für Roh- und Ausbau im Altbau. 10. Aufl. Kissing: WEKA MEDIA GmbH & Co. KG, 2021

Tageslicht kurz gefasst. Informationen für Architekten, Planer und Errichter. Detmold: Fachverband Tageslicht und Rauchschutz e. V., o. J. [online]. Internet: http://www.fvlr.de/downloads/tageslichtfibel.pdf [Zugriff: 13.03.2021]

Technisches Merkblatt. weber.tec Superflex D 2. Flex Dichtungsschlämme. Stand: 02.04.2014. Düsseldorf: Saint-Gobain Weber GmbH, 2014 [online]. Internet: https://www.de.weber/files/de/2017-09/printable_sheet_weber_tec_Superflex_D_2.pdf [Zugriff: 13.03.2021]

Wiesmüller, Gerhard A.: Machen uns Schimmelpilze krank? In: Münsteraner Bau-Tage. Dokumentation. Schimmelpilz am Bau. 10.–11. Oktober 2013 auf Haus Kump. Münster: Handwerkskammer Bildungszentrum Münster, 2013, S. 11

Wir schützen Werte. Bautenschutz-Systeme. März 2018. Datteln: Heinrich Hahne GmbH, 2018 [online]. Internet: https://www.hahne-bautenschutz.de/fileadmin/user_upload/_Apps_/Sortiment/Brochueren/Allgemeine_Informationen/2018_hahne_handbuch_web.pdf [Zugriff: 13.03.2021]

WTA-Merkblatt 1-2-21/D. Der Echte Hausschwamm – Erkennung, Lebensbedingungen, vorbeugende Maßnahmen, bekämpfende chemische Maßnahmen, Leistungsverzeichnis. Stand: Januar 2021. München: Wissenschaftlich-Technische Arbeitsgemeinschaft für Bauwerkserhaltung und Denkmalpflege e. V., 2021

WTA-Merkblatt 2-9-20/D. Sanierputzsysteme. Stand: März 2020. München: Wissenschaftlich-Technische Arbeitsgemeinschaft für Bauwerkserhaltung und Denkmalpflege e. V., 2020

WTA-Merkblatt 4-4-04/D. Mauerwerksinjektion gegen kapillare Feuchtigkeit. Stand: August 2004. München: Wissenschaftlich-Technische Arbeitsgemeinschaft für Bauwerkserhaltung und Denkmalpflege e. V., 2004

WTA-Merkblatt 4-5-97/D. Beurteilung von Mauerwerk – Mauerwerksdiagnostik. München: Wissenschaftlich-Technische Arbeitsgemeinschaft für Bauwerkserhaltung und Denkmalpflege e. V., 1997 [nicht mehr gültige Fassung des Merkblatts]

WTA-Merkblatt 4-5-99/D. Beurteilung von Mauerwerk – Mauerwerksdiagnostik. Stand: September 1999. München: Wissenschaftlich-Technische Arbeitsgemeinschaft für Bauwerkserhaltung und Denkmalpflege e. V., 1999

WTA-Merkblatt 4-6-14/D. Nachträgliches Abdichten erdberührter Bauteile. Ausgabe: 01.2014/D. Stand: November 2014. München: Wissenschaftlich-Technische Arbeitsgemeinschaft für Bauwerkserhaltung und Denkmalpflege e. V., 2014

WTA-Merkblatt 4-7-15/D. Nachträgliche mechanische Horizontalsperre. Stand: April 2015. München: Wissenschaftlich-Technische Arbeitsgemeinschaft für Bauwerkserhaltung und Denkmalpflege e. V., 2015

WTA-Merkblatt 4-9-19/D. Nachträgliches Abdichten und Instandsetzen von Gebäude- und Bauteilsockeln. Stand: November 2019. München: Wissenschaftlich-Technische Arbeitsgemeinschaft für Bauwerkserhaltung und Denkmalpflege e. V., 2019

WTA-Merkblatt 4-9-98/D. Nachträgliches Abdichten erdberührter Bauteile. München: Wissenschaftlich-Technische Arbeitsgemeinschaft für Bauwerkserhaltung und Denkmalpflege e. V., 1998 [nicht mehr gültige Fassung des Merkblatts]

WTA-Merkblatt 4-10-15/D. Injektionsverfahren mit zertifizierten Injektionsstoffen gegen kapillaren Feuchtetransport. Stand: März 2015. München: Wissenschaftlich-Technische Arbeitsgemeinschaft für Bauwerkserhaltung und Denkmalpflege e. V., 2015

WTA-Merkblatt 4-11-16/D. Messung des Wassergehalts bzw. der Feuchte von mineralischen Baustoffen. Stand: März 2016. München: Wissenschaftlich-Technische Arbeitsgemeinschaft für Bauwerkserhaltung und Denkmalpflege e. V., 2016

WTA-Merkblatt 4-12-21/D. Ziele und Kontrolle von Schimmelpilzschadenssanierungen in Innenräumen. München: Wissenschaftlich-Technische Arbeitsgemeinschaft für Bauwerkserhaltung und Denkmalpflege e. V., 2021

8.2 Stichwortverzeichnis